普通高等教育"十一五"国家级规划教材

新编高等职业教育电子信息、机电类规划教材·数控技术应用专业

数控机床加工工艺及设备
（第3版）

田萍　主编

雷丽萍　邓唯一　魏丹丹　副主编

黄志辉　主审

电子工业出版社

Publishing House of Electronics Industry

北京·BEIJING

内 容 简 介

本教材是在第 2 版的基础上，总结近几年的教学经验修订而成的，修订时保留了第 2 版的特色，同时注意了精选内容。

全书以数控机床加工工艺为主线，以常规的制造技术为基础，通过典型数控设备的实例，系统介绍了数控机床加工工艺及设备的基础知识，注重知识的实用性，并能反映数控机床加工工艺及设备领域内的新技术和新动向。同时，本书结合全国数控技能大赛和数控机床操作工职业技能鉴定的题型及数控加工生产实例等精选习题，是一本针对性、示范性、实用性较强的教材。

本书可作为高职、高专、成人高校及本科院校举办的二级职业技术学院和民办高校的数控技术应用、机电一体化、机械制造等专业的教材，也可供相近专业师生及有关工程技术人员参考。

图书在版编目（CIP）数据

数控机床加工工艺及设备/田萍主编. —3 版. —北京：电子工业出版社，2013.7
新编高等职业教育电子信息、机电类规划教材. 数控技术应用专业

ISBN 978-7-121-20829-4

Ⅰ. ①数… Ⅱ. ①田… Ⅲ. ①数控机床—高等职业教育—教材 Ⅳ. ①TG659

中国版本图书馆 CIP 数据核字（2013）第 142932 号

策　　划：陈晓明
责任编辑：郭乃明　　特约编辑：张晓雪
印　　刷：北京京华虎彩印刷有限公司
装　　订：北京京华虎彩印刷有限公司
出版发行：电子工业出版社
　　　　　北京市海淀区万寿路 173 信箱　邮编　100036
开　　本：787×1 092　1/16　印张：19　字数：486 千字
版　　次：2005 年 3 月第 1 版
　　　　　2013 年 7 月第 3 版
印　　次：2017 年 11 月第 3 次印刷
定　　价：38.00 元

凡所购买电子工业出版社图书有缺损问题，请向购买书店调换。若书店售缺，请与本社发行部联系，联系及邮购电话：(010) 88254888，88258888。

质量投诉请发邮件至 zlts@phei.com.cn，盗版侵权举报请发邮件至 dbqq@phei.com.cn。

本书咨询联系方式：34825072@qq.com。

参加"新编高等职业教育电子信息、机电类规划教材"

编写的院校名单（排名不分先后）

江西信息应用职业技术学院	北京轻工职业技术学院
吉林电子信息职业技术学院	黄冈职业技术学院
保定职业技术学院	南京理工大学高等职业技术学院
安徽职业技术学院	南京金陵科技学院
黄石高等专科学校	无锡职业技术学院
天津职业技术师范学院	西安科技学院
湖北汽车工业学院	西安电子科技大学
广州铁路职业技术学院	河北化工医药职业技术学院
台州职业技术学院	石家庄信息工程职业学院
重庆科技学院	三峡电力职业学院
四川工商职业技术学院	桂林电子科技大学
吉林交通职业技术学院	桂林工学院
天津滨海职业技术学院	南京化工职业技术学院
杭州职业技术学院	江西工业职业技术学院
重庆电子工程职业学院	柳州职业技术学院
重庆工业职业技术学院	邢台职业技术学院
重庆工程职业技术学院	苏州经贸职业技术学院
广州大学科技贸易技术学院	金华职业技术学院
湖北孝感职业技术学院	绵阳职业技术学院
广东轻工职业技术学院	成都电子机械高等专科学校
广东技术师范职业技术学院	河北师范大学职业技术学院
西安理工大学	常州轻工职业技术学院
天津职业大学	常州机电职业技术学院
天津大学机械电子学院	无锡商业职业技术学院
九江职业技术学院	河北工业职业技术学院

安徽电子信息职业技术学院　　　　　江门职业技术学院

合肥通用职业技术学院　　　　　　　广西工业职业技术学院

安徽职业技术学院　　　　　　　　　广州市今明科技公司

上海电子信息职业技术学院　　　　　无锡工艺职业技术学院

上海天华学院　　　　　　　　　　　江阴职业技术学院

浙江工商职业技术学院　　　　　　　南通航运职业技术学院

深圳信息职业技术学院　　　　　　　山东电子职业技术学院

河北工业职业技术学院　　　　　　　潍坊学院

江西交通职业技术学院　　　　　　　广州轻工高级技工学校

温州职业技术学院　　　　　　　　　江苏工业学院

温州大学　　　　　　　　　　　　　长春职业技术学院

湖南铁道职业技术学院　　　　　　　广东松山职业技术学院

南京工业职业技术学院　　　　　　　徐州工业职业技术学院

浙江水利水电专科学校　　　　　　　扬州工业职业技术学院

吉林工业职业技术学院　　　　　　　徐州经贸高等职业学校

上海新侨职业技术学院　　　　　　　海南软件职业技术学院

前　言

《数控机床加工工艺及设备》（第 2 版）自出版以来，深得各高职高专院校师生以及广大读者的好评。随着当前高等职业教育机电类专业教学改革的发展，配合高职高专院校的教学和教材改革，本着与时俱进、精益求精的精神，我们对《数控机床加工工艺及设备》（第 2 版）进行了适当修订，修订后的第 3 版改动如下。

1. 保持第 2 版编写风格，更注重概念及论述的精准，使原来使用本教材的教师易于过渡。

2. 对第 2 版中涉及实践操作性强的内容进行了充实改进，更具操作性。

3. 对第 2 版中与后续课程的衔接部分进行了适当增补。

4. 对第 2 版中的少量图例和习题也进行了调整修订，并为本书配备全面的教学服务内容，包括电子教案、习题答案等。

本书把数控加工工艺与典型的数控设备结合起来，并整合机械制造基础，使传统制造工艺与数控加工工艺融为一体。本书由三峡电力职业学院田萍主编，全书共 9 章；第 1 章、第 3 章、第 5 章、第 8 章由田萍编写；第 6 章、第 7 章由太原城市职业技术学院雷丽萍编写；第 2 章、第 4 章由三峡电力职业学院邓唯一编写；第 9 章由江西工业贸易职业技术学院魏丹丹编写；苏州工业园区职业技术学院黄志辉主审了全书，全书由田萍统稿。本书可作为机电一体化技术专业、数控技术应用专业中的"数控机床加工工艺及设备"课程及实训的教材，也可供相近专业师生及有关工程技术人员参考。

本书在编写过程中参考了华中精密仪器厂提供的信息，还参阅了大量同行的教材、资料与文献，得到黄柏涛总工程师、付正江副教授等的大力支持和帮助，在此一并表示衷心的感谢。

由于作者水平所限，书中难免有错漏之处，恳请广大读者对本书提出宝贵的意见和建议，以使我们不断修正错误，汲取经验，使教材进一步完善和提高。

欢迎通过 E-mail:tp9966@163.com 与作者联系交流。

编　者
2013 年 2 月

目　　录

第1章 绪 论

内容提要及学习要求

本章的宗旨在于建立数控机床及数控加工的整体性认识，要求了解数控与数控机床的相关概念、数控机床的工作原理、加工过程、加工内容及加工特点；熟悉数控机床的组成；掌握数控机床的分类及应用范围；了解数控机床的主要性能指标及数控机床的发展趋势。

数控技术是 20 世纪 40 年代后期发展起来的一种自动化加工技术，它综合了计算机、自动控制、电机、电气传动、测量、监控和机械制造等学科的内容，目前在机械制造业中已得到了广泛应用，其中最典型而应用面最广的是数控机床。下面给出几个相关概念。

（1）数字控制（Numerical Contro1）：是一种用数字化信号对控制对象（如机床的运动及其加工过程）进行预定动作控制的技术，简称为数控（NC）。

（2）数控技术：是指用数字、字母和符号对某一工作过程进行可编程自动控制的技术。

（3）数控系统：是指实现数控技术相关功能的软硬件模块的有机集成系统，它是数控技术的载体。

（4）计算机数控系统（Computer Numerical Contro1）：是指以计算机为核心的数控系统，简称为（CNC）。

（5）数控机床（NC Machine）：是指应用数控技术对加工过程进行控制的机床，或者说是装备了数控系统的机床。

1.1 数控加工工艺

所谓数控加工工艺，就是用数控机床加工零件的一种工艺方法。

数控加工与通用机床加工在方法与内容上有许多相似之处，不同点主要表现在控制方式上。

以机械加工为例，用通用机床加工零件时，就某道工序而言，其工步的安排，机床运动的先后次序、位移量、走刀路线及有关切削参数的选择等，都是由操作工人自行考虑和确定的，且是用手工操作方式来进行控制的。

如果采用自动车床、仿型车床或仿型铣床加工，虽然也能达到对加工过程实现自动控制的目的，但其控制方式是通过预先配置凸轮、挡块或靠模来实现的。

在数控机床上加工时，情况就完全不同了。在数控机床加工前，我们要把原先在通用机床上加工时需要操作工人考虑和决定的操作内容及动作，例如工步的划分与顺序、走刀路线、位移量和切削参数等，按规定的数码形式编成程序，记录在数控系统存储器或磁盘上，它们是实现人与机器联系起来的媒介物。

加工时，控制介质上的数码信息输入数控机床的控制系统后，控制系统对输入信息进行运算与控制，并不断地向直接指挥机床运动的机电功能转换部件——机床的伺服机构发送脉冲信号，伺服机构对脉冲信号进行转换与放大处理，然后由传动机构驱动机床按所编程序进行运动，就可以自动加工出我们所要求的零件形状。

1.2　数控加工流程

数控加工流程如图 1.1 所示，主要包括以下几方面内容：

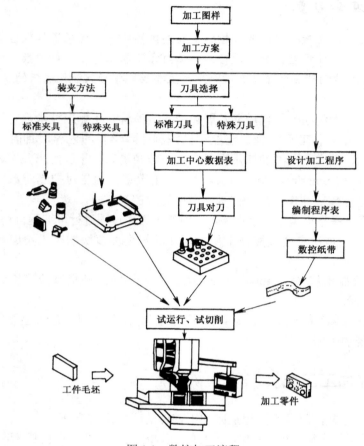

图 1.1　数控加工流程

（1）分析图样，确定加工设备。对所要加工的零件进行技术要求分析，选择并确定进行数控加工的零件的内容及数控加工机床。

（2）工艺分析和工艺设计。结合加工表面的特点和数控设备的功能对零件进行数控加工的工艺分析，并进行数控加工的工艺设计。

（3）工件的定位与装夹。根据零件的加工要求，选择合理的定位基准，并根据零件批量、精度及加工成本选择合适的夹具，完成工件的装夹与找正。

（4）刀具的选择与安装。根据零件的加工工艺性与结构工艺性，选择合适的刀具材料与刀具种类，并完成刀具的安装与对刀，将对刀所得参数正确设定在数控系统中。

（5）编制数控加工程序。根据零件的加工要求，对零件图形进行数学处理、计算，编写加工程序单，经过初步校验后将其输入机床数控系统。

（6）试切削、试运行并校验数控加工程序。对所输入的程序进行试运行，并进行首件的试切削。试切削一方面用来对加工程序进行最后的校验，另一方面用来校验工件的加工精度，以进一步修改加工程序，并对现场问题进行处理。

（7）编制数控加工工艺技术文件，如数控加工工序卡、程序说明卡、走刀路线图等。

1.3 数控机床的组成及分类

1.3.1 数控机床的组成

数控机床是典型的机电一体化产品，主要由程序载体、输入/输出装置、计算机数控装置（CNC 装置）、伺服系统（位置反馈系统）和机床本体等五部分组成。数控机床组成框图如图 1.2 所示。

数控机床各组成部分的功能简介如下。

1．程序载体

数控机床是按照输入的零件加工程序运行的。零件加工程序中，包括机床上刀具和工件的相对运动轨迹、工艺参数（进给量、主轴转数等）和辅助运动等，用一定的格式和代码，存储在一种载体上，被称为程序载体。如穿孔纸带、盒式磁带或软磁盘等，通过数控机床的输入装置，将程序信息输入到 CNC 单元内。

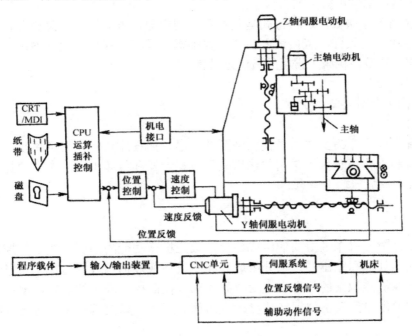

图 1.2 数控机床的组成及框图

2．输入/输出装置

输入装置的作用是将信息载体中的数控加工信息读入数控系统的内存。根据程序载体的不同，相应有三种输入方式。

（1）控制介质输入。主要有两种输入方法：一种方法是通过纸带输入，即在特制的纸带上穿孔，用孔的不同位置的组合构成不同的数控代码，通过纸带阅读机将指令输入。另一种方法是对于配置有计算机软驱动器的数控机床，可以将存储在磁盘上的程序通过软驱输入系统。

（2）手动输入。操作者可以利用机床上的显示屏及键盘输入加工程序指令，控制机床的运动，具体说来有三种情况。

① 手动数据输入（Manual Data Input, MDI）：即通过机床面板上的键，把数控程序指令逐条输入到存储器中。这种方法只适用于一些比较短的程序，只能使用一次，机床动作后程序就消失。

② 在控制装置的程序编辑界面（EDIT）状态下，用按键输入加工程序，存入控制装置的内存中。用这种方式可以对程序进行编辑，程序可重复使用。

③ 在具有会话编程功能的数控装置上，可以按照显示屏上提示的问题，选择不同的菜单，将图样上指定的有关尺寸数字等输入，就可自动生成加工程序存入内存。这种方法虽然是手工输入，但却是自动编程。

图形交互自动编程是现在广泛采用的另一种自动编程方式。利用 CAD 软件的图形编辑功能将零件的几何图形绘制到计算机上，形成零件的图形文件，然后调用数控编程模块，采用人机交互的方式在计算机屏幕上指定被加工的部位，通过键盘手工输入相应的加工参数后，计算机自动编制出数控加工程序。

（3）直接输入存储器。这种方式是数控系统利用通信方式进行信息交互，即通过对有关参数的设定和相关软件，直接读入在自动编程机上及其他计算机上或网络上编制好的加工程序。目前，在数控机床上常用的通信方式有：

① 串行接口。

② 自动控制专用接口。

③ 网络技术。

输出装置的作用是为操作人员提供必要的信息，如程序代码、切削用量、刀具位置、各种故障信息和操作指示等。常用的输出装置有显示器和打印机等，高档数控系统还可以用图形方式直观地显示输出信息。

3. 数控装置

数控装置是数控机床最重要的组成部分，数控机床功能的强弱取决于数控装置。主要由信息的输入、处理和输出三个部分组成。程序载体通过输入装置将加工信息给 CNC 单元，编译成计算机能识别的信息，由信息处理部分按照控制程序的规定，逐步存储并进行处理后，通过输出单元发出位置和速度指令给伺服系统，以控制机床主运动机构和进给传动机构。

数控机床的辅助动作，如刀具的选择与更换、切削液的启停等能够用可编程序控制器（PLC）进行控制。PLC 是用于进行与逻辑运算、顺序动作有关的 I/O 控制，它由硬件和软件组成。应用于数控机床的 PLC 分两类：一类是 CNC 生产厂家为实现数控机床顺序控制，而将 CNC 和 PLC 综合设计的内装型（或集成型），这种 PLC 是 CNC 装置的一部分；另一类是由专门生产厂家开发的 PLC 系列产品，即独立型（或外装型）的 PLC。

4. 伺服系统

伺服系统由伺服驱动电路和伺服驱动电动机组成，包括主轴伺服系统和进给伺服系统。主轴伺服系统的主要作用是实现零件加工的切削运动，其控制量为速度。进给伺服系统的主要作用是实现零件加工的成形运动，其控制量为速度和位置，特点是能灵敏、准确地实现 CNC 装置的位置和速度指令。每个做进给运动的执行部件都配有一套伺服驱动系统。

伺服系统直接影响数控机床加工的速度、位置、精度、表面粗糙度等。数控机床性能的好坏就取决于伺服驱动系统。

5. 位置反馈系统

位置反馈分为伺服电动机的转角位移反馈和数控机床执行机构（工作台）的位移反馈两种，运动部分通过传感器将上述角位移或直线位移转换成电信号，输送给 CNC 单元，与指令位置进行比较，并由 CNC 单元发出指令，纠正所产生的误差，适时控制机床的运动位置。

6. 机床的机械部件

数控机床的机械结构，除了主运动部件、进给运动部件（如工作台、刀架）、辅助部分（如液压、气动、冷却和润滑部分等）和支撑部件（如床身、立柱）等一般部件外，尚有些特殊部件，如储备刀具的刀库、自动换刀装置（ATC）、自动托盘交换装置等。与普通机床相比，数控机床结构发生了很大的变化，普遍采用了滚珠丝杠、滚动导轨（如图 1.3 所示），传动轻巧精密，效率更高；用滚动导轨或贴塑导轨消除爬行；采用主轴电机和变速齿轮的变速机构，实现无级变速的同时还减少了变速齿轮的级数，使数控机床的传动系统更为简单；机床的工作台可装有位置反馈装置，传动装置的间隙要尽可能小；由于数控机床的运行速度和加工速度一般都比普通机床高，所以对机床的静态和动态刚度、振动频率等方面要求更高，以适应对数控机床高定位精度和良好控制性能的要求。

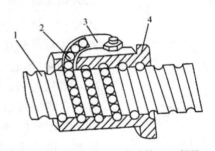

1—丝杠；2—滚珠；3—回珠管；4—螺母

图 1.3　滚珠丝杠结构示意图

1.3.2　数控机床的分类及应用范围

目前，为了研究数控机床，可从不同的角度对数控机床进行分类。

1. 按机床运动轨迹分类

（1）点位控制数控机床。点位控制又称为点到点控制。该系统的特点是只控制机床运动部件（刀具对工件）运动起点和终点坐标点的精确定位。移动过程中不进行切削，对它们定位过程中的运动轨迹及移动速度没有严格要求，各坐标轴之间的运动是不相关的（如图 1.4 所示）。为了确保准确的定位，点位控制系统在高速运行后，一般采用 3 级减速，以实现慢速接近定位点并最后准确定位。

点位控制的数控机床主要用于平面内的孔系，主要有数控钻床、数控坐标镗床、数控弯管机、数控冲剪床、三坐标测量机等，其采用的数控系统称为点位数控系统。随着数控技术的发展和数控系统价格的降低，单纯用于点位控制的数控系统已不多见。

（2）直线控制数控机床。直线切削控制又称为平行切削控制。这类数控机床不仅要求机床运动部件运动起点和终点之间具有准确定位的功能，而且要求实现平行坐标轴的直线切削加工，并且可以设定直线切削加工的进给速度。该系统也可以控制刀具或工作台同时在两个轴向以相同的速度运动，从而沿着与坐标轴成 45°的斜线进行加工，如图 1.5 所示。因此，一般只能加工矩形、台阶形零件。这类数控机床主要有比较简单的数控镗铣床、数控车床、加工中心和数控磨床等。这种机床的数控系统也称为直线控制数控系统。同样，单纯用于直线控制的数控机床也不多见。

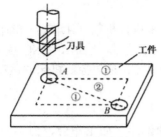

图 1.4 点位控制

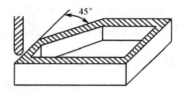

图 1.5 点位直线控制

（3）轮廓控制数控机床。轮廓控制又称为连续轨迹控制。这类数控机床能够对两个或两个以上坐标轴同时进行控制，不仅能够控制机床移动部件的起点与终点坐标，而且能够精确控制整个加工过程中每一点的速度与位移量，也即控制移动轨迹，将零件加工成一定的轮廓形状，见图 1.6 所示。

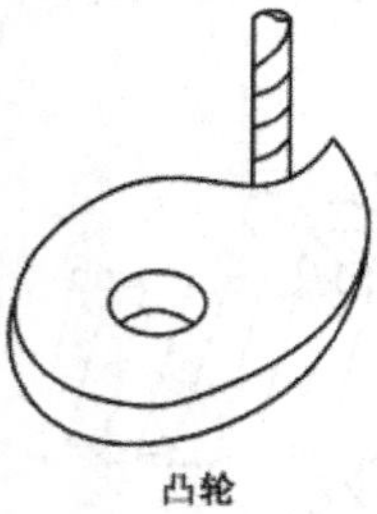

凸轮

图 1.6 轮廓控制

两坐标及两坐标以上的数控铣床（加工中心）、可加工曲面的数控车床、数控磨床、数控齿轮加工机床和各类数控切割机床等均采用轮廓控制方式，它们可以取代各种类型的仿形加工，同时提高了加工精度和加工效率，其相应的数控装置称为轮廓控制数控系统。按同时控制且相互独立的轴数，可以有 2 轴控制、2.5 轴控制和 3、4、5 轴控制等形式。

① 2 轴控制：指的是可以同时控制 2 轴，但机床轴数也可能多于 2 轴。主要用于数控车床加工回转曲面或数控铣床加工曲线柱面。如在数控铣床上的 X、Y、Z 三个坐标同时控制 X、Y 两个坐标时，可以进行图 1.7（a）所示的曲线形状加工。同时控制 X、Z 坐标和 Y、Z 坐标时，可以加工图 1.7（b）所示形状的零件。

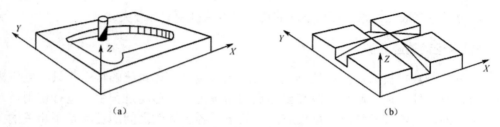

图 1.7 2 轴联动的轮廓加工

② 2.5 轴控制：主要用于三轴以上机床的控制，即指两个轴连续控制、第 3 个轴作周

期性的点位或直线控制，从而实现三个坐标轴 X、Y、Z 内的二维控制。如图 1.8 所示就是采用这种方式用行切法加工的三维空间曲面。

③ 3 轴控制：一般分为两类，一类是指同时控制 X、Y、Z 三个直线坐标轴联动，这样，刀具在空间的任意方向都可移动，因而能够进行三维的立体加工，比较多的用于数控铣床、加工中心等。如图 1.9 所示为用球头铣刀铣切三维空间曲面。另一类是除了同时控制 X、Y、Z 其中两个直线坐标轴外，还同时控制围绕其中某一直线坐标轴旋转的旋转坐标轴。如车削加工中心，它除了纵向（Z 轴）、横向（X 轴）两个直线坐标轴联动外，还需同时控制围绕 Z 轴旋转的主轴（C 轴）联动，见图 5.6 所示。

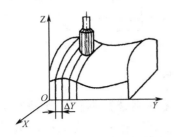 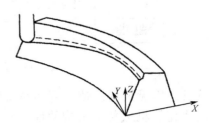

图 1.8　2.5 轴半联动的曲面加工　　　　图 1.9　3 轴联动的曲面加工控制

④ 4 轴控制：是指同时控制四个坐标运动，即在 X、Y、Z 三个直角坐标轴之外，再加一个旋转坐标轴。同时控制四个坐标的数控机床如图 1.10 所示，它可以用来加工叶轮或圆柱凸轮。

⑤ 5 轴控制：五轴是指在直线坐标 X、Y、Z 以外，再加上围绕这些直线坐标旋转的旋转坐标 A、B、C 中的两个坐标，形成同时控制五个轴联动。这时，刀具可以给定在空间的任意方向，如图 1.11 所示，它特别适合加工透平叶片、机翼等更为复杂的空间曲面（如图 1.12 所示）。

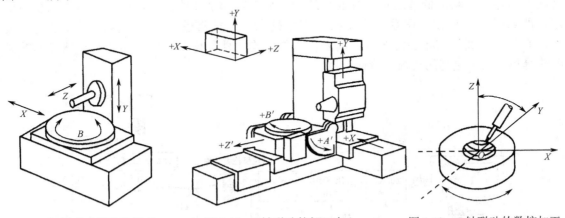

图 1.10　4 轴联动的数控机床　　　图 1.11　5 轴联动的加工中心　　　图 1.12　5 轴联动的数控加工

2．伺服系统类型的分类

这种分类方法是根据伺服系统测量反馈形式来划分的。

（1）开环伺服系统数控机床。开环伺服系统是不带测量反馈装置的控制系统，如图 1.13 所示。开环伺服系统的数控机床，采用步进电动机作为伺服驱动执行元件，数控装置将工件加工程序处理后，输出脉冲信号给伺服驱动系统步进驱动器的环形分配器和功率放大器，最终控制相应坐标轴的步进电动机的角位移，再经机械传动链，实现机床运动部件的直线位移，但不检测运动的实际位置，即指令信息单方向传送，并且指令发出后不再反馈回来，故称开环控制。

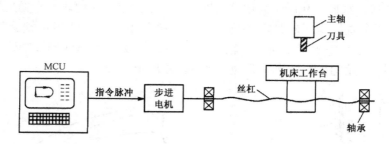

图 1.13　开环伺服系统框图

由此可见，因无位置反馈，开环系统精度（相对闭环系统）不高，其精度主要取决于伺服驱动系统和机械传动机构的性能和精度。但由于开环控制结构简单，调试方便，容易维修，成本较低，仍被广泛应用于精度和速度要求不高的经济型数控和对旧机床的改造上。

（2）闭环伺服系统数控机床。闭环控制系统如图 1.14 所示，它在机床移动部件的位置上直接装有直线位置检测装置，检测刀具或工作台的实际位移值并将检测到的位移值及时反馈到 CNC 装置的比较器中，与所要求的位移指令值进行比较，用比较的差值进行控制，直到差值消除为止。可见，闭环控制系统将机械传动链的全部环节都包括在反馈环路之内，其控制精度高。从理论上讲，闭环控制方式的运动精度和定位精度，仅取决于检测装置的精度，而与机械传动的误差无关。但由于位置环内的许多机械传动环节的摩擦特性、刚性、间隙、导轨的低速运动特性及系统的抗振性等都是非线性的，很容易造成系统不稳定，严重时甚至会使伺服系统产生振荡而使机床无法正常进行加工。因此闭环系统的设计、安装和调试都有相当的难度，其对机床的结构刚性、传动部件的间隙及导轨移动的灵敏性等都提出了更高的要求，价格昂贵。

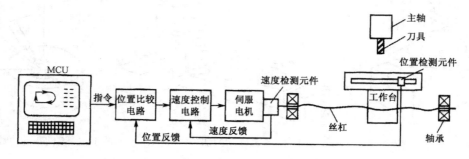

图 1.14　闭环伺服系统框图

闭环伺服系统数控机床主要用于一些精度要求很高的镗铣床、超精车床、超精磨床以及较大型的数控机床等。闭环控制数控机床的伺服机构采用直流伺服电动机或交流伺服电动机驱动。

（3）半闭环伺服系统数控机床。半闭环控制系统如图 1.15 所示，它在开环控制系统的丝杠端头或电动机端头上装有检测装置，通过检测丝杠的角位移（转角）和转速，间接地检测移动部件的实际位移量，然后反馈到 CNC 装置中进行位置比较，用比较的差值进行控制。由于反馈环内没有包含工作台，故称半闭环控制。半闭环控制精度较闭环控制差，但稳定性好，且由于角位移检测装置比直线位移检测装置的结构更为简单，造价较低，同时由于滚珠丝杠制造精度的提高，丝杠、螺母之间侧隙采用了补偿方法，因此，配备精密滚珠丝杠的半闭环控制系统得到广泛采用。

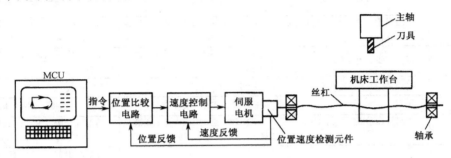

图 1.15　半闭环伺服系统框图

目前采用直线电动机作为伺服驱动元件的数控机床，取消了传动系统中将旋转运动变为直线运动的环节，实现了"零传动"。该传动方式从根本上消除了机械传动环节对精度、刚度、快速性及稳定性的影响，使机床获得更高的定位精度、进给精度和加速度。

3．加工工艺类型的分类

（1）金属切削类数控机床。

① 普通型数控机床。这类数控机床和传统的通用机床一样，指采用车、铣、钻、铰、镗、磨、刨等各种切削工艺的数控机床，如数控车床、数控铣床、数控磨床和数控齿轮加工机床等。而且每一类中又有很多品种，例如数控铣床中就有立铣、卧铣、工具铣、龙门铣等。这类机床的工艺性能和通用机床相似，所不同的是它能加工具有复杂形状的零件。

② 加工中心。这是一种在普通数控机床上加装一个刀具库和自动换刀装置而构成的数控机床。它和普通数控机床的区别是：工件经一次装夹后，数控系统能控制机床自动地更换刀具，连续自动地对工件各加工面进行铣（车）、镗、钻、铰、攻螺纹等多工序加工，故此，有些资料上又称它为多工序数控机床，如（镗铣类）加工中心、车削中心、钻削中心等。

（2）金属成形类数控机床。这类机床指采用挤、冲、压、拉等成形工艺方法加工零件的数控机床，如数控冲床、数控折弯机、数控弯管机、数控回转头压力机等。

（3）数控特种加工机床。数控特种加工机床是指采用电加工技术加工零件的数控机床，即电加工类数控机床。这类机床有数控线（电极）切割机床、数控电火花加工机床、数控火焰切割机、数控激光加工机床等。

（4）其他非加工类型的数控机床。这类机床有数控装配机、数控三坐标测量机、数控对刀仪、数控绘图仪等。

4. 数控系统功能水平的分类

数控机床按数控系统功能水平可分为低、中、高三档。就目前的发展水平来看大体可从以下几方面区分，见表1-1。

这种分类方法，目前在我国用得很多，但没有一个确切的定义。

表 1-1 数控机床分类表

档次 功能	低档数控机床	中档数控机床	高档数控机床
进给当量和进给速度	进给当量为 10μm，进给速度在 8～15m/min	进给当量为 1μm，进给速度为（15～24）m/min	进给当量为 0.1μm，进给速度为（15～100）m/min
伺服进给系统	开环、步进电动机	半闭环直流伺服系统或交流伺服系统	闭环伺服系统、电动机主轴、直线电动机
联动轴数	2～3 轴	3～4 轴	3 轴以上
通信功能	无	RS232 或 DNC 接口	RS232、RS485、DNC、MAP 接口
显示功能	数码管显示或简单的 CRT 字符显示	功能较齐全的 CRT 显示或液晶显示	功能齐全的 CRT（三维动态图形显示）
内装PLC	无	有	有强功能的 PLC，有轴控制的扩展功能
主CPU	8 位或 16 位 CPU	由 16 位向 32 位 CPU 过渡	32 位向 64 位 CPU 发展

1.4 数控机床的主要性能指标

1.4.1 数控机床的精度

数控机床的精度主要是指加工精度、定位精度和重复定位精度。精度是数控机床的重要技术指标之一。

1. 定位精度和重复定位精度

定位精度是指实际位置与数控指令位置的一致程度。不一致量表现为误差。

定位误差包括伺服系统、进给系统和检测系统的误差，还包括移动部件导轨的几何误差等。定位误差直接影响加工零件的尺寸精度。

重复定位精度是指同一台数控机床上，应用相同程序、相同代码加工一批零件，所得到连续结果的一致程度。重复定位精度受伺服系统特性、进给系统的间隙、刚度以及摩擦特性等因素的影响。一般情况下，重复定位误差是呈正态分布的偶然性误差，它影响批量加工零件的一致性，是一项非常重要的性能指标。

表 1-2 所示为 GB/T16462—1996《数控卧式车床精度检验》中规定的数控车床位置精度指标。

2. 分度精度

分度精度是指分度工作台在分度时，指令要求回转的角度值和实际回转的角度值的差值。分度精度既影响零件加工部位在空间的角度位置，也影响孔系加工的同轴度等。

表 1-3 所示为几种加工中心的精度指标。

表 1-2 数控车床位置精度指标

项目精度	位置精度（mm）						X 轴
	Z 轴（对应不同的顶尖距 DC）						
	DC	≤500	>500～100	>1000～1500	>1500～2000	>2000	
定位精度	A	0.020	0.025	0.032	0.040	DC 每增加 1000，允差值 增加 0.010	0.016
重复定位精度	R	0.008	0.010	0.013	0.016	0.020	0.007
具有铣削、钻削功能的车削中心 C 轴分度定位精度							
C 轴：仅能作间歇分度定位的工件主轴				C 轴：能够作驱动进给的工件主轴			
定位精度 A	5′	重复定位精度 R	2′	定位精度 A	72″	重复定位精度 R	36″

表 1-3 加工中心的精度指标

机床型号及名称	定位精度（mm）	重复定位精度（mm）	回转轴定位精度（″）	回转轴重复定位精度（″）
JCS-018 立式加工中心	±0.012/300	±0.006		
PMC600 高速立式加工中心	±0.003	±0.001		
BW60HS/1 卧式加工中心	±0.004	±0.003	B 轴±3.6	B 轴±2
NJ-5HMC40 五轴联动加工中心	±0.002	±0.001	B 轴±5 C 轴±2.5	B 轴±3 C 轴±1.5
HAAS EC-400 卧式加工中心	±0.0051	±0.0025	B 轴±5	B 轴±3

1.4.2 数控机床的控制轴数与联动轴数

数控机床的控制轴数通常指机床数控装置能够控制的进给轴数。数控机床控制轴数与数控装置的运算处理能力、运算速度及内存容量等有关。数控机床完成的运动越多，控制轴数就越多，对应的功能就越强，同时机床结构的复杂程度与技术含量也就越高。

联动轴数是指数控机床同时控制多个坐标轴协调动作的进给轴数目。它反映数控机床的曲面加工能力。数控机床联动轴数越多，控制系统就越复杂，加工能力就越强。

1.4.3 数控机床的运动性能指标

数控机床的运动性能指标主要包括主轴转速、进给速度、坐标行程、回转轴的转角范围、刀库容量及换刀时间等。

1. 最高主轴转速和最大加速度

最高主轴转速是指主轴所能达到的最高转速，它是影响零件表面加工质量、生产效率以及刀具寿命的主要因素之一。随着刀具、轴承、冷却、润滑及数控系统等相关技术的发展，使中等规格的数控机床的主轴转速都有了很大的提高，如数控车床从过去的 2000r/min 提高到 6000r/min，加工中心从过去的 3000r/min 提高到现在的 10000r/min 以上。在高速加工的数控机床上，通常采用电动机转子与主轴一体的电主轴，可以使主轴达到每分钟数万转。

最大加速度是反映主轴速度提速能力的性能指标，也是加工效率的重要指标。

2．最高快移速度和最高进给速度

最高快移速度是指进给轴在非加工状态下的最高移动速度，最高进给速度是指进给轴在加工状态下的最高移动速度，它们也是影响零件加工质量、生产效率以及刀具寿命的主要因素。这两个指标受数控装置运算速度、机床动态特性及工艺系统刚性等因素的限制。统计资料表明，数控机床的最高进给速度已从过去的 12m/min 提高到 60m/min。

此外，进给加速度是反映进给速度提速能力的性能指标，也是反映机床加工效率的重要指标。

3．行程

行程是指移动坐标轴可控制的运动区间，它反映该机床允许的加工空间，一般情况下工件轮廓尺寸应在机床坐标轴行程允许的范围之内。

4．回转轴的转角范围

转角范围是指回转坐标轴可控制的摆角区间，也反映该机床的加工空间。

5．刀库容量和换刀时间

刀库容量和换刀时间会影响机床的加工效率。

刀库容量是指刀库内所能存放刀具的数量。它反映该机床能加工工序内容的多少。大容量的刀库相对于小容量的刀库，在选刀时占用的时间长。一般中小型加工中心的刀库容量多为 16～60 把，大型加工中心达 100 把以上。

换刀时间是指具备自动换刀系统的数控机床，其刀具交换机构将主轴上刀具与刀库中下一个工步需用的刀具进行交换所用的时间。目前国内加工中心的换刀时间由过去的 10～20 秒，缩短为 1～5 秒。

习　题　1

一、单选题

1.1　数控机床是采用数字化信号对机床的（　）进行控制。

　　A．运动　　　　　　B．加工过程　　　　C．运动和加工过程　　　D．无正确答案

1.2　（　）是数控机床的核心。

　　A．输入、输出设备　　B．数控装置　　C．伺服系统　　　　　　D．机床本体

1.3　（　）年，Parsons 公司和 MLT 合作研制了世界上第一台三坐标数控铣床。

　　A．1952　　　　　　B．1954　　　　　　C．1956　　　　　　　　D．1958

1.4　数控机床由（　）、数控装置、伺服机构和机床本体组成。

　　A．数控介质　　　　B．数控程序　　　　C．辅助装置　　　　　　D．可编程控制器

1.5　从某种意义上讲，数控机床功能的高低主要取决于（　），而数控机床性能的好坏主要取决于（　）。

A．控制介质　　　　　B．数控装置　　　　　C．伺服系统　　　　　D．机床本体

1.6　在数控机床中，机床坐标系的 X 轴和 Y 轴可以联动。当 X 轴和 Y 轴固定时，Z 轴可以有上、下的移动，这种加工方式称为（　　）。

A．两轴加工　　　　B．两轴半加工　　　C．三轴加工　　　　D．五轴加工

1.7　按数控系统的控制方式分类，数控机床分为：开环控制数控机床、（　　）、闭环控制数控机床。

A．点位控制数控机床　　　　　　　　B．点位直线控制数控机床

C．半闭环控制数控机床　　　　　　　D．轮廓控制数控机床

1.8　从理论上讲，闭环系统的精度主要取决于（　　）的精度。

A．伺服电动机　　　B．滚珠丝杠　　　C．CNC 装置　　　　D．检测装置

1.9　位置检测元件装在伺服电动机尾部的是（　　）系统。

A．闭环　　　　　　B．半闭环　　　　C．开环　　　　　　D．三者均不是

1.10　闭环和半闭环系统安装测量与反馈装置的作用是为了（　　）。

A．提高机床的安全性　　　　　　　　B．提高机床的使用寿命

C．提高机床的定位精度、加工精度　　D．提高机床的灵活性

1.11　数控机床不适合加工的零件是（　　）。

A．单品种大批量的零件　　　　　　　B．需要频繁改型的零件

C．贵重不允许报废的关键零件　　　　D．几何形状复杂的零件

1.12　影响开环伺服系统定位精度的主要因素是（　　）。

A．插补误差　　　B．传动元件的传动误差　　　C．检测元件的检测误差　　D．机构热变形

1.13　闭环进给伺服系统与半闭环进给伺服系统的主要区别在于（　　）。

A．位置控制器　　B．检测单元　　　　C．伺服单元　　　　D．控制对象

1.14　CNC 系统中的 PLC 是指（　　）。

A．可编程序逻辑控制器　　B．显示器　　　C．多微处理器　　　D．环形分配器

1.15　数控机床的优点是（　　）。

A．加工精度高，生产效率高，工人劳动强度低，可加工复杂型面，减少工装费用

B．加工精度高，生产效率高，工人劳动强度低，可加工复杂型面，工时费用低

C．加工精度高，可大批量生产，生产效率高，工人劳动强度低，可加工复杂型面，减少工装费用

D．加工精度高，生产效率高，对操作人员的技术水平要求较高，可加工复杂型面，减少工装费用

1.16　脉冲当量是指（　　）。

A．每发出一个脉冲信号，机床相应移动部件产生的位移量

B．每发出一个脉冲信号，伺服电动机转过的角度

C．进给速度大小

D．每发出一个脉冲信号，相应丝杠产生转角大小

1.17　数字控制是用（　　）信号进行控制的一种方法。

A．模拟化　　　　　B．数字化　　　　C．一般化　　　　　D．特殊化

1.18　对于数控机床，最具机床精度特征的一项指标是（　　）。

A．机床的运动精度　　B．机床的传动精度　　　C．机床的定位精度　　D．机床的几何精度

1.19 按照机床运动的轨迹控制分类，加工中心属于（　　）。

    A．点位控制　　　　　　B．直线控制　　　　　　C．轮廓控制　　　　D．远程控制

1.20 数控机床的联动轴数与控制轴数是不同的概念，一般联动轴数（　　）控制轴数。

    A．多于　　　　　　　　B．等于　　　　　　　　C．少于　　　　　　D．不确定

1.21 按运动方式，数控机床可分为（　　）。

    A．二轴控制、三轴控制和连续控制　　　　　　B．点位控制、直线控制和连续控制

    C．二轴控制、三轴控制和多轴控制

二、判断题（正确的打√，错误的打×）

1.22 闭环数控机床的检测装置，通常安装在工作台上。（　）

1.23 全闭环数控机床，可以进行反向间隙补偿。（　）

1.24 开环无反馈，半闭环的反馈源在丝杠位置，闭环的反馈源在最终执行元件位置。（　）

1.25 CIMS 是指计算机集成制造系统，FMS 是指柔性制造系统。（　）

1.26 数控机床脉冲当量的取值越大，零件的加工精度越低。（　）

1.27 数控机床的联动轴数一般多于控制轴数。（　）

1.28 几个 FMC 用计算机和输送装置连接起来可以组成 CIMS。（　）

1.29 影响开环伺服系统定位精度的主要因素是伺服驱动系统和机械传动机构的性能和精度。（　）

1.30 数控机床伺服系统包括主轴伺服和进给伺服系统。（　）

1.31 数控机床的定位精度和重复定位精度是同一个概念。（　）

1.32 数控钻床和数控冲床都属于轮廓控制机床。（　）

1.33 目前数控机床只有数控铣、数控磨、数控车、电加工几种。（　）

1.34 具有刀库、刀具交换装置的数控机床称为加工中心。（　）

1.35 通过传感器直接检测目标运动并进行反馈控制的系统为半闭环控制系统。（　）

1.36 数控车床的运动量是由数控系统内的可编程序控制器 PLC 控制的。（　）

三、简答题

1.37 什么叫数控？什么叫计算机数控？

1.38 数控机床由几部分组成？各部分有何作用？

1.39 何谓点位控制、点位直线控制、轮廓控制？三者有何区别？

1.40 数控加工中心机床有何特点？在结构上与普通数控机床有何不同？

1.41 数控机床的主要精度指标有哪几项？

第 2 章　数控加工的切削基础

内容提要及学习要求

　　金属切削过程是工件和刀具相互作用的过程。刀具要从工件上切去一部分金属，并在保证高生产率和低成本的前提下，使工件得到符合技术要求的形状、尺寸精度和表面质量。

　　本章主要研究了数控加工的金属切削原理与刀具。要求掌握切削运动、切削力与切削要素的基本理论；掌握常用刀具材料的种类、性能及其应用范围；熟悉刀具磨损、破损的基本理论与基本规律；了解积屑瘤的现象及防止方法；了解材料加工性及其影响因素和改善材料加工性的途径；掌握切削用量的选用原则，并初步了解切削液的种类、作用和选用；应具有根据加工条件合理选择刀具材料、刀具几何参数的能力。

2.1　切削运动与切削要素

2.1.1　切削运动和加工中的工件表面

1. 切削运动

　　金属切削加工就是用金属切削刀具把工件毛坯上预留的金属材料（统称余量）切除，获得图样所要求的零件。在切削过程中，刀具和工件之间必须有相对运动，这种相对运动就称为切削运动。按切削运动在切削加工中的功用不同分为主运动和进给运动。

　　（1）主运动。主运动是由机床提供的主要运动，它使刀具和工件之间产生相对运动，从而使刀具前刀面接近工件并切除切削层，即是切削过程中切下切屑所需的运动。其特点是切削速度最高，消耗的机床功率也最大。如图 2.1 所示，其形式可以是旋转运动，如车削时工件的旋转运动，铣削时铣刀的旋转运动，磨削工件时砂轮的旋转运动，钻孔时钻头的旋转运动等；也可以是直线运动，如刨削时刀具的往复直线运动。

　　（2）进给运动。进给运动又称走刀运动，是由机床提供的使刀具与工件之间产生附加的相对运动，即进给运动是切削过程中使金属层不断地投入切削，从而加工出完整表面所需的运动。其特点是消耗的功率比主运动小得多。如图 2.1 所示，其形式可以是连续的运动，如车削外圆时车刀平行于工件轴线的纵向运动，钻孔时钻头沿轴向的直线运动等；也可以是间断运动，如刨削平面时工件的横向移动；或是两者的组合，如磨削工件外圆时砂轮横向间断的直线运动和工件的旋转运动及轴向（纵向）往复直线运动。

　　总之，在各类切削加工中，主运动必须有一个，而进给运动可以有一个（如车削）、两个（如圆磨削）或多个，甚至没有（如拉削）。

　　主运动可以由工件完成（如车削、龙门刨削等），也可以由刀具完成（如钻削、铣削等）。进给运动也同样可以由工件完成（如铣削、磨削等）或刀具完成（如车削、钻削等）。

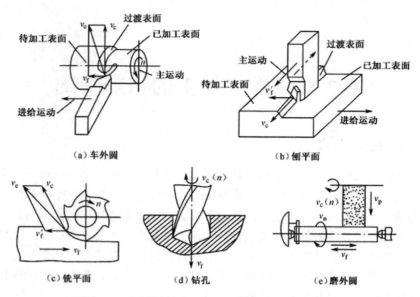

v_c－主运动；v_f－纵向进给运动；v_n－圆周进给运动；v_p－径向进给运动

图 2.1　几种常见加工方法的切削运动

当主运动和进给运动同时进行时，即可不断地或连续地切除切削层，并得出具有所需几何特性的已加工表面。由主运动和进给运动合成的运动称为合成切削运动（图 2.1）。刀具切削刃上选定点相对工件的瞬时合成运动方向称为合成切削运动方向，其速度称为合成切削速度。合成切削速度 v_e 为同一选定点的主运动速度 v_c 与进给运动速度 v_f 的矢量和，即

$$v_e = v_c + v_f \qquad\qquad (2\text{-}1)$$

2．加工中的工件表面

切削过程中，工件上多余的材料不断地被刀具切除而转变为切屑，因此，工件在切削过程中形成了三个不断变化着的表面（图 2.1）。

（1）已加工表面：工件上经刀具切削后产生的表面。

（2）待加工表面：工件上有待切除切削层的表面。

（3）过渡表面：工件上由切削刃形成的那部分表面。它在下一切削行程（如刨削）、刀具或工件的下一转（如单刃镗削或车削）将被切除，或者由下一切削刃（如铣削）切除。

2.1.2　切削要素

切削要素包括切削用量和切削层的几何参数。见图 2.2 所示。

1．切削用量

切削用量是用来表示切削运动，调整机床用的参量，并且可用它对主运动和进给运动进行定量的表述。它包括以下三个要素。

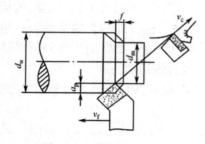

图 2.2　切削用量三要素

（1）切削速度 v_c。在切削加工时，切削刃选定点相对于工件主运动的瞬时速度称为切削速度。即在单位时间内，工件和刀具沿主运动方向的相对位移，单位为 m/min。

大多数切削加工的主运动是回转运动（车、钻、镗、铣、磨削加工）时，其切削速度为加工表面最大线速度，即

$$v_c = \frac{\pi d_w n}{1000} \qquad (2\text{-}2)$$

若主运动为往复直线时，则常以往复运动的平均速度作为切削速度，即

$$v_c = \frac{2Ln}{1000} \qquad (2\text{-}3)$$

上两式中，d_w——切削刃选定点处所对应的工件或刀具的最大回转直径，单位为 mm；

$\qquad\qquad n$——主轴转速或主运动每分钟的往复次数，单位为 r/min 或 dstr / min ；

$\qquad\qquad L$——工件或刀具作往复运动的行程长度，单位为 mm。

（2）进给量 f。在主运动的一个循环内，刀具在进给方向上相对于工件的位移量称为进给量，可用刀具或工件每转或每行程的位移量来表达或度量（图 2.2）。其单位为 mm/r（如车削、镗削等）或 mm/行程（如刨削、磨削等）。

车削时的进给速度（v_f 单位为 mm/min）是指切削刃上选定点相对于工件的进给运动的瞬时速度，它与进给量之间的关系为

$$v_f = nf \qquad (2\text{-}4)$$

对于铰刀、铣刀等多齿刀具，常要规定出每齿进给量（f_z）（单位为 mm/z），其含义为多齿刀具每转或每行程中每齿相对于工件在进给运动方向上的位移量，即

$$f_z = \frac{f}{z} \qquad (2\text{-}5)$$

式中，z——多齿刀具的刀齿数。

（3）背吃刀量 a_p。背吃刀量 a_p 是已加工表面和待加工表面之间的垂直距离，其单位为 mm。它直接影响主切削刃的工作长度，反映了切削负荷的大小。

外圆车削时，

$$a_p = \frac{d_w - d_m}{2} \qquad (2\text{-}6)$$

钻孔时，

$$a_p = \frac{d_m}{2} \qquad (2\text{-}7)$$

式中，d_w——待加工表面直径，单位为 mm；

$\qquad\qquad d_m$——已加工表面直径，单位为 mm。

镗孔时，则式（2-6）中的 d_w 与 d_m 互换一下位置。

2．切削层参数

切削层是由切削部分的一个单一动作（或指切削部分切过工件的一个单程，或指只产生一圈过渡表面的动作）所切除的工件材料层。切削层的尺寸称为切削层参数。为简化计算，切削层的剖面形状和尺寸，在垂直于切削速度的基面上度量。图 2.3 表示车削时的切削层，当工件旋转一转时，车刀切削刃沿工件轴线移动 f（进给量）距离所切下的一层金属，

如图中平行四边形 $ABCD$ 所示。

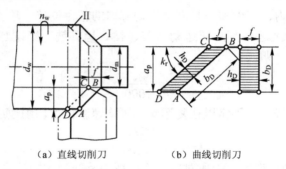

（a）直线切削刀　　　　（b）曲线切削刀

图 2.3　外圆纵车时切削层的参数

（1）切削厚度 h_D。刀具或工件每移动一个进给量 f 以后，主切削刃相邻两位置间的垂直距离称为切削层公称厚度，用 h_D 表示，单位为 mm。它表示单位长度上主切削刃的负荷。当主切削刃为直线刃时，直线切削刃上各点的切削层厚度相等，如图 2.3（a）所示，并有以下近似关系：

$$h_D \approx f \sin k_r \qquad (2\text{-}8)$$

式中，k_r ——主偏角。

当主切削刃为曲线刃时，切削层局部厚度的变化情况如图 2.3（b）所示。

（2）切削宽度 b_D。沿刀具主切削刃量得的待加工表面至已加工表面之间的距离称为切削层公称宽度，用 b_D 表示，单位为 mm。它大致反映了刀具主切削刃参加切削工作的长度。对于直线主切削刃有以下近似关系，见图 2.3（a）所示。

$$b_D = \frac{a_p}{\sin k_r} \qquad (2\text{-}9)$$

（3）切削面积 A_D。切削层公称横截面面积是指在给定瞬间，切削层在切削层尺寸平面里的实际横截面积，即图 2.4 中 $ABCD$ 所包围的面积，用 A_D 表示，单位为 mm²。车削外圆时，有如下关系：

$$A_D \approx a_p f \approx b_D h_D \qquad (2\text{-}10)$$

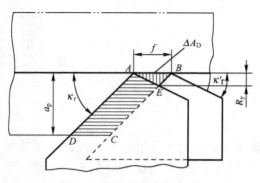

图 2.4　残留面积及其高度

刀具副偏角的存在使得经切削加工后的已加工表面上常留有规则的刀纹，这些刀纹在切削层尺寸平面里的横截面积（如图 2.4 中所示的 ABE 所包围的面积）称为残留面积 ΔA_D，它构成了已加工表面理论表面粗糙度的几何基形，则实际切削面积 A_{De} 等于切削面积 A_D 减去残留面积 ΔA_D，即

$$A_{De} = A_D - \Delta A_D \qquad (2\text{-}11)$$

残留面积的高度称为轮廓最大高度，用 R_y 表示，它直接影响已加工表面的粗糙度，其计算公式为：

$$R_y = \frac{f}{\cot\kappa_r + \cot\kappa_r'} \qquad (2\text{-}12)$$

若是圆弧形刀尖，则轮廓最大高度 R_y 为：

$$R_y \approx \frac{f^2}{8r_\varepsilon} \qquad (2\text{-}13)$$

式中，r_ε——刀尖圆弧半径，单位为 mm。

2.2 金属切削刀具

金属切削刀具是现代机械加工中的重要工具。无论是普通机床，还是数控机床和加工中心机床，都必须依靠刀具才能完成切削工作。因此，我们必须了解常用刀具的类型、结构。

2.2.1 常用刀具种类

根据刀具的用途、加工方法、工艺特点、结构特点有以下几种分类方式。

1. 按加工方法分类

（1）切刀：包括车刀、刨刀、插刀、镗刀。

（2）孔加工刀具：包括钻头、扩孔钻、铰刀。

（3）拉刀：包括圆孔拉刀、花键拉刀、平面拉刀、单键拉刀。

（4）铣刀：包括圆柱形铣刀、面铣刀、立铣刀、槽铣刀、锯片铣刀。

（5）螺纹刀具：包括丝锥、板牙、螺纹切刀。

（6）齿轮刀具：包括齿轮铣刀、齿轮滚刀、插齿刀。

（7）磨具：包括砂轮、砂带、油石。

2. 按切削刃特点分类

按切削刃特点分类有单刃刀具和多刃刀具。

3. 按工艺特点分类

（1）通用刀具：车刀、刨刀、铣刀等。

（2）定尺寸刀具：钻头、扩孔钻、铰刀、拉刀等。

（3）成形刀具：成形车刀、花键拉刀等。

4. 按装配结构分类

按装配结构分类分为整体式、焊接式、机夹可转位式和涂层刀具等。数控机床广泛使用机夹可转位式刀具。

尽管各种刀具的结构和形状各不同，但都是由工作部分和夹持部分组成的。工作部分俗称刀头，指担负切削加工的部分，由刀面、切削刃组成；夹持部分俗称刀柄或刀体，其横截面一般为矩形或圆形，指刀杆、刀柄和套装孔，它的作用是保证刀具有正确的安装工作位置，并传递切削运动和动力。图 2.5 所示为切削刀具的基本类型。

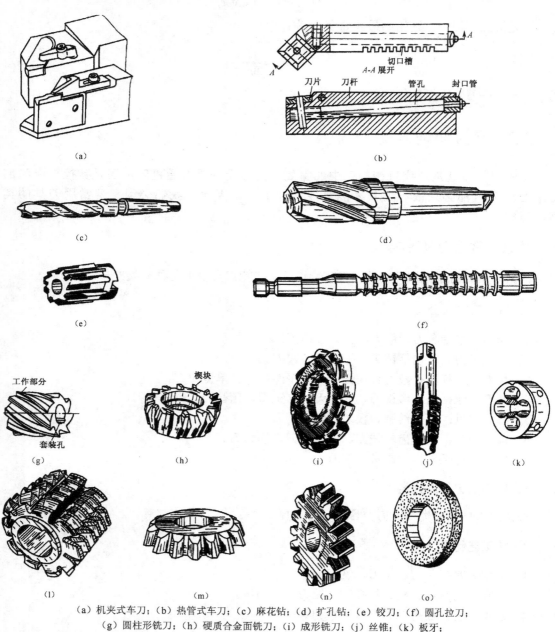

（a）机夹式车刀；（b）热管式车刀；（c）麻花钻；（d）扩孔钻；（e）铰刀；（f）圆孔拉刀；
（g）圆柱形铣刀；（h）硬质合金面铣刀；（i）成形铣刀；（j）丝锥；（k）板牙；
（l）齿轮滚刀；（m）插齿刀；（n）剃齿刀；（o）平面砂轮

图 2.5　切削刀具的基本类型

2.2.2　刀具材料

刀具材料主要是指刀具切削部分的材料。刀具切削性能的优劣，首先决定于切削部分的材料；其次取决于切削部分的几何参数及刀具结构的选择和设计是否合理。

1．刀具材料应具备的性能

切削时，刀具切削部分不仅要承受很大的切削力，而且要承受切屑变形和摩擦所产生的高温。要使刀具能在这样的条件下工作而不致很快地变钝或损坏，保持其切削能力，就必须使刀具材料具有如表 2-1 所示的性能。

表 2-1　刀具材料的性能一览表

较高的硬度	刀具材料的硬度必须高于被加工材料的硬度，以便在高温状态下依然可以保持其锋利。通常常温状态下，刀具材料的硬度都在 60HRC 以上
较好的耐磨性	刀具材料的耐磨性是指抵抗磨损的能力。在通常情况下，刀具材料硬度越高，耐磨性也越好。刀具材料组织中碳化物越多，颗粒越细，则分布越均匀，其耐磨性也越高
足够的强度和韧性	刀具切削部分的材料在切削时要承受很大的切削力和冲击力，因此，刀具材料必须要有足够的强度和韧性。在工艺上，一般用刀具材料的抗弯强度表示刀片的强度大小；用冲击韧性表示刀片韧性的大小刀片韧性的大小反映出刀具材料抗脆性断裂和抗崩刃的能力
良好的耐热性和导热性	耐热性表示刀片在高温状态下保持其切削性能的能力。耐热性越好，刀具材料在高温时抗塑性变形的能力、抗磨损的能力也越强。另外，刀片材料的导热性也是表示刀具使用性能的一个方面。导热性越好，切削时产生的热量越容易传导出去，从而降低切削部分的温度，减轻刀具磨损，刀具抗变形的能力也越强
良好的加工工艺性	刀片的加工工艺性主要反映在其成形和刃磨的能力上，包括锻压、焊接、切削加工、热处理、可磨性等
经济性	价格便宜，易于加工和运输
抗粘接性	防止工件与刀具材料分子间在高温高压作用下互相吸附产生粘接
化学稳定性	指刀具材料在高温下，不易与周围介质发生化学反映

2．刀具材料的种类

作为刀具的材料有很多种，碳素工具钢已基本被淘汰，合金工具钢也很少使用，目前最常用的刀具材料有高速钢和硬质合金。陶瓷材料和超硬刀具材料（金刚石和氮化硼）仅应用于有限场合，但它们的硬度很高，具有优良的抗磨损性能，刀具耐用度高，能保证高的加工精度。目前数控加工中用得最普遍的刀具是硬质合金刀具。各类刀具材料的主要成分和应用如表 2-2 所示。

表 2-2　刀具材料的种类成分和应用

种　类			主要成分、制作	使 用 特 点
工具钢	碳素工具钢		Fe、C	强度、韧性好，耐热性、耐磨损性差。主要用在低强度、软材料、非铁金属、塑料上的低速钻孔、攻螺纹和铰孔
	合金工具钢		除 Fe、C 外，含少量 W、Mo、Cr、V	
	高速钢	普通高速钢	除 Fe、C 外，含较多 W、Mo、Cr、V 等合金元素的高合金工具钢	具有一定的硬度（63～66HRC）和耐磨性、高的强度和韧性，切削速度（加工钢料）一般不高于（50～60）m/min，不适合高速切削和硬的材料切削。常用牌号有 W18Cr4V 和 W6Mo5Cr4V2。其中，W18Cr4V 具有较好的综合性能，W6Mo5Cr4V2 的强度和韧性高于 W18Cr4V，并具有热塑性好和磨削性能好的优点，但热稳定性低于 W18Cr4V
		高性能高速钢	除 Fe、C 外，含较多 W、Mo、Cr、V 等合金元素的高合金工具钢	在 630℃～650℃时仍可保持 60HRC 的硬度，其耐用度是普通高速钢的 1.5～3 倍。适用于加工奥氏体不锈钢、高温合金、钛合金、超高强度钢等难加工材料。但这类钢种的综合性能不如通用型高速钢，不同的牌号只有在各自规定的切削条件下，才能达到良好的加工效果，因此其使用范围受到限制。常用牌号有：9W18Cr4V、9W6Mo5Cr4V2、W6Mo5Cr4V3、W6Mo5Cr4V2Co8 及 W6Mo5Cr4V2AI 等

种 类		主要成分、制作	使 用 特 点
硬质合金	钨基硬质合金	钨钴类硬质合金（代号 YG）K 类（红色标识）	硬度和熔点都很高的 WC、TiC、TaC、NbC 等，用 Co、Mo、Ni 等元素黏结制成的粉末冶金制品	其常温硬度可达 78～82HRC，能耐 800℃～1000℃高温，允许的切削速度是高速钢的 4～10 倍。中速以上车削、钻削、铣削、拉削中等硬度和强度的全部材料。但其冲击韧性与抗弯强度远比高速钢低，因此很少做成整体式刀具。在实际使用中，一般将硬质合金刀块用焊接或机械夹固的方式固定在刀体上
				韧性较好，但硬度和耐磨性较差，适用于加工脆性材料（铸铁等）。钨钴类硬质合金中含 Co 越多，则韧性越好。常用的牌号有：YG8、YG6、YG3，它们制造的刀具依次适用于粗加工、半精加工和精加工
		钨钛钴类硬质合金（代号 YT）P 类（蓝色标识）		耐热性和耐磨性较好，但抗冲击韧性较差，适用于切削呈带状的钢料等塑性材料。常用的牌号有 YT5、YT15、YT30 等，其中的数字表示碳化钛的含量。碳化钛的含量越高，则耐磨性越好，韧性越低。这三种牌号的钨钛钴类硬质合金制造的刀具分别适用于粗加工、半精加工和精加工
		钨钛钽（铌）类硬质合金（代号 YW）M 类（黄色标识）		它具有上述两类硬质合金的优点，用其制造的刀具既能加工钢、铸铁、有色金属，也能加工高温合金、耐热合金及合金铸铁等难加工材料。常用牌号有 YW1 和 YW2
	钛基硬质合金（YN 类）		WC、TiC、TiN、Ta 和 Co、Mo、Ni	硬度很高，耐磨性、耐热性好，抗氧化性能强。用于铸铁、碳素钢、合金钢的车削、铣削。有较好的表面粗糙度
特种刀具材料	涂层刀具材料	涂层高速钢	在韧性较好的硬质合金或高速钢基体上，采用 CVD 法或 PVD 法涂覆一薄层硬度和耐磨性极高的难熔金属化合物如 TiC、TiN、Al₂O₃ 等，而得到的刀具材料	刀具既具有基体材料的强度和韧性，又具有很高的耐磨性。TiC 的硬度和耐磨性好；TiN 的抗氧化、抗黏结性好；Al_2O_3 耐热性好。使用时可根据不同的需要选择涂层材料，切削速度比未涂层刀具提高 2 倍
		涂层硬质合金		
	陶瓷材料	纯氧化铝陶瓷	Al_2O_3	刀片硬度可达 78HRC 以上，能耐 1200℃～1450℃高温，故能承受较高的切削速度。但抗弯强度低，怕冲击，易崩刃。主要用于钢、铸铁、高硬度材料及高精度零件的精加工
		混合陶瓷	氧化铝-金属系陶瓷	Al_2O_3-金属	
			氧化铝-碳化物陶瓷	Al_2O_3-碳化物	
			氧化铝-碳化物-金属系陶瓷	Al_2O_3-碳化物-金属	刀片硬度可达 78HRC 以上，能耐 1200℃～1450℃高温，故能承受较高的切削速度。但抗弯强度低，怕冲击，易崩刃。主要用于钢、铸铁、高硬度材料及高精度零件的精加工，适合于高速切削和硬切削，可实现干切削
		氮化硅陶瓷	Si_3N_4	
	金刚石	天然单晶金刚石	C	做切削刀具材料用者，大多是人造金刚石，其硬度极高，可达 10000HV（硬质合金仅为 1300～1800HV），其耐磨性是硬质合金的 80～120 倍。但韧性差，对铁族材料亲和力大。因此一般不适宜加工黑色金属，主要用于有色金属以及非金属材料的高速精加工
		多晶复合人造金刚石		
		立方氮化硼	BN	这是人工合成的一种高硬度材料，其硬度可达 7300～9000HV，可耐 1300℃～1500℃高温，与铁族元素亲和力小。但其强度低，焊接性差。目前主要用于加工淬硬钢、冷硬铸铁、高温合金和一些难加工材料

注：① 硬质合金牌号中，Y 表示硬质合金；G 表示钴，其后数字表示含钴量；T 表示碳化钛，其后数字表示 TiC 含量；W 表示通用合金；N 表示以镍、钼作为黏结剂的合金。

② 国际标准化组织 ISO513—1975（E）将切削加工用硬质合金按使用性能分为 P、M、K 三大类，与我国常用牌号相对应。

③ CVD：化学气相沉积法，沉积温度在 1000℃左右；PVD：物理气相沉积法，沉积温度在 500℃左右。

2.2.3 刀具几何角度

1. 刀具切削部分组成要素

刀具种类繁多，结构各异，但其切削部分的几何形状和参数都有共性。各种多齿刀具和复杂刀具都可以看成是以外圆车刀切削部分的演变和组合。下面以最简单、最典型的外圆车刀为例进行分析。

普通外圆车刀的构造如图 2.6 所示。其组成包括刀柄部分和切削部分。刀柄是车刀在车床上定位和夹持的部分。切削部分由三个刀面、二个切削刃、一个刀尖组成。

（1）前刀面（A_r）：刀具上切屑流过的表面。

（2）主后刀面（A_a）：刀具上与过渡表面相对的表面。

（3）副后刀面（A_a'）：刀具上与已加工表面相对的表面。

（4）主切削刃（S）：前刀面与主后刀面的交线，它完成主要的金属切除工作。

（5）副切削刃（S'）：前刀面与副后刀面的交线，它配合主切削刃完成金属切除工作，对已加工表面起修光作用。

（6）刀尖：主切削刃与副切削刃的连接处的一小部分切削刃。它分为修圆刀尖和倒角刀尖两类，见图 2.7 所示。

2．刀具切削部分的几何角度

刀具几何参数的确定需要以一定的参考坐标系和参考坐标平面为基准。刀具静止参考系是用于定义刀具设计、制造、刃磨和测量时刀具几何参数的参考系，在刀具静止参考系中定义的角度称为刀具标注角度。下面主要介绍刀具静止参考系中常用的正交平面参考系。

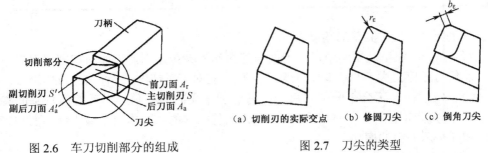

图 2.6　车刀切削部分的组成　　　　图 2.7　刀尖的类型

（1）正交平面参考系。正交平面参考系见图 2.8 所示。

① 基面（P_r）：通过切削刃选定点并垂直于主运动方向的平面。通常它平行或垂直于刀具在制造、刃磨及测量时适合于安装或定位的一个平面或轴线。对车刀、刨刀而言，就是过切削刃选定点和刀柄安装平面平行的平面。对钻头、铣刀等旋转刀具来说，即是过切削刃选定点并通过刀具轴线的平面。

② 切削平面（P_s）：通过切削刃选定点与切削刃相切并垂直于基面的平面。当切削刃为直线刃时，过切削刃选定点的切削平面，即是包含切削刃并垂直于基面的平面。

③ 正交平面（P_o）：正交平面是指通过切削刃选定点并同时垂直于基面和切削平面的平面。也可以看成是通过切削刃选定点并垂直于切削刃在基面上投影的平面。

（2）刀具的主要标注角度。车刀的标注角度（见图 2.9 所示）是绘制刀具图样和车刀刃磨必须要掌握的角度，即前角、后角、主偏角、副偏角、刃倾角。见表 2-3 所列。

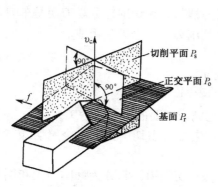
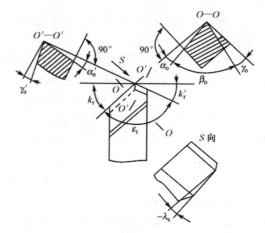

图 2.8　刀具角度坐标系　　　　　　　　　　　图 2.9　车刀的角度

表 2-3　车刀上的几种重要角度

刀 具 角 度	符 号	说　　　　明
前角	γ_o	前刀面与基面的夹角
后角	α_o	后刀面与切削平面的夹角
主偏角	k_r	主切削平面与假定进给运动方向之间的夹角
副偏角	k_r'	副切削平面与假定进给运动反方向之间的夹角
刃倾角	λ_s	主切削刃与基面间的夹角

在正交平面（P_o）中测量的角度有：

① 前角（γ_o）：在正交平面中，前刀面与基面间的夹角。当前刀面与切削平面夹角小于 90° 时，前角为正值；大于 90° 时，前角为负值。它对刀具切削性能有很大的影响。

② 后角（α_o）：在正交平面中，后刀面与切削平面间的夹角。当后刀面与基面夹角小于 90° 时，后角为正值；大于 90° 时，后角为负值。它的主要作用是减小后刀面与工件之间的摩擦和减少后刀面的磨损。

③ 楔角（β_o）：前刀面与后刀面的夹角。它是由前角和后角得到的派生角度。它反映刀体强度和散热能力大小。

$$\beta_o = 90° - (\gamma_o + \alpha_o) \tag{2-14}$$

在基面（P_r）中测量的角度有：

① 主偏角（k_r）：在基面中，主切削平面与假定进给运动方向之间的夹角，它总是为正值。主偏角的大小影响切削条件和刀具寿命。车刀常用的主偏角有 45°、60°、75° 和 90° 四种。

② 副偏角（k_r'）：在基面中，副切削平面与假定进给运动反方向间的夹角。副偏角的大小主要影响表面粗糙度。

③ 刀尖角（ε_r）：主切削平面与副切削平面间的夹角。它是由主偏角和副偏角得到的派生角度。

$$\varepsilon_r = 180° - (k_r + k_r') \tag{2-15}$$

在切削平面（P_s）中测量的角度有：

刃倾角（λ_s）：在切削平面中，主切削刃与基面间的夹角。当刀尖相对于车刀刀柄安装面处于最高点时，刃倾角为正值；当刀尖处于最低点时，刃倾角为负值；当切削刃平行于刀柄安装面时，刃倾角为 0°，这时，切削刃在基面内。

（3）刀具的工作角度。刀具的标注角度是在静止参考系中定义的刀具角度。实际上，在切削加工中，由于进给运动的影响，或刀具相对于工件安装位置发生变化时，常常使刀具的实际切削角度发生变化。刀具在实际切削过程中起作用的刀具角度，称为刀具的工作角度。分别用 γ_{oe}、α_{oe}、κ_{re}、κ'_{re}、λ_{se} 表示。

① 进给运动对工作角度的影响。横向进给的影响。如图 2.10（a）所示，车端面或切槽、切断时，因为刀具相对于工件的运动轨迹为阿基米德螺旋线，则各瞬间刀具相对于工件的合成切削运动方向是它的切线方向，与主运动方向夹角为 μ，这时工作基面 P_{re} 和工作切削平面 P_{se} 相对于标注参考系都要偏转一个附加的角度 μ，使刀具工作前角、后角分别为：

$$\begin{cases} \gamma_{oe} = \gamma_o + \mu \\ \alpha_{oe} = \alpha_o - \mu \end{cases} \tag{2-16}$$

$$\tan \mu = \frac{v_f}{v_c} = \frac{f}{\pi d_w} \tag{2-17}$$

式中，f——刀具的横向进给量（mm/r）；

d_w——切削刃上选定点处的工作直径（mm）。

由上式看出，随着切削进行，切削刃越靠近工件中心，μ 值越大，α_{oe} 越小，有时甚至达到负值，对加工有很多影响，不容忽视。

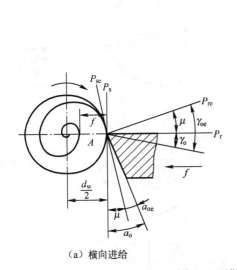

（a）横向进给　　　　　　　　　（b）纵向进给

图 2.10　进给运动的影响

纵向进给的影响。车外圆或车螺纹时，如图 2.10（b）所示，合成运动方向与主运动方向之间形成夹角 μ_f，这时工作基面 P_{re} 和工作切削平面 P_{se} 相对于标注参考系都要偏转一个附加的角度 μ_f，刀具左侧刃的工作前角、后角分别为：

$$\begin{cases} \gamma_{fe} = \gamma_f + \mu_f \\ \alpha_{fe} = \alpha_f - \mu_f \end{cases} \tag{2-18}$$

$$\tan \mu_f = \frac{v_f}{v_c} = \frac{f}{\pi d_w} \tag{2-19}$$

式中，f——纵向进给量或被切螺纹的导程（mm/r）；

d_w——切削刃上选定点处的工作直径（mm）；

μ_f——螺旋升角（°）。

由上式看出，随着 d_w 的减小，左侧刃 γ_{fe} 将增大，α_{fe} 将减小，右侧刃则相反。车削右旋螺纹时，车刀左侧刃后角应大些，右侧刃后角应小些；或者使用可转角度刀架将刀具倾斜一个角度，使左、右两侧刃工作前、后角相同。

② 刀具安装对工作角度的影响

a. 刀尖安装高低的影响。车削时，刀具的安装常会出现刀刃安装高于或低于工件回转中心的情况（如图 2.11 所示），此时工作基面与基面之间有夹角 θ 角，引起车刀工作前角和工作后角的变化：

$$\begin{cases} \gamma_{oe} = \gamma_o \pm \theta \\ \alpha_{oe} = \alpha_o \mp \theta \end{cases} \tag{2-20}$$

$$\sin \theta = \frac{2h}{d} \tag{2-21}$$

式中，h——刀尖高于或低于工件中心线的数值（mm）；

d——切削刃上选定点处的工件直径（mm）。

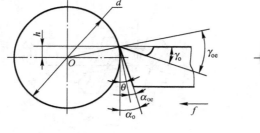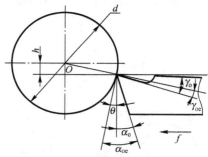

图 2.11　刀尖安装高低的影响

b. 刀杆安装轴线位置偏斜的影响。在车削时会出现刀杆轴线与进给方向不垂直（如图 2.12 所示），此时刀杆轴线与进给方向夹角为 θ_A，引起刀具工作主偏角和工作副偏角的变化：

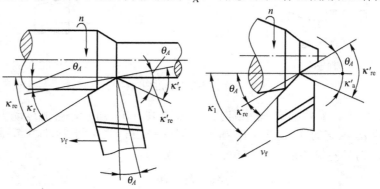

图 2.12　刀杆安装偏斜对工作角度的影响

$$\begin{cases} \kappa_{re} = \kappa_r \pm \theta_A \\ \kappa'_{re} = \kappa'_r \mp \theta_A \end{cases}$$ （2-22）

式中，θ_A ——刀杆轴线的倾斜角度。

3. 刀具几何参数的选择

当刀具材料确定之后，刀具的切削性能便由其几何参数来决定。所谓刀具合理的几何参数，是指在保证加工质量的前提下，能够满足较高生产率、较低加工成本的刀具几何参数。

（1）前角的选择。前角有正负之分，其大小主要影响切屑变形和切削力的大小以及刀具耐用度和加工表面质量的高低，一般应尽可能采用正前角。负前角刀具通常在用脆性刀具材料加工高强度、高硬度材料，而切削刃强度又不够、易产生崩刀时才采用。前角增大，可以使切削变形和摩擦减小，故切削力小，切削热低，加工表面质量高。但前角过大，刀具强度降低，耐用度下降。前角减小，刀具强度提高，切屑变形增大，易断屑。但前角过小，会使切削力和切削热增加，刀具耐用度也随之降低。

选择合理的前角时，在刀具强度允许的情况下，应尽可能取较大的值，具体选择原则如下：

① 工件材料：塑性材料选用较大的前角；脆性材料选用较小的前角；工件的强度、硬度低应选较大的前角，反之取较小前角；加工特硬材料或高强度钢（如淬火钢）应选很小前角甚至负前角。

② 刀具材料：刀具材料的抗弯强度和冲击韧度较高时应选较大前角。如高速钢刀具比硬质合金刀具的前角要大；陶瓷刀具的前角则应更小一些。

③ 加工过程：粗加工、断续切削选用较小的前角；精加工选用较大的前角。

④ 当工艺系统刚性差和机床功率小时选较大前角，以减小切削力和振动；数控机床和自动线用刀具，为了保证刀具稳定（不崩刃及破损）一般使用的刀具前角较小或为零度前角。

表 2-4 为硬质合金车刀合理前角的参考值，高速钢车刀前角一般比表中的值大 $5°\sim10°$。

（2）后角的选择。主后角的主要功用是减小主后刀面与过渡表面层之间的摩擦，减轻刀具磨损。后角减小，将使主后刀面与工件表面间的摩擦加剧，刀具磨损加大，工件冷硬程度增加，加工表面质量差；尤其是切削厚度较小时，由于刃口钝圆半径的影响，上述情况更为严重。后角增大，则摩擦减小，也减小了刃口钝圆半径，对切削厚度较小的情况有利，但使刀刃强度和散热情况变差。

表 2-4 硬质合金车刀合理前角、后角的参考值

工件材料种类	合理前角参考值（°）		合理后角参考值（°）	
	粗车	精车	粗车	精车
低碳钢	20~25	25~30	8~10	10~12
中碳钢	10~15	15~20	5~7	6~8
合金钢	10~15	15~20	5~7	6~8
淬火钢	-15~-5		8~10	
不锈钢（奥氏体）	15~20	20~25	6~8	8~10

工件材料种类	合理前角参考值（°）		合理后角参考值（°）	
	粗车	精车	粗车	精车
灰铸铁	10～15	5～10	4～6	6～8
铜及铜合金（脆）	10～15	5～10	6～8	6～8
铝及铝合金	30～35	35～40	8～10	10～12
钛合金（$\sigma_b \leq 1.177$GPa）	5～10		10～15	

注：粗加工用的硬质合金车刀，通常都磨有负倒棱及负刃倾角。

实践证明，合理的后角主要取决于切削厚度。其选择原则如下：

① 工件材料：工件硬度、强度较高时选用较小的后角，以增加切削刃强度；加工脆性材料时切削力集中在刀刃附近，为强化切削刃应选用较小的后角；工件塑性、韧性较大时选用较大的后角，以减小刀具后刀面的摩擦。

② 加工过程：粗加工、断续切削时，为强化切削刃，应选用较小的后角；精加工、连续切削时，刀具的磨损主要发生在刀具后刀面，应选用较大的后角。

③ 当工艺系统刚性差，易出现振动时应选较小的后角。在一般条件下，为提高刀具耐用度可加大后角，但为降低重磨费用，对重磨刀具可适当减小后角。

副后角可减少副后面与已加工表面间的摩擦。为了使制造、刃磨方便，一般车刀、刨刀等的副后角等于主后角；而切断刀、切槽刀及锯片铣刀等的副后角因受刀头强度限制，只能取得较小，通常 $\alpha_o' = 1° \sim 2°$。硬质合金车刀合理后角的参考值见表 2-4。

（3）主偏角的选择。主偏角可影响刀具耐用度、已加工表面粗糙度及切削力的大小。主偏角较小，则刀头强度高，散热条件好，已加工表面残留面积高度小，参加切削的主切削刃长度长，作用在主切削刃上的平均切削负荷小。但背向力大，容易引起工艺系统振动，切削厚度小，断屑效果差。

主偏角的选择原则如下：

① 工件材料：加工很硬的材料如淬硬钢和冷硬铸铁时，为减少单位长度切削刃上的负荷，改善刀刃散热条件，提高刀具耐用度，应取 $k_r = 10° \sim 30°$，工艺系统刚性好的取小值，反之取大值。

② 加工过程：使用硬质合金刀具进行精加工时，应选用较大的主偏角。

③ 当工艺系统刚性低（如车细长轴、薄壁筒）时，应取较大的主偏角，甚至取 $k_r \geq 90°$，以减小背向力 F_p，从而降低工艺系统的弹性变形和振动。

④ 单件小批量生产时，希望用一两把车刀加工出工件上所有表面，则主偏角应选为 $k_r = 45°$ 或 90°，以提高刀具的通用性。

⑤ 需要从工件中间切入的车刀，以及仿形加工的车刀，应适当增大主偏角。有时主偏角的大小取决于工件形状，例如，加工阶梯轴的工件，则需根据工件形状选择主偏角 $k_r = 90°$ 的刀具。

硬质合金车刀合理主偏角的参考值见表 2-5。

（4）副偏角的选择。副偏角的功能在于减小副切削刃与已加工表面的摩擦。减小副偏角可以提高刀具强度，改善散热条件，可减小残留面积高度，但可能增加副后刀面与已加工表面的摩擦，引起振动。

表 2-5　硬质合金车刀合理主偏角、副偏角的参考值

加 工 情 况		参考数值（°）	
		主偏角 k_r	副偏角 k_r'
粗车	工艺系统刚性好	45，60，75	5～10
	工艺系统刚性差	65，75，90	10～15
车细长轴、薄壁零件		90，93	6～10
精车	工艺系统刚性好	45	0～5
	工艺系统刚性差	60，75	0～5
车削冷硬铸铁、淬火钢		10～30	4～10
从工件中间切入		45～60	30～45
切断刀、切槽刀		60～90	1～2

副偏角主要根据已加工表面的粗糙度要求和刀具强度来选择，其选择原则如下：

① 在不引起振动的情况下，一般刀具应尽量选用较小的副偏角，如车刀、刨刀均可取 $\kappa_r'=5°\sim10°$。

② 工件材料：振动强度、高硬度材料时应取较小的副偏角 $k_r'=4°\sim6°$，以提高刀尖强度，改善散热条件。

③ 加工过程：粗加工时，取副偏角 $k_r'=10°\sim15°$，精加工刀具的副偏角应更小一些（$k_r'=5°\sim10°$），甚至可制出副偏角为 0° 的修光刃，以减小残留面积，从而减小了表面粗糙度。

④ 当工艺系统刚度较差或从工件中间切入时，可取副偏角 $k_r'=30°\sim45°$。

⑤ 切断刀、锯片刀和槽铣刀等，为了保证刀头强度和重磨后刀头宽度变化较小，只能取很小的副偏角 $k_r'=1°\sim2°$。

硬质合金车刀合理副偏角的参考值见表 2-5。

总之，一般情况下，只要工艺系统刚度允许，主、副偏角应尽量选取较小的值。

（5）刃倾角的选择。刃倾角的作用主要是影响切屑流向（如图 2.13 所示）和刀尖强度（如图 2.14 所示）。刃倾角为正值，切削开始时刀尖与工件先接触，切屑流向待加工表面，

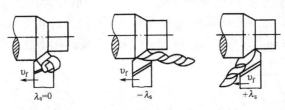

图 2.13　刃倾角对切屑流出方向的影响

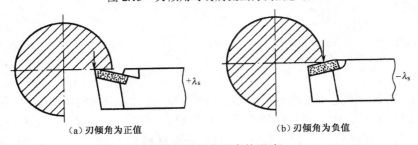

（a）刃倾角为正值　　　　　　（b）刃倾角为负值

图 2.14　刃倾角对刀尖强度的影响

可避免缠绕和划伤已加工表面，对半精加工、精加工有利；刃倾角为负值，切削开始时刀尖后接触工件，切屑流向已加工表面，容易将已加工表面划伤；在粗加工开始，尤其是在断续切削时，可避免刀尖受冲击，起到保护刀尖的作用。

刃倾角的选择原则是：

① 工件材料：加工高强度钢、淬硬钢时，应取绝对值较大的负刃倾角，以使刀具有足够的强度。

② 加工过程：粗加工时取 $\lambda_s=-5°\sim0°$，精车时取 $\lambda_s=0°\sim5°$；断续切削、工件表面不规则、有冲击负荷时取 $\lambda_s=-15°\sim-5°$。强力切削时，为提高刀头强度可取 $\lambda_s=-30°\sim-10°$。微量切削时，为增加切削刃的锋利程度和切薄能力，可取 $\lambda_s=45°\sim75°$。

③ 当工艺系统刚性差时，应取 $\lambda_s>0°$，以减小背向力，避免切削中的振动。

合理刃倾角的参考值见表 2-6。

表 2-6　刃倾角 λ_s 数值的参考值

λ_s 值	0°～5°	5°～10°	0°～-5°	-5°～-10°	-10°～-15°	-10°～-45°
应用 范围	精车钢和 细长轴	精车有色 金属	粗车钢和 灰铸铁	精车余量 不均匀钢	断续车削钢 和灰铸铁	带冲击切削 淬硬钢

（6）其他几何参数的选择。

① 切削刃区的剖面形式。通常使用的刀具切削刃的刃区形式有锋刃、倒棱、刃带、消振刃和倒圆刃等，如图 2.15 所示。刃磨刀具时由前刀面和后刀面直接形成的切削刃称为锋刃。但它也并不是绝对锋利的，而是在刃磨后自然形成一个切削刃钝圆半径 r_c。其特点是刃磨简便，切入阻力小，广泛应用于各种精加工、超精加工刀具和复杂刀具，但其刃口强度较差，产生微小裂纹导致崩刃的可能性也较大。沿切削刃磨出负前角（或零度前角、小的正前角）的窄棱面称为倒棱。倒棱可增强切削刃，改善刀刃散热条件，避免崩刃并提高刀具耐用度。沿切削刃磨出后角为零度的窄棱面称为刃带。刃带有支承、导向、稳定和消振作用。对于铰刀、拉刀和铣刀等定尺寸刀具，刃带可使制造、测量方便。沿切削刃磨出负后角的窄棱面称为消振棱。消振棱可消除切削加工中的低频振动，强化切削刃，提高刀具耐用度。研磨切削刃，使它获得比锋刃的钝圆半径大一些的切削刃钝圆半径，这种刃区形式称为倒圆刃。倒圆刃可提高刀具耐用度，增强切削刃，广泛应用于硬质合金可转位刀片。

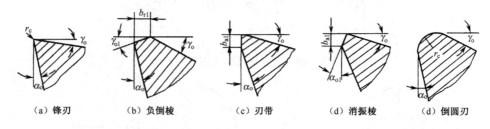

（a）锋刃　　（b）负倒棱　　（c）刃带　　（d）消振棱　　（d）倒圆刃

图 2.15　切削刃区的剖面形式

② 前刀面形式。常见的刀具前刀面形式有平前刀面、带倒棱的前刀面和带断屑槽的前刀面，如图 2.16 所示。平前刀面的特点是形状简单，制造、刃磨方便，但不能强制卷屑，多用于成形、复杂和多刃刀具以及精车、加工脆性材料用刀具。由于倒棱可增加刀刃强

度，提高刀具耐用度，粗加工刀具常用带倒棱的前刀面。带断屑槽的前刀面是在前刀面上磨有直线或弧形的断屑槽，切屑从前刀面流出时受断屑槽的强制附加变形，能使切屑按要求卷曲折断。主要用于塑性材料的粗加工及半精加工刀具。负前角平面型、双平面型切削刃强度较好，但刀刃较钝，多用于硬脆刀具材料、加工高强度高硬度（如淬火钢）的车刀、铣刀、面铣刀等。

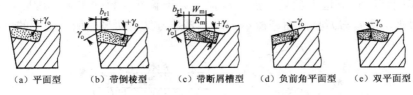

（a）平面型　（b）带倒棱型　（c）带断屑槽型　（d）负前角平面型　（e）双平面型

图 2.16　前刀面的形式

③ 后刀面形式。几种常见的后刀面形式如图 2.17 所示，有平后刀面、带消振棱或刃带的后刀面、双重或三重后刀面。平后刀面形状简单，制造刃磨方便，应用广泛。带消振棱的后刀面用于减小振动。带刃带的后刀面用于定尺寸刀具。双重或三重后刀面主要能增强刀刃强度，减少后刀面的摩擦。刃磨时一般只磨第一后刀面。

（a）带刃带的后刀面　（b）带消振棱的后刀面　（c）双重后刀面

图 2.17　后刀面形式

④ 过渡刃。为增强刀尖强度和散热能力，通常在刀尖处磨出过渡刃。其形式主要有两种：直线形过渡刃和圆弧形过渡刃，如图 2.18 所示。直线形过渡刃能提高刀尖强度，改善刀具散热条件，主要用在粗加工刀具上。圆弧形过渡刃不仅可以提高刀具耐用度，还能大大减小已加工表面粗糙度值，因而常用在精加工刀具上。

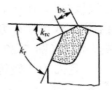

（a）直线形过渡刃　（b）圆弧形过渡刃

图 2.18　刀具过渡刃形式

2.2.4　刀具失效和刀具耐用度

1. 刀具失效

刀具在使用过程中丧失切削能力的现象称为刀具失效。刀具的失效过程对切削加工的质量和加工效率影响极大，应充分重视。在加工过程中，刀具的失效是经常发生的，主要的失效形式包括刀具的破损和磨损两种。

（1）刀具破损。刀具的破损是由于刀具选择、使用不当及操作失误而造成的，俗称打刀。一旦发生打刀，很难修复，常常造成刀具报废，属于非正常失效，应尽量避免。刀具的破损包括脆性破损和塑性破损两种形式。脆性破损是由于切削过程中的冲击振动而造成的刀具崩刃、碎断现象和由于刀具表面受交变力作用引起表面疲劳而造成的刀面裂纹、剥落现象；塑性破损是由于高温切削塑性材料或超负荷切削难切削材料时，因剧烈的摩擦及高温作用使得刀具产生固态相变和塑性变形。

（2）刀具磨损。刀具的磨损属于正常失效形式，可以通过重磨修复，主要表现为刀具的前面磨损、后面磨损及边界磨损三种形式，如图 2.19 所示。前面磨损和边界磨损常见于塑性材料加工中，前面磨损出现在常说的"月牙洼"；边界磨损主要出现在主切削刃靠近工件外皮处和副切削刃靠近刀尖处；后面磨损常见于脆性材料加工中，因脆性材料加工时易形成崩碎切屑，切屑与刀具前面摩擦不大，主要是刀具后面与已加工表面的摩擦。

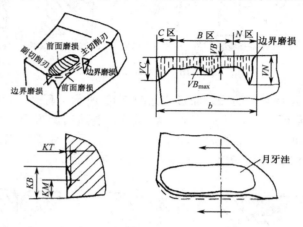

图 2.19　刀具的磨损

刀具磨损的原因很复杂，是机械、热、化学、物理等各种因素综合作用的结果。

2．刀具磨损过程与磨钝标准

（1）刀具磨损过程。在一定条件下，不论何种磨损形态，其磨损量都将随切削时间的增长而增长。由图 2.20 可知，刀具的磨损过程可分为三个阶段：

① 初期磨损阶段（图 2.20 中 OA 段）。此阶段磨损较快。这是因为新磨好的刀具表面存在微观粗糙度，且刀刃比较锋利，刀具与工件实际接触面积较小，压应力较大，使后刀面很快出现磨损带。初期磨损量一般在 0.05～0.1mm，磨损量大小与刀具刃磨质量及磨损速度有关。

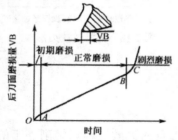

图 2.20　刀具磨损的典型曲线

② 正常磨损阶段（图 2.20 中 AB 段）。经过初期磨损后，切削刃和工件接触面增大，压强降低了，故此阶段磨损速度减慢，磨损量随时间的增加均匀增加，切削稳定，是刀具的有效工作阶段。此时曲线为直线，其斜率大小表示刀具的磨损强度：斜率越小，耐磨性越好。它是比较刀具切削性能的重要指标之一。

③ 急剧磨损阶段（图 2.20 中 BC 段）。刀具经过正常磨损阶段后已经变钝，如继续切削，温度将剧增，切削力增大，刀具磨损急剧增加。在此阶段，既不能保证加工质量，刀具材料消耗也多，甚至崩刃而完全丧失切削能力。一般应在此阶段之前及时换刀。

（2）刀具的磨钝标准。刀具磨损到一定程度后，切削力、切削温度显著增加，加工表面变得粗糙，工件尺寸可能会超出公差范围，切屑颜色、形状发生明显变化，甚至产生振动或出现不正常的噪声等。这些现象都说明刀具已经磨钝，因此需要根据加工要求规定一个最大的允许磨损值，这就是刀具的磨钝标准。由于后刀面磨损最常见，且易于控制和测量，通常以主后刀面中间部分平均磨损量 VB 作为磨钝标准。根据生产实践的调查资料，硬质合金车刀磨钝标准推荐值见表 2-7。

表 2-7　硬质合金车刀的磨钝标准

加 工 条 件	主后面 VB 值
精车	0.1～0.3
合金钢粗车、粗车刚性较差工件	0.4～0.5
碳素钢粗车	0.6～0.8
铸铁件粗车	0.8～1.2
钢及铸铁大件低速粗车	1.0～1.5

3．刀具耐用度

（1）刀具耐用度的概念。平均磨损量 VB 的大小不是很容易测定的，不过因为 VB 值是时间 t 的函数，故在生产实践中，可用 t 表示 VB。所谓刀具耐用度，指的是从刀具刃磨后开始切削，一直到磨损量达到磨钝标准为止所经过的总切削时间，用符号 T 表示，单位为min。耐用度应为切削时间，不包括对刀、测量、快进、回程等非切削时间。通常，刀具耐用度高表示刀具磨损得慢。

应该指出，刀具耐用度与寿命有着不同的含义。刀具寿命表示一把新刀从投入切削起到报废为止总的切削时间，其中包括该刀具多次刃磨，因此刀具寿命等于该刀具的重磨次数（包括新开刀刃）乘以刀具耐用度。

（2）影响刀具耐用度的因素。

① 切削用量。切削用量是影响刀具耐用度的一个重要因素。v_c、f、a_p 增大，刀具耐用度 T 减小，且 v_c 影响最大，f 次之，a_p 最小。所以在保证一定刀具耐用度的条件下，为了提高生产率，应首先选取大的背吃刀量 a_p，然后选择较大的进给量 f，最后选择合理的切削速度 v_c。

② 刀具几何参数。刀具几何参数对刀具耐用度影响最大的是前角 γ_o 和主偏角 k_r。

前角 γ_o 增大，可使切削力减小，切削温度降低，耐用度提高；但前角 γ_o 太大，会使刀具强度削弱，散热差，且易于破损，刀具耐用度反而下降了。由此可见，对于每一种具体加工条件，都有一个使刀具耐用度 T 最高的合理数值。

主偏角 k_r 减小，可使刀尖强度提高，改善散热条件，提高刀具耐用度；但主偏角 k_r 过小，则背向力增大，对刚性差的工艺系统，切削时易引起振动。

③ 刀具材料。刀具材料的高温强度越高，耐磨性越好，刀具耐用度越高。但在有冲击切削、重型切削和难加工材料切削时，影响刀具耐用度的主要因素是冲击韧性和抗弯强度。韧性越好，抗弯强度越高，刀具耐用度越高，越不易产生破损。

④ 工件材料。工件材料的强度、硬度越高，产生的切削温度越高，故刀具耐用度越低。此外，工件材料的塑性、韧性越高，导热性越低，切削温度越高，刀具耐用度越低。

4．刀具耐用度的确定

合理选择刀具耐用度，可以提高生产率和降低加工成本。刀具耐用度定得过高，就要选取较小的切削用量，从而降低了金属切除率，降低了生产率，提高了加工成本。反之耐用度定得过低，虽然可以采取较大的切削用量，但却因刀具磨损快，换刀、磨刀时间增加，刀具费用增大，同样会使生产率降低和成本提高。目前生产中常用的刀具耐用度参考值见表 2-8。

表 2-8　刀具耐用度参考值（min）

刀 具 类 型	耐用度 T 值
高速钢车刀	60～90
高速钢钻头	80～120
硬质合金焊接车刀	60
硬质合金可转位车刀	15～30
硬质合金面铣刀	120～180
齿轮刀具	200～300
自动机用高速钢车刀	180～200

选择刀具耐用度时，还应考虑以下几点：

（1）复杂的、高精度的、多刃的刀具耐用度应比简单的、低精度的、单刃刀具高。

（2）可转位刀具换刃、换刀片快捷，为使切削刃始终处于锋利状态，刀具耐用度可选得低一些。

（3）精加工刀具切削负荷小，刀具耐用度应比粗加工刀具选得高一些。

（4）精加工大件时，为避免中途换刀，耐用度应选得高一些。

（5）数控加工中，刀具耐用度应大于一个工作班，至少应大于一个零件的切削时间。

2.3　金属切削过程

2.3.1　切屑的形成及种类

金属的切削过程是切屑形成过程，实质上是工件表层金属材料受到切削力的作用后发生变形直到剪切断裂破坏的过程。在这个过程中切削力、切削热、加工硬化和刀具磨损等都直接对加工质量和生产率有很大影响。

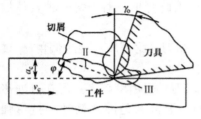

图 2.21　切削时的三个变形区

1．切屑形成过程

切屑的形成分为三个变形区，如图 2.21 所示。

第 I 变形区：它由靠近切削刃的位置开始发生塑性变形，直到剪切滑移基本完成。

第 II 变形区：切屑沿前刀面排出时，切削层与前刀面相接触的附近区域进一步受到前刀面的挤压和摩擦。

第Ⅲ变形区：是已加工表面靠近切削刃处的区域。在这一区域，金属受到切削刃和后刀面的挤压与摩擦，造成加工硬化。

2．切屑的种类

由于工件材料不同，切削条件不同，切削过程中的变形程度也就不同。根据切削过程中变形程度的不同，可把切屑分为四种不同的形态，如图 2.22 所示。

（a）带状切悄　　　（b）节状切屑　　　（c）单元切屑　　　（d）崩碎切屑

图 2.22　切屑种类

（1）带状切屑。带状切屑见图 2.22（a）所示。带状切屑的底层（与前刀面接触的面）光滑，而外表呈毛茸状，无明显裂纹。一般加工塑性金属材料（如软钢、铜、铝等），在切削厚度较小、速度较高、刀具前角较大时，容易得到这种切屑。形成带状切屑时，切削过程较平稳，切削力波动较小，加工表面质量高。但切屑连续不断，会缠在工件或刀具上，影响工件质量且不安全。生产中通常使用在车刀上磨断屑槽等方法断屑。

（2）节状切屑。节状切屑见图 2.22（b）所示，又称挤裂切屑。这种切屑的底面有时出现裂纹，而外表面呈明显的锯齿状。挤裂切屑大多在加工塑性较低的金属材料（如黄铜），切削速度较低、厚度较大、刀具前角较小时产生；特别当工艺系统刚性不足、加工碳素钢材料时，也容易得到这种切屑。产生挤裂切屑时，切削过程不太稳定，切削力波动也较大，已加工表面质量较低。

（3）单元切屑。单元切屑又称粒状切屑，见图 2.22（c）所示。采用小前角或负前角，以极低的切削速度和大的切削厚度切削塑性金属（延伸率较低的结构钢）时，会产生这种切屑。产生单元切屑时，切削过程不平稳，切削力波动较大，已加工表面质量较差。

（4）崩碎切屑。崩碎切屑见图 2.22（d）所示。切削脆性金属（铸铁、青铜等）时，由于材料的塑性很小，抗拉强度很低，在切削时切削层内靠近切削刃和前刀面的局部金属未经明显的塑性变形就被挤裂，形成不规则状的碎块切屑。工件材料越硬脆、刀具前角越小、切削厚度越大时，越易产生崩碎切屑。产生崩碎切削时，切削力波动大，加工表面凹凸不平，刀刃容易损坏。

需要说明的是，切屑的形态是可以随切削条件的改变而转化的。从加工过程的平衡性保证加工精度和加工表面质量考虑，带状切屑是较好的切屑类型。在实际生产中，带状切屑也有不同的形式。

3．切屑的折断

金属切削过程中产生的切屑是否容易折断，与工件材料的性能及切屑变形等有着密切的关系。工件材料的强度越高、延伸率越大、韧性越高，切屑越不易折断。如切削合金钢、不锈钢等就较难断屑。反之，如加工铸铁、铸钢等就较易断屑。

大多数情况下，切屑变形断屑的最常用方法就是在前刀面上磨出或压制出断屑槽，迫使切屑流入槽内经受卷曲变形进一步硬化和脆化，当它碰撞到工件或刀具的刀面时，就很容易被折断。

（1）断屑槽的形式。断屑槽的形式有折线形、直线圆弧形和全圆弧形三种，如图 2.23 所示。槽的宽度 l_{Bn} 和反屑角 δ_{Bn} 是影响断屑的主要因素。宽度减小和反屑角增大，都能使切屑卷曲半径减小，卷曲变形增大，切屑易折断。但 l_{Bn} 太小或 δ_{Bn} 太大，切屑易堵塞，排屑不畅，会使切削力增大，切削温度升高。

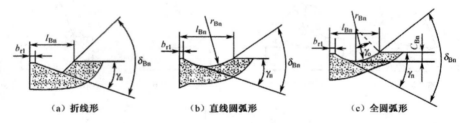

（a）折线形   （b）直线圆弧形   （c）全圆弧形

图 2.23　断屑槽的形式

（2）断屑槽槽形斜角。断屑槽槽形斜角（断屑槽相对主切削刃的倾斜角）有外斜式、平行式和内斜式三种，如图 2.24 所示。外斜式槽型（Y 型），切屑变形大，且易翻转到与工件表面相碰而形成 C 形屑；平行式槽型（A 型），切屑变形不如外斜式的大，可在背吃刀量 a_p 变动范围较宽的情况下仍能获得断屑效果；内斜式槽型（K 型）使切屑背离工件流出，但其形成长紧屑的切削用量范围相当窄，因此他的应用范围不如前两种广泛。

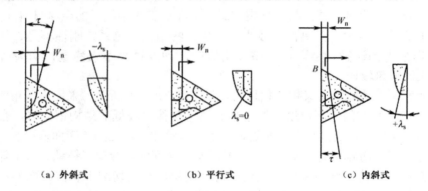

（a）外斜式   （b）平行式   （c）内斜式

图 2.24　断屑槽槽形斜角

2.3.2　积屑瘤

1．积屑瘤的现象

在中速或较低切削速度范围内，切削一般钢料或其他塑性金属材料，而又能形成带状切屑时，紧靠切削刃的前面上黏结一硬度很高的楔状金属块，它包围着切削刃且覆盖部分前刀面，这种楔状金属块称为积屑瘤，俗称刀瘤。积屑瘤与被切除材料具有相同的化学成分，但由于其晶格严重畸变而使得硬度约为被切材料的 2～4 倍。如图 2.25 所示。

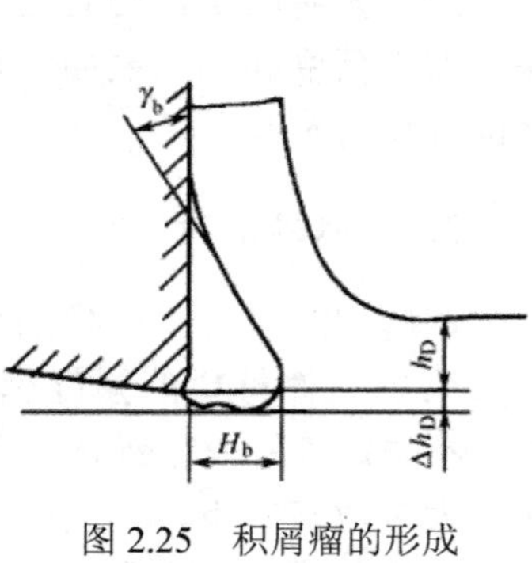

2．积屑瘤的形成过程

图 2.25　积屑瘤的形成

积屑瘤的形成一般可分为两个过程：形核和核长大。形核时，在一定温度和压力条件下，切屑底层金属晶格畸变并黏附在具有亲和活力的刀具前面，形成积屑瘤核；随着切屑的流动，切屑底层结构相似的原子团不断依附，促使积屑瘤核不断长大，逐渐形成积屑瘤。

长大后的积屑瘤受外力作用或振动影响会发生局部断裂或脱落。积屑瘤的产生、成长、脱落过程是在短时间内进行的，并在切削过程中周期性地不断出现。

3．积屑瘤对切削过程的影响

（1）增大前角。积屑瘤黏附在前刀面上，它增大了刀具的实际前角，当积屑瘤最高时，刀具有 30°左右的前角γ_o，因而可减少切屑变形，降低了切削力。

（2）增大切削厚度。积屑瘤前端伸出于切削刃外，伸出量为Δh_D（见图 2.25），使切削厚度增大了Δh_D，因而影响了加工尺寸。

（3）增大已加工件的表面粗糙度。积屑瘤的产生、成长与脱落是一个带有一定周期性的动态过程（每秒钟几十至几百次），使切削厚度不断变化，以及有可能由此而引起振动；积屑瘤的底部相对稳定一些，其顶部很不稳定，容易破裂，一部分黏附于切屑底部而排出，一部分留在已加工表面上形成鳞片状毛刺；积屑瘤黏附在切削刃上，使实际切削刃呈一不规则的曲线，导致在已加工件的表面上沿着主运动方向刻出一些深浅和宽窄不同的纵向沟纹。

（4）影响刀具耐用度。积屑瘤包围着切削刃，同时覆盖着一部分前刀面。积屑瘤一旦形成，它便代替切削刃和前刀面进行切削。于是，切削刃和前刀面都得到积屑瘤的保护，从而减少了刀具磨损。但在积屑瘤不稳定的情况下使用硬质合金刀具时，积屑瘤的破裂可能使硬质合金刀具颗粒剥落，使刀具磨损加剧。

4．影响积屑瘤产生的主要因素及防止方法

（1）切削速度的影响。实验研究表明，切削速度是通过切削温度对前刀面的最大摩擦系数和工件材料性质的影响而产生积屑瘤的。所以控制切削速度使切削温度控制在 300℃以下或 380℃以上，就可以减少积屑瘤的生成。因此，宜采用低速或高速切削，但低速切削加工效率较低，故采用高速切削。

（2）进给量的影响。进给量增大，则切削厚度增大。切削厚度越大，刀与刀屑的接触长度越长，从而形成积屑瘤的生成基础。若适当降低进给量，则可削弱积屑瘤的生成基础。

（3）前角的影响。若增大刀具前角，切屑变形减小，则切削力减小，从而使前刀面上的摩擦减小，减小了积屑瘤的生成基础。实践证明，前角增大到 35°时，一般不产生积屑瘤。

（4）切削液的影响。采用润滑性能良好的切削液可以减少或消除积屑瘤的产生。

（5）工件材料硬度的影响。当工件材料硬度很低、塑性很高时，可进行适当的热处理，以提高硬度，降低塑性抑制积屑瘤的产生。

2.3.3　切削力

在切削过程中，为切除工件毛坯的多余金属使之成为切屑，刀具必须克服金属的各种变形抗力和摩擦阻力。这些分别作用于刀具和工件上的大小相等、方向相反的力的总和称为切削力。

1．切削力的来源及分解

切削时作用在刀具上的力来自两个方面：一是切屑形成过程中弹性变形及塑性变形产

生的变形抗力；二是刀具与切屑及工件表面间的摩擦阻力，这两方面的力所构成的切削合力，作用于前刀面和后刀面上。切削力的形成，是切削加工中的基本物理现象之一，切削合力的大小、方向和作用位置是零件工艺分析和机床、夹具、刀具强度设计依据的主要参数。实际应用时，常将切削合力 F 分解到需要的方向上，如图 2.26 所示。

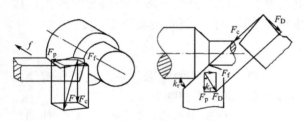

图 2.26 切削合力与分力

（1）主切削力 F_c。它是总切削合力沿主运动方向上的分力，垂直于基面，与切削速度方向一致，在切削过程中消耗的功率最大（占总数 95% 以上），它是计算机床动力、校核设备强度和刚度的基本参数。

（2）进给力 F_f。它是切削合力沿进给运动方向上的分力，在基面内，与进给方向即工件轴线方向平行，故又称进给抗力或轴向力。作用于机床进给机构上，是设计和校验走刀机构强度所必需的数据。

（3）背向力 F_p。它是切削合力沿工作平面垂直方向上的分力，在基面内，与进给方向垂直，即通过工件直径方向，故又称径向力或吃刀抗力。作用于机床→夹具→工件→刀具系统刚度最弱的方向上，容易引起振动及加工误差，是影响工件加工质量的主要分力，也是设计和校验系统刚度和精度的基本数据。

切削合力在切削层平面（即基面）内的投影称为推力 F_D，它是 F_p 和 F_f 的合力。满足下列关系：

$$F = \sqrt{F_D{}^2 + F_c{}^2} = \sqrt{F_p{}^2 + F_f{}^2 + F_c{}^2}$$
$$F_f = F_D \sin k_r \tag{2-23}$$
$$F_p = F_D \cos k_r$$

2．切削功率

消耗在切削过程中的总功率 P（kW）为消耗在三个分力方向上功率之和，但由于进给运动速度比主运动速度小得多，在进给运动方向上消耗的功率只占总功率的 1%～5%，可忽略不计，而径向分力几乎不消耗功率。故有，

$$P \approx P_C = \frac{F_c v_c}{60 \times 1000} \tag{2-24}$$

引入切削层单位面积的切削力 k_c，根据切削层参数计算可得：

$$k_c = \frac{F_c}{A_D} = \frac{F_c}{a_p f} \tag{2-25}$$

即

$$F_c = k_c a_p f \tag{2-26}$$

代入式（2-24），则

$$P \approx P_C = \frac{k_c a_p f v_c}{60 \times 1000} \tag{2-27}$$

单位面积切削力是通过大量切削实验获得的，可根据有关资料或手册查取。利用单位

面积切削力来计算切削力和切削功率比较方便，也比较准确。

机床电动机消耗的功率 P_E（kw），即

$$P_E \geqslant P_c / \eta \qquad\qquad (2\text{-}28)$$

式中，η——机床的传动效率，一般为 0.75～0.85。

3. 切削热、切削温度与切削液

切削热与切削温度是切削过程中产生的另一个重要物理现象。切削过程中，切削力所做的功可转化为等量的热，除少量散逸在周围介质中外，其余均传散到刀具、切屑和工件中，并使其温度升高，引起工件热变形，加速了刀具的磨损。

（1）切削热的形成及传散。切削热的形成主要由切削功耗产生，而切削中的功耗主要是由被切削层金属的变形、切屑与刀具前面的摩擦和工件与刀具后面的摩擦产生。其中切削功耗（包括变形功耗和摩擦功耗）占总功耗的 98%～99%，因此，可以认为，切削过程中的功耗都转化为切削热。

切削热通过切屑、刀具、工件和周围介质传散。各部分传热的比例取决于工件材料、切削速度、刀具材料及其几何形状、加工方式以及是否使用切削液等。例如，不用切削液车削钢料外圆时，由切屑传出的热约占 50%～80%，刀具吸收的热约占 4%～10%，工件吸收的热约占 9%～30%，由周围介质传出的热量约占 1%；而钻削钢料时切削热的 52%传入钻头。

切削速度越高，切削厚度越大，则由切屑带走的热量越多。

（2）切削温度及其影响因素。切削温度是指切削区的平均温度，即切屑、工件和刀具接触区的平均温度。切削温度直接影响刀具耐用度和工件的加工质量，也严重影响切削加工生产率。

影响切削温度的因素有切削用量、工件材料、刀具材料及其几何形状和切削液等。

① 切削用量的影响。切削用量越大，单位时间内金属被切除量越多，切削热越大，切削温度越高。在切削用量三要素中，切削速度对切削温度的影响最大，进给量次之，背吃刀量影响最小。因此，在保证生产率的前提下，为有效控制切削温度，选用较大的背吃刀量比选用较大的切削速度更有利。

② 刀具几何角度的影响。刀具角度中以前角和主偏角对切削温度的影响最大。增加刀具前角，可减少切屑变形和摩擦，切削热减少，有利于降低温度。但前角过大，将使刀头部分散热体积减少，反而不利于降低切削温度。减小主偏角可使主切削刃工作长度增加，散热条件改善，有利于降低切削温度。

③ 工件材料的影响。工件材料的硬度、强度越高，切削时消耗的功越大，切削温度就越高；工件材料的导热性能越好，切削热传散越快，切削温度则越低。

④ 切削液的影响。切削加工时，使用切削液可以有效地降低温度，同时还可以起润滑、清洗和防锈的作用。

2.4 金属材料的切削加工性

2.4.1 切削加工工艺性的概念和指标

工件材料的切削加工工艺性是指工件材料进行切削加工的难易程度，也称可加工性。所谓难易，根据切削加工的不同形式、不同要求而具有不同的定义，衡量的指标也不同。

常用的标志方式有以下几种：

（1）刀具耐用度或一定耐用度下所允许的切削速度用 v_T 表示，这是切削加工中最常用的方式，也是确定切削用量的主要依据。

（2）表面质量或表面粗糙度。在精加工中，常用正常切削加工条件下能够形成的工件表面质量或表面粗糙度来衡量工件材料的加工难易程度。

（3）切削力或切削功率。当机床动力不足或工艺系统刚度不够时，为保证正常的切削加工质量，工件材料切削时所需的最小切削力或切削功率，这是选择工艺设备和设计工艺装备的主要参数。

（4）断屑性能。在自动生产线、加工中心上，或深孔钻床上，为避免切屑对已加工工件表面的划伤，对切屑的断屑要求较高，常用材料的断屑性能来衡量材料的可加工性。

同一种材料很难在各种切削性指标中同时获得良好的评价，往往在某一种加工方式中，用某一种指标来衡量是容易切削的，但对另一种加工方式或另一种指标来说，它又是难切的。因此，材料的可切削性是相对的。实际生产中多是根据加工要求采用某一种指标来衡量工件材料的可切削性。

最常用的衡量指标是 v_T，其含义是：当刀具耐用度为 T 时切削某种材料所允许的切削速度（mm/min）。v_T 越高，则材料的可切削性越好。一般情况下刀具耐用度取为 $T=60\text{min}$，对一些难切材料，可取 $T=30\text{min}$ 或 $T=15\text{min}$。如果取 $T=60\text{min}$，则 v_T 写成 v_{60}。

各种材料的可切削性可用相对切削性表示。相对切削性是以 45 钢的切削性作为 v_{60} 基准，记为 $(v_{60})_j$，以被切材料的 v_{60} 与之相比的比值，记为 k_r，则

$$k_r = \frac{v_{60}}{(v_{60})_j}$$

即

$$v_{60} = k_r \times (v_{60})_j \qquad (2\text{-}29)$$

可见，各种材料的相对切削性 k_r 乘以 45 钢的切削速度，即可得出被切材料的切削速度 v_{60}。k_r 越高，允许的切削速度越高，可切削性越好。目前常用的工件材料，按照相对切削性可分为八级，如表 2-9 所示。

表 2-9 工件材料的相对切削性及分级

切割性等级	名称及种类		相对切削性 k_r	代表性材料
1	很容易切割材料	一般有色金属	>3.0	5-5-5 铜铅合金，9-4 铝铜合金，铝镁合金
2	容易切削材料	易切削钢	2.5～3.0	退火 15Cr，$\sigma_b=0.373～0.441\text{GPa}$ 自动机钢 $\sigma_b=0.393～0.491\text{GPa}$
3		较易切削钢	1.6～2.5	正火 30 钢 $\sigma_b=0.441～0.549\text{GPa}$
4	普通材料	一般钢及铸铁	1.0～1.6	45 钢，灰铸铁
5		稍难切削材料	0.65～1.0	2Cr13 调质 $\sigma_b=0.834\text{GPa}$ 85 钢轧制 $\sigma_b=0.883\text{GPa}$
6	难切削材料	较难切削材料	0.5～0.65	45Cr 调质 $\sigma_b=1.03\text{GPa}$ 60Mn 调质 $\sigma_b=0.932～0.981\text{GPa}$
7		难切削材料	0.15～0.5	50Cr 调质，1Cr18Ni9Ti，某些钛合金
8		很难切削材料	<0.15	某些钛合金，铸造镍基高温合金

2.4.2　影响切削加工性的因素

工件材料的切削加工性能主要受其本身的物理力学性能的影响。

（1）工件材料的硬度。材料的硬度影响表现为几个方面：

① 材料的硬度越高，切屑与刀具前面的接触长度狭小，切削力与切削热集中于切削刃附近，使得切削温度增高，磨损加剧。

② 工件材料的高温硬度高时，刀具材料与工件材料的硬度比下降，可切削性降低，材料加工硬化倾向大，可加工性也差。

③ 工件材料中含硬质点（如 SiO_2、Al_2O_3 等）时，对刀具的擦伤性大，材料的可加工性降低。

（2）工件材料的强度。工件材料的强度越高，切削力与切削功率越大，切削温度也增加，刀具磨损增大，可加工性降低。一般说来，材料的硬度高，强度也高。

（3）工件材料的塑性与韧性。工件材料的塑性大，则切削变形增大，切削温度升高，切屑易与刀具黏结，会加剧刀具磨损，且加工表面质量差，可切削性降低。但塑性过低，刀与切屑接触长度变小，切削力与切削热集中于刀尖附近，刀具磨损加剧，可切削性也差。韧性的影响与塑性相似，并且对断屑影响大。韧性越大，断屑越困难。

（4）工件材料的导热性。材料的热导率越小，切削热越不易传出，切削温度增高，刀具磨损加剧，可切削性越差。

2.4.3　改善金属材料切削加工性的途径

材料的切削加工性对生产率和表面质量有很大影响，因此在满足零件使用要求前提下，应尽量选用加工性较好的材料。

材料的切削加工性还可通过一些措施予以改善。采用适当的热处理工艺来改变材料的金相组织和物理力学性能，从而改善金属材料的切削加工性是重要途径之一。例如高碳钢和工具钢经球化退火，可降低硬度；中碳钢通过退火处理（得到部分球化的珠光体组织）后切削加工性最好；低碳钢经正火处理或冷拔加工，可降低塑性，提高硬度；马氏体不锈钢经调质处理，可降低塑性；铸铁件切削前进行退火，可降低表面层的硬度。

另外，选择合适的毛坯成形方式，合适的刀具材料，确定合理的刀具角度和切削用量，安排适当的加工工艺过程，也可改善材料的切削加工条件。

2.5　切削用量及切削液的选择

2.5.1　切削用量的选择

切削用量的大小对切削力、切削功率、刀具磨损、加工质量和加工成本均有显著影响。选择切削用量时，就是在保证加工质量和刀具耐用度的前提下，充分发挥机床性能和刀具切削性能，使切削效率最高，加工成本最低。

1．切削用量选择原则

（1）粗加工时切削用量的选择原则。优先选取尽可能大的背吃刀量，以尽量保证较高的金属切除率；其次要根据机床动力和刚性的限制条件等，选取尽可能大的进给量；最后根据刀具耐用度确定最佳的切削速度。

（2）精加工时切削用量的选择原则。要保证工件的加工质量，首先应根据粗加工后的余量选用较小的背吃刀量；其次根据已加工件表面粗糙度要求，选取较小的进给量；最后在保证刀具耐用度的前提下尽可能选用较高的切削速度。

2．切削用量选择方法

（1）背吃刀量的选择。根据加工余量确定。粗加工（Ra10～80μm）时，一次进给应尽可能切除全部余量。在中等功率机床上，背吃刀量可达 8～10mm。半精加工（Ra1.25～10μm）时，背吃刀量取为 0.5～2mm。精加工（Ra0.32～1.25μm）时，背吃刀量取为 0.1～0.4mm。

在工艺系统刚性不足或毛坯余量很大，或余量不均匀时，粗加工要分几次进给，并且应当把第一、二次进给的背吃刀量尽量取得大一些，一般第一次走刀为总加工余量的 2/3～3/4。在加工铸、锻件时应尽量使背吃刀量大于硬皮层的厚度，以保护刀尖。

（2）进给量的选择。粗加工时，进给量的选择主要受切削力的限制。由于对工件表面质量没有太高的要求，这时在机床进给机构的强度和刚性及刀杆的强度和刚性等良好的情况下，根据加工材料、刀杆尺寸、工件直径及已确定的背吃刀量来选取较大的进给量。

在半精加工和精加工时，则按表面粗糙度要求，根据工件材料、刀尖圆弧半径、切削速度来选择合理的进给量。当切削速度提高，刀尖圆弧半径增大，或刀具磨有修光刃时，可以选择较大的进给量以提高生产率。

（3）切削速度的选择。根据已经选定的背吃刀量、进给量及刀具耐用度选择切削速度。粗加工时，背吃刀量和进给量都较大，切削速度受刀具耐用度和机床功率的限制，一般较低。精加工时，背吃刀量和进给量都较小，切削速度主要受工件加工质量和刀具耐用度的限制，一般较高。选择切削速度时还应考虑工件材料的强度和硬度以及切削加工性等因素。也可用经验公式计算，根据生产实践经验在机床说明书允许的切削速度范围内查表选取。

切削速度确定后，用式（2-2）算出机床转速 n，（对有级变速的机床须按机床说明书选择与所算转速 n 接近的转速）。

在选择切削速度时，还应考虑以下几点：

① 应尽量避开积屑瘤产生的区域。

② 断续切削时，为减小冲击和热应力，要适当降低切削速度。

③ 在易发生振动的情况下，切削速度应避开自激振动的临界速度。

④ 加工大件、细长件和薄壁工件时，应选用较低的切削速度。

⑤ 加工带外皮的工件时，应适当降低切削速度。

3．机床功率的校核

切削功率 P_C 可用式（2-27）计算。机床有效功率 P_E' 为：

$$P_E' = P_E \eta \tag{2-30}$$

式中，P_E——机床电动机功率；

η——机床传动效率。

若 $P_C < P_E'$，则选择的切削用量可在指定的机床上使用。如 $P_C \ll P_E'$，则机床功率没有

得到充分发挥，这时可以规定较低的刀具耐用度（如采用机夹可转位刀片的合理耐用度可选为 15～30min），或采用切削性能更好的刀具材料，用提高切削速度的办法使切削功率增大，以期充分利用机床功率，达到提高生产率的目的。

若 $P_C > P_E'$，则选择的切削用量不能在指定的机床上使用，这时可调换功率较大的机床，或根据所限定的机床功率降低切削用量（主要是降低切削速度）。这样虽然机床功率得到充分利用，但刀具的性能却未能充分发挥。

2.5.2　切削液的选择

在金属切削过程中，合理选择切削液，，可以改善工件与刀具间的摩擦状况，降低切削力和切削温度，减轻刀具磨损，减小工件的热变形，从而可以提高刀具耐用度，提高加工效率和加工质量。

1．切削液的作用

（1）冷却作用。切削液可以将切削过程中所产生的热量迅速地从切削区带走，使切削温度降低。切削液的流动性越好，比热、导热系数和汽化热等参数越高，则其冷却性能越好。

（2）润滑作用。切削液能在刀具的前、后刀面与工件之间形成一层润滑薄膜，可避免刀具与工件或切屑间的直接接触，减轻摩擦和黏结程度，因而可以减轻刀具的磨损，提高工件表面的加工质量。其润滑性能取决于切削液的渗透能力、形成润滑膜的能力和强度。

（3）清洗作用。切削液可以冲走切削区域和机床上的细碎切屑和脱落的磨粒，从而避免切屑黏附刀具、堵塞排屑和划伤已加工表面和导轨。这一作用对于磨削、螺纹加工和深孔加工等工序尤为重要。为此，要求切削液有良好的流动性，并且在使用时有足够大的压力和流量。

（4）防锈作用。为了减轻工件、刀具和机床受周围介质（如空气、水分等）的腐蚀，要求切削液具有一定的防锈作用。防锈作用的好坏，取决于切削液本身的性能和加入的防锈添加剂品种和比例。

2．切削液的种类

常用的切削液分为三大类：水溶液、乳化液和切削油。

（1）水溶液。水溶液是以水为主要成分的切削液。水的导热性能好，冷却效果好。但单纯的水容易使金属生锈，润滑性能差。因此，常在水溶液中加入一定量的添加剂，如防锈添加剂、表面活性物质和油性添加剂等，使其既具有良好的防锈性能，又具有一定的润滑性能。在配制水溶液时，要特别注意水质情况，如果是硬水，必须进行软化处理。

（2）乳化液。乳化其实是油分子和水分子互相包容的一种现象。它可分为两种情况：

① 油分子包裹水分子，即油包水型。

② 水分子包裹油分子，即水包油型。

油品乳化是一种物理变化，较常见的乳化形式是水包油型，往往呈现乳白色。

乳化液是将乳化油（由矿物油和表面活性剂配成）用 95%～98% 的水稀释而成，呈乳白色或半透明状的液体，它具有良好的冷却作用，但润滑、防锈性能较差。常再加入一定量的油性、极压添加剂和防锈添加剂，配制成极压乳化液或防锈乳化液。

（3）切削油。切削油的主要成分是矿物油（如机械油、轻柴油、煤油等），少数采用动植物油或复合油。纯矿物油不能在摩擦界面形成坚固的润滑膜，润滑效果较差。实际使用中，常加入油性添加剂、极压添加剂和防锈添加剂，以提高其润滑和防锈作用。

3．切削液的选用

（1）粗加工时切削液的选用。粗加工时，加工余量大，所用切削用量大，产生大量的切削热。采用高速钢刀具切削时，使用切削液的主要目的是降低切削温度，减少刀具磨损。硬质合金刀具耐热性好，一般不用切削液，必要时可采用低浓度乳化液或水溶液。但必须连续、充分地浇注，以免处于高温状态的硬质合金刀片产生巨大的内应力而出现裂纹。

（2）精加工时切削液的选用。精加工时，要求表面粗糙度值较小，一般选用润滑性能较好的切削液，如高浓度的乳化液或含极压添加剂的切削油。

（3）根据工件材料的性质选用切削液。切削塑性材料时需用切削液。切削铸铁、黄铜等脆性材料时一般不用切削液，以免崩碎切屑黏附在机床的运动部件上。

加工高强度钢、高温合金等难加工材料时，由于切削加工处于极压润滑摩擦状态，故应选用含极压添加剂的切削液。

切削有色金属和铜、铝合金时，为了得到较高的表面质量和精度，可采用 10%～20%的乳化液、煤油或煤油与矿物油的混合物。但不能用含硫的切削液，因硫对有色金属有腐蚀作用。

切削镁合金时不能用水溶液，以免燃烧。

常见切削液的种类和选用见表 2-10。

表 2-10　切削液的种类和选用

序号	名　　称	组　　成	主　要　用　途
1	水溶液	以硝酸钠、碳酸钠等溶于水的溶液，用 100～200 倍的水稀释而成	磨削
2	乳化液	（1）矿物油很少，主要为表面活性剂的乳化油，用 40～80 倍的水稀释而成，冷却和清洗性能好	车削、钻孔
			车削、攻螺纹
		（2）以矿物油为主，少量表面活性剂的乳化油，用 10～20 倍的水稀释而成，冷却和润滑性能好	高速车削、钻孔
		（3）在乳化液中加入极压添加剂	
3	切削油	（1）矿物油（10 号或 20 号机械油）单独使用	滚齿、插齿
		（2）矿物油加植物油或动物油形成混合油，润滑性能好	车削精密螺纹
		（3）矿物油或混合油中加入极压添加剂形成极压油	高速滚齿、插齿、车螺纹等
4	其他	液态的二氧化碳	主要用于冷却
		二硫化钼+硬脂酸+石蜡做成蜡笔，涂于刀具表面	攻螺纹

习　题　2

一、单选题

2.1 在基面投影上测量出的车刀角度有（　　）。

　　A．前角　　　　　　B．后角　　　　　　C．主偏角　　　　　　D．刃倾角

2.2 切断时，防止产生振动的措施是（　　）。

　　A．增大前角　　B．减小前角　　C．减小进给量　　D．提高切削速度

2.3 高速切削塑性金属材料时，若没有采取适当的断屑措施，则容易形成（　　）。

A．挤裂切屑　　　　B．带状切屑　　　　C．崩碎切屑　　　　D．短切屑

2.4　在切削平面内测量的车刀角度有（　　）。

A．前角　　　　　　B．后角　　　　　　C．楔角　　　　　　D．刃倾角

2.5　车削加工时的切削力可分解为主切削力 F_Z、切深抗力 F_Y 和进给抗力 F_X，其中消耗功率最大的力是（　　）。

A．进给抗力 F_X　　B．切深抗力 F_Y　　C．主切削力 F_Z　　D．不确定

2.6　切断时主切削刃太宽，切削时容易产生（　　）。

A．弯曲　　　　　　B．扭转　　　　　　C．刀痕　　　　　　D．振动

2.7　切削脆性金属材料时，在刀具前角较小、切削厚度较大的情况下，容易产生（　　）。

A．带状切屑　　　　B．节状切屑　　　　C．崩碎切屑　　　　D．粒状切屑

2.8　车刀的副偏角对工件的（　　）有较大影响。

A．尺寸精度　　　　B．形状精度　　　　C．表面粗糙度　　　D．没有影响

2.9　刃倾角是（　　）与基面之间的夹角。

A．前角　　　　　　B．主后刀面　　　　C．主切削刃

2.10　在主剖面内，刀具的前刀面和基面之间的夹角是（　　）。

A）楔角　　　　　　B．刃倾角　　　　　C．前角

2.11　前角增大能使车刀（　　）。

A．刃口锋利　　　　B．切削锋利　　　　C．排屑不畅

2.12　一般情况，制作金属切削刀具时，硬质合金刀具的前角（　　）高速钢刀具的前角。

A．大于　　　　　　B．等于　　　　　　C．小于　　　　　　D．都有可能

2.13　主切削刃在基面上的投影与假定工作平面之间的夹角称为（　　）。

A．前角　　　　　　B．后角　　　　　　C．楔角　　　　　　D．主偏角

2.14　在刀具磨损过程中，磨损比较缓慢、稳定的阶段叫做（　　）。

A．初期磨损阶段　　B．中期磨损阶段　　C．正常磨损阶段　　D．缓慢磨损阶段

2.15　用硬质合金车刀精车时，为提高工件表面光洁程度，应尽量提高（　　）。

A．进给量　　　　　B．切削厚度　　　　C．切削速度　　　　D．切削深度

2.16　粗加工时（　　）切削液更适合。

A．水　　　　　　　B．低浓度乳化液　　C．高浓度乳化液　　D．矿物油

2.17　分析切削层变形规律时，通常把切削刃作用部位的金属划分为（　　）变形区。

A．2个　　　　　　B．3个　　　　　　　C．4个　　　　　　　D．5个

2.18　刃倾角为正值时，切屑向（　　）排出。

A．已加工表面　　　B．过渡表面　　　　C．待加工表面

2.19　切削用量是指（　　）。

A．切削速度　　　　B．进给速度　　　　C．切削深度　　　　D．三者都是

2.20　切削液的作用有（　　）。

A．冷却　　　　　　B．清洗与排屑　　　C．润滑、防锈　　　D．三者都是

2.21　主偏角影响背向力和进给力的比例，主偏角增大时，背向力（　　）。

A．减小　　　　　　B．不变　　　　　　C．增大

2.22　不消耗功率，但影响工件形状精度的切削力是（　　）。

A. 主切削力　　　　B. 背向力　　　　C. 进给力

2.23　（　）对刀具使用寿命的影响最大。

A. 切削速度　　　　B. 进给量　　　　C. 切削深度

2.24　粗加工选用（　）。

A.（3～5）%乳化液　　　B.（10～15）%乳化液　　　C. 切削油

2.25　生产中为合理使用刀具，保证加工质量，应在（　）换刀。

A. 初期磨损阶段后期　　　B. 正常磨损阶段中期　　　C. 急剧磨损阶段前

2.26　一把新刃磨的刀具，从开始切削至磨损量达到磨钝标准为止所使用的切削时间称为（　）。

A. 刀具耐用度　　　　B. 刀具寿命　　　　C. 刀具破损

2.27　YG8 硬质合金中，牌号中的数字 8 表示（　）含量的百分数。

A. 碳化钴　　　　B. 钴　　　　C. 碳化钛

二、判断题（正确的打√，错误的打×）

2.28　工件材料越硬，主偏角应该选择越大，这样可以增大散热面积，增强刀具耐用度。（　）

2.29　YT 类硬质合金中含钴量愈多，刀片硬度愈高，耐热性越好，但脆性越大。（　）

2.30　主偏角增大，刀具刀尖部分强度与散热条件变差。（　）

2.31　外圆车刀装得低于工件中心时，车刀的工作前角减小，工作后角增大。（　）

2.32　刀具前角越大，切屑越不易流出，切削力越大，但刀具的强度越高。（　）

2.33　一般说来，水溶液的冷却性能最好，油类最差。（　）

2.34　精车时，刃倾角应为负值。（　）

2.35　硬质合金是一种耐磨性好、耐热性高、抗弯强度和冲韧性都较高的一种刀具材料。（　）

2.36　钨钛钴类硬质合金硬度高、耐磨性好、耐高温，因此可用来加工各种材料。（　）

2.37　粗车锻、铸件毛坯时，第一次切削深度应选得小些。（　）

2.38　进给量越大则切削速度越大，对刀具的使用寿命影响就越大。（　）

2.39　在金属切削过程中，高速度加工塑性材料时易产生积屑瘤，它将对切削过程带来一定的影响。（　）

2.40　产生加工硬化主要是由于刀具刃口太钝造成的。（　）

2.41　切削深度对刀具寿命的影响最小，所以选取切削深度越大越好。（　）

2.42　切削用量三要素中，切削速度对切削温度的影响最大，进给量次之，背吃刀量影响最小。（　）

三、问答题

2.43　切削加工由哪些运动组成？它们各有什么作用？

2.44　刀具的工作条件对刀具材料提出哪些性能要求？

2.45　什么叫刀具前角？它的作用是什么？

2.46　什么叫刀具后角？它的作用是什么？

2.47　选择切削用量的次序是怎样的？粗、精加工时选择切削用量时有什么不同特点？

2.48　切削液的主要作用是什么？有几大类？他们的特点有哪些？

2.49　各切削分力对加工过程有何影响？影响切削分力的主要因素是什么？

2.50　何谓积屑瘤？试述其成因、影响和避免措施。

第3章　工件在数控机床上的装夹

内容提要及学习要求

在研究和分析工件定位问题时，定位基准的选择是一个关键问题，一般地说，工件的定位基准一旦被选定，则工件的定位方案也基本上被确定。定位方案是否合理，直接关系到工件的加工精度能否保证。

工件在夹具中定位就是要确定工件与夹具定位元件的相对位置，并通过导向元件或对刀装置来保证工件与刀具之间的相对位置，使同一批工件在夹具中占据一致的加工位置，从而满足加工精度的要求。

了解工件定位的基本原理、常见定位方式与定位元件及数控机床夹具的种类与特点；掌握定位基准的选择原则与数控加工夹具的选择方法；掌握典型零件的装夹方式与夹具选择，并能正确施加夹紧力。

3.1　工件的装夹方式

为了在工件的某一部位上加工出符合规定技术要求的表面，在机械加工前，必须使工件在机床上或夹具中占据某一正确的位置，这个过程称为工件的定位。当工件定位后，由于在加工中受到切削力、重力等的作用，还应采取一定的机构用外力将工件夹紧，使工件在加工过程中保持定位位置不变，这一过程称为夹紧。这种把工件从定位到夹紧的整个过程称为工件的装夹。

在各种不同的机床上加工零件时，随着批量的不同，加工精度要求的不同，工件大小的不同，工件的装夹方法也不同。

1. 直接找正装夹

此法是用划针盘上的划针或百分表，以目测法直接在机床上找正工件位置的装夹方法。一边校验，一边找正，工件在机床上应有的位置是通过一系列的尝试而获得的。

如图 3.1 所示，用四爪单动卡盘安装工件，要保证本工序加工后的 B 面与已加工过的 A 面的同轴度要求，先用百分表按外圆 A 进行找正，夹紧后车削外圆 B，从而保证 B 面与 A 面的同轴度要求。

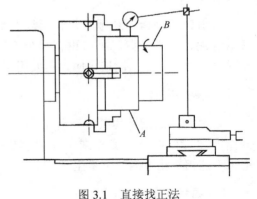

图 3.1　直接找正法

直接找正装夹法费时太多，生产率较低，且要凭经验操作，对工人的技术水平要求高，所以一般只用于单件、小批量生产中。

2．划线找正装夹

此法是在毛坯上先划出中心线、对称线及各待加工表面的加工线，然后按照划好的线找正工件在机床上的位置。对于形状复杂的工件，常常需要经过几次划线。由于划线既费时，又需要技术水平高的划线工，划线找正的定位精度也不高，所以划线找正装夹只用在批量不大，形状复杂笨重的工件，或毛坯的尺寸公差很大，也无法采用夹具装夹的工件。

3．采用夹具装夹

夹具是机床的一种附加装置，它在机床上与刀具间正确的相对位置在工件未装夹前已预先调整好，所以在加工一批工件时，工件只需按定位原理在夹具中准确定位，即通过工件上的定位基准面与夹具上的定位元件相接触来实现，不必再逐个找正定位，就能保证加工的技术要求，既省事又省工，在成批和大量生产中广泛使用。

3.2　机床夹具概述

在机械制造中，用以装夹工件和引导刀具的工艺装备统称为机床夹具。在机械制造厂中夹具的使用十分广泛，从毛坯制造到产品装配以及检测的各个生产环节，都有许多不同种类的夹具。本节仅介绍机床夹具及其应用。

3.2.1　机床夹具的分类

机床夹具按使用机床类型分类可分为车床夹具、铣床夹具、钻床夹具（又称钻模）、镗床夹具（又称镗模）、加工中心夹具和其他机床夹具等。

按驱动夹具工作的动力源分类可分为手动夹具、气动夹具、液压夹具、电动夹具、磁力夹具、真空夹具和自夹紧夹具（靠切削力本身夹紧）等。

按专门化程度分类可分为以下 4 种。

1．通用夹具

通用夹具是指已经标准化、无须调整或稍加调整就可以用来装夹不同工件的夹具，如三爪卡盘、四爪卡盘、平口钳、回转工作台、万能分度头、磁铁吸盘等。这类夹具作为机床附件，由专门工厂制造供应，主要用于单件、小批量生产。

2．专用夹具

专用夹具是指专为某一工件的某一加工工序而设计制造的夹具。这类夹具结构紧凑，操作方便，但当产品变换或工序内容更动后，往往就无法再使用，因此主要用于产品固定、工艺相对稳定的大批量生产。

3．组合夹具

组合夹具是指按一定的工艺要求，由一套预先制造好的通用标准元件和部件组装而成的夹具。它在使用完毕后，可方便地拆散成元件或部件，待需要时重新组合成其他加工过程的夹具，如此不断重复使用。这类夹具具有缩短生产周期，减少专用夹具的品种和数量的优点，适用于新产品的试制和多品种、小批量的生产，在数控铣床、加工中心用得较多。

4．可调夹具

可调夹具是指加工完一种工件后，通过调整或更换个别元件就能装夹另外一种工件的夹具，主要用于加工形状相似、尺寸相近的工件。如滑柱式钻模、带各种钳口的虎钳等，它兼有通用夹具和专用夹具的优点，多用于中小批量生产。

数控机床夹具还常使用拼装夹具和自动夹具。拼装夹具是在成组工艺基础上，用标准化、系列化的夹具零部件拼装而成的。自动夹具是指具有自动上、下料机构的专用夹具。

3.2.2 机床夹具的组成

机床夹具的种类虽然很多，但其基本组成是相同的。下面以一个数控铣床夹具为例，说明机床夹具的组成。

图 3.2 所示为连杆铣槽夹具结构，该夹具靠工作台 T 形槽和夹具体上定位键 9 确定其在数控铣床上的位置，并用 T 形螺栓紧固。

加工时，工件在夹具中的正确位置靠夹具体 1 的上平面、圆柱销 11 和菱形销 10 保证。夹紧时，转动螺母 7，压下压板 2，压板 2 一端压着夹具体，另一端压紧工件，保证工件的正确位置不变。

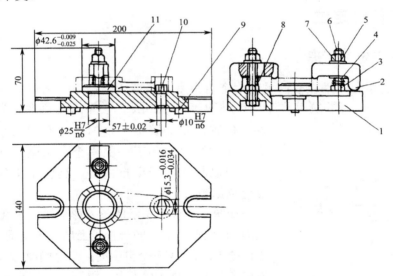

1—夹具体；2—压板；3, 7—螺母；4, 5—垫圈；6—螺栓；8—弹簧；9—定位键；10—菱形销；11—圆柱销

图 3.2　连杆铣槽夹具结构

从图 3.2 可以看出，数控机床夹具一般由以下几部分组成。

1．定位装置

定位装置是由定位元件及其组合而构成的，用于确定工件在夹具中的正确位置。常见定位方式是以平面、圆孔和外圆定位。图 3.2 中的圆柱销 11、菱形销 10 等都是定位元件。

2．夹紧装置

夹紧装置用于保持工件在夹具中的既定位置，保证定位可靠，使其在外力作用下不致产生移动，包括夹紧元件、传动装置及动力装置等。图 3.2 中的压板 2、螺母 3 和 7、垫圈 4 和 5、螺栓 6 及弹簧 8 等元件组成的装置就是夹紧装置。

3．连接元件

这种元件用于确定夹具与机床工作台或机床主轴的相互位置的正确性。如图 3.2 中的定位键 9。

4．夹具体

用于连接夹具各元件及装置，使其成为一个整体的基础件，以保证夹具的精度、强度和刚度。如图 3.2 中的夹具体 1。

5．其他元件及装置

按照不同工件的不同加工要求，夹具上还可能有其他组成部分，如确定工件与刀具相对位置并引导刀具进行加工的引导元件，被加工元件需要分度时的分度装置，以及上下料装置、排屑装置、顶出器等。

3.3　工件的定位

3.3.1　六点定位原理

如图 3.3 所示，工件在空间具有六个自由度，即沿 X、Y、Z 三个直角坐标轴方向的移动自由度 $\vec{x}$、$\vec{y}$、$\vec{z}$ 和绕这三个坐标轴的转动自由度 $\overset{\curvearrowright}{x}$、$\overset{\curvearrowright}{y}$、$\overset{\curvearrowright}{z}$。因此，要完全确定工件的位置，就需要按一定的要求布置六个支承点（即定位元件）来限制工件的六个自由度，其中每一个支承点限制相应的一个自由度，这就是工件定位的"六点定位原理"。

如图 3.4（a）所示的长方形工件，在 XOY 平面上，底面 A 放置在不在同一直线上的三个支承点上，限制了工件的 $\vec{z}$、$\overset{\curvearrowright}{x}$、$\overset{\curvearrowright}{y}$ 三个自由度；工件侧面 B 紧靠在沿长度方向布置的两个支承点上，限制了工件的 $\vec{x}$、$\overset{\curvearrowright}{z}$ 两个自由度；工件端面 C 紧靠在一个支承点上，限制了 $\vec{y}$ 一个自由度。

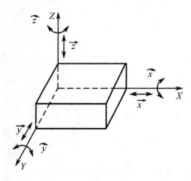

图 3.3　工件在空间的自由度

图 3.4（b）所示为盘状工件的六点定位情况。平面放在三个支承点上，限制了 $\vec{z}$、$\overset{\curvearrowright}{x}$、$\overset{\curvearrowright}{y}$ 三个自由度；圆柱面靠在侧面的两个支承点上，限制了 $\vec{x}$、$\vec{y}$ 两个自由度；在槽的侧面放置一个支承点，限制了 $\overset{\curvearrowright}{z}$ 一个自由度。

图 3.4（c）所示为轴类工件的六点定位情况。由图可见，工件的位置被完全确定。

由图 3.4 可知，工件形状不同，定位表面不同，定位点的布置情况会各不相同。

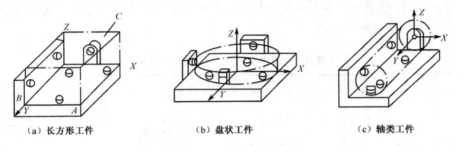

（a）长方形工件　　　　　　（b）盘状工件　　　　　　（c）轴类工件

图 3.4　工件的六点定位

3.3.2　限制工件自由度与加工要求的关系

六点定位原理对于任何形状工件的定位都是适用的，如果违背这个原理，工件在夹具中的位置就不能完全确定。然而，用工件六点定位原理进行定位时，必须根据具体加工要求灵活运用，以便使用最简单的定位方法，使工件在夹具中迅速获得正确的位置。对于那些影响加工要求的自由度必须限制，不影响加工要求的自由度，有时要限制，有时可不必限制。因为我们讨论的是定程切削加工，即刀具或工作台调整至规定的距离为止。这样在哪一个方向上有尺寸要求或位置精度要求，就必须限制与此尺寸方向有关的自由度，否则用定程切削，就得不到该工序所要求的加工尺寸。

如图 3.5（a）中，工件上铣键槽，在沿 X、Y、Z 三个轴的移动和转动方向上都有尺寸要求，所以加工时必须将全部六个自由度限制。图 3.5（b）中，则为工件上铣台阶面，在 Y 轴方向无尺寸要求，故只要限制五个自由度就够了，即不限制沿 Y 轴的移动自由度 $\vec{y}$，对于工件的加工精度并无影响。图 3.5（c）为工件上铣平面，它只需保持 Z 轴方向的高度尺寸 z，因此只要在工件底面上限制三个自由度 $\vec{x}$、$\vec{y}$、$\vec{z}$ 就已足够了。

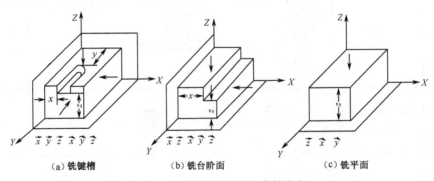

（a）铣键槽　　　　　　（b）铣台阶面　　　　　　（c）铣平面

图 3.5　工件应限制自由度的确定

总之，在机械加工中，一般为了简化夹具的定位元件结构，只要对影响本工序加工尺寸的自由度加以限制即可。

3.3.3　六点定位原理的应用

1. 完全定位与不完全定位

工件的六个自由度都被定位元件所限制的定位称为完全定位，如图 3.4、图 3.5（a）所示。工件被限制的自由度少于六个，但不影响加工要求的定位称为不完全定位，如图 3.5（b）、（c）所示。完全定位与不完全定位是实际加工中最常用的定位方式，表 3-1 为工件完全定位与不完全定位的应用示例。

表 3-1 工件完全定位与不完全定位

定位方式		加工要求	工件定位基准面及定位方式简图	定位元件	限制的自由度
完全定位		在环形工件的侧面上钻孔	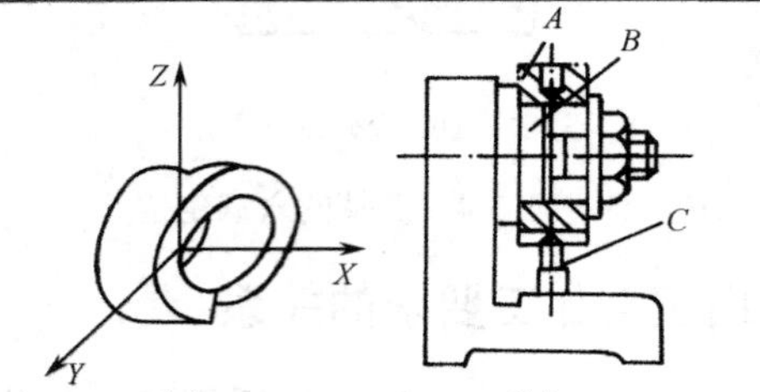（a） （b）	端面 *A*	$\bar{x}$、$\overset{\frown}{y}$、$\overset{\frown}{z}$
				短销 *B*	$\bar{y}$、$\bar{z}$
				防转销 *C*	$\overset{\frown}{x}$
不完全定位	五点定位	钻削加工小孔 ϕD	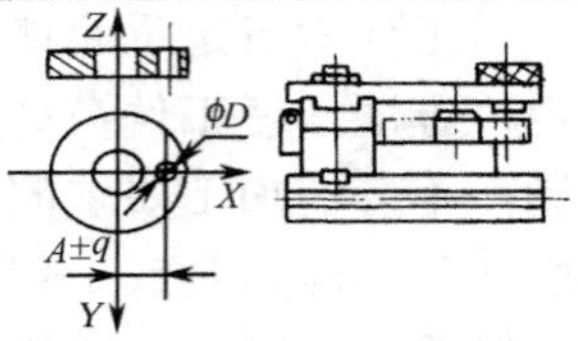（a） （b）	平面	$\bar{z}$、$\overset{\frown}{x}$、$\overset{\frown}{y}$
				心轴	$\bar{x}$、$\bar{y}$
	四点定位	铣削加工通槽 *B*	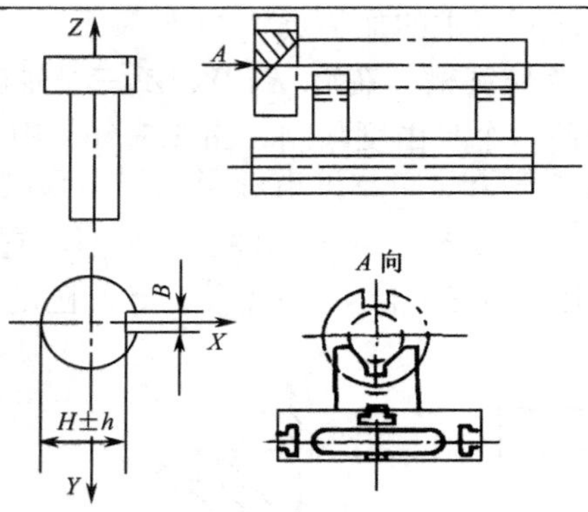（a） （b）	左 V 形块	$\bar{x}$、$\bar{y}$
				右 V 形块	$\overset{\frown}{x}$、$\overset{\frown}{y}$
	三点定位	加工上平面保证尺寸 $A\pm a$	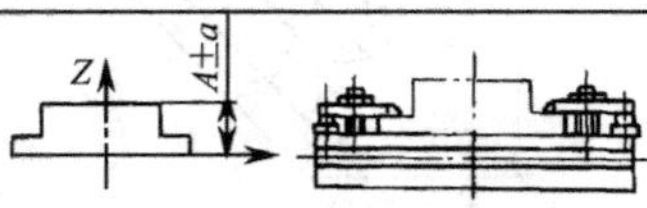（a） （b）	底平面	$\overset{\frown}{x}$、$\overset{\frown}{y}$、$\bar{z}$
	二点定位	在球体上加工中心孔 ϕD	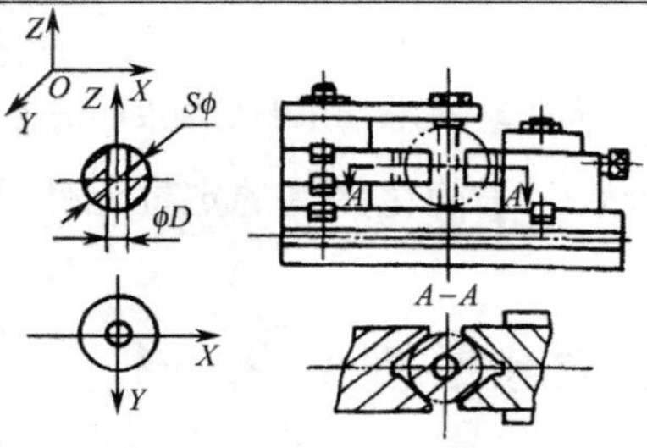（a） （b）	左 V 形块	$\bar{x}$、$\bar{y}$
				右 V 形块	不定位只夹紧
				球底辅助支承	不定位

2. 过定位与欠定位

按照加工要求应该限制的自由度没有被限制的定位称为欠定位。欠定位是不允许的。因为欠定位保证不了加工要求。例如，铣图 3.6 所示零件上的通槽，应该限制 $\hat{x}$、$\hat{y}$、$\bar{z}$ 三个自由度以保证槽底面与 A 面的平行度及尺寸 $60^0_{-0.2}$ mm 两项加工要求；应该限制 $\bar{x}$、$\hat{z}$ 两个自由度以保证槽侧面与 B 面的平行度及尺寸（30±0.1）mm 两项加工要求；$\bar{y}$ 自由度不影响通槽加工，可以不限制。如果 $\bar{z}$ 没有限制，$60^0_{-0.2}$ mm 就无法保证；如果 $\hat{x}$ 或 $\hat{y}$ 没有限制，槽底与 A 面的平行度就不能保证。

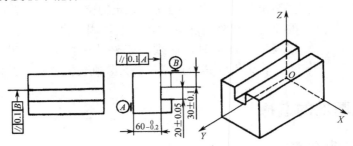

图 3.6 限制自由度与加工要求的关系

工件的同一个或几个自由度被不同的定位元件重复限制两次以上的定位称为过定位。例如，图 3.7（a）所示的连杆定位方案，长销限制了 $\bar{x}$、$\bar{y}$、$\hat{x}$、$\hat{y}$ 四个自由度，支承板限制了 $\hat{x}$、$\hat{y}$、$\bar{z}$ 三个自由度，其中 $\hat{x}$、$\hat{y}$ 被两个定位元件重复限制，这就产生过定位。当连杆小头孔与端面有较大垂直度误差时，夹紧力 F_J 将使长销弯曲或使连杆变形，如图 3.7（b）、（c）所示，造成连杆加工误差。若采用图 3.7（d）所示方案，将长销改为短销，就不会产生过定位。

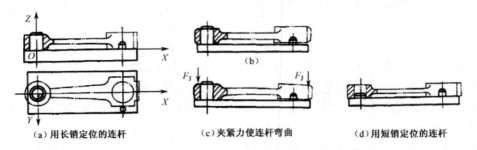

（a）用长销定位的连杆　　　（c）夹紧力使连杆弯曲　　　（d）用短销定位的连杆

图 3.7 连杆定位方案

一般说来，对工件上以形状精度和位置精度很低的面作为定位基准时，不允许出现过定位，对精度较高的面作定位基准时，为提高工件定位刚度和稳定性，在一定条件下是允许过定位的。例如，在精加工工序中，常以一个精确平面代替三个支承点来支承已加工过的平面。从理论上讲，一个平面相当于无数个点的总和，但当此平面制造得很平时，工件放上去也只能有一个位置，就相当于三个支承点的作用了。这样做的好处是定位系统刚度好，可以减少切削时的振动，对精加工是有利的。总之，过定位是否采用，必须看它对加工所起的后果来判断过定位是否允许。当过定位导致工件或定位元件变形，影响加工精度时，应该严禁采用；但当过定位并不影响加工精度，反而对提高加工精度有利时，也可以采用。

3.3.4　定位与夹紧的关系

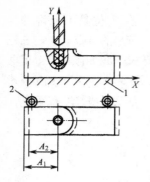

图 3.8　定位与夹紧的关系

定位与夹紧的任务是不同的，两者不能互相取代。若认为工件被夹紧后，其位置不能动了，所以自由度都已限制了，这种理解是错误的。图 3.8 所示为定位与夹紧的关系，工件在平面支承 1 和两个长圆柱销 2 上定位，工件放在实线和虚线位置都可以夹紧，但是工件在 X 方向的位置不能确定，钻出的孔其位置也不确定（出现尺寸 A_1 和 A_2）。只有在 X 方向设置一个挡销时，才能保证钻出的孔在 X 方向获得确定的位置。另一方面，若认为在挡销的反方向仍然有移动的可能性，因此位置不确定，这种理解也是错误的。定位时，必须使工件的定位基准紧贴在夹具定位元件上，否则不成其为定位，而夹紧则使工件不离开定位元件。

3.4　定位基准的选择

3.4.1　基准及其分类

基准，就是零件上用来确定其他点、线、面的位置所依据的点、线、面。根据基准功用不同，分为设计基准和工艺基准两大类。

1. 设计基准

设计基准是在零件设计图纸上用来确定其他点、线、面的位置的基准。例如，图 3.9 所示的衬套零件，轴心线 $O\text{-}O$ 是各外圆表面和内孔的设计基准；端面 A 是端面 B、C 的设计基准；$\phi30H7$ 内孔的轴心线是 $\phi45h6$ 外圆表面径向跳动和端面 B 端面圆跳动的设计基准。

2. 工艺基准

工艺基准是在工艺过程（加工和装配过程）中所采用的基准。它包括以下基准。

（1）工序基准。工序基准是在工序图上用来标注本工序所加工表面加工后的尺寸、形状、位置的基准。所标注的被加工面位置尺寸称为工序尺寸。如图 3.10 所示为钻孔工序的工序基准和工序尺寸。

（2）定位基准。定位基准是在加工中使工件在机床或夹具中占据正确位置所用的基准。图 3.11 所示在铣床上铣侧面 A 和平面 B 时，底面 C 靠在夹具下支承面上，侧面 D 靠在夹具侧支承面上，所以面 C 和面 D 是工件的定位基准。

作为基准的点、线、面有时在工件上并不一定实际存在（如孔和轴的轴心线，两平面之间的对称中心面等），在定位时是通过有关具体表面体现的，这些表面称为定位基面。工件以回转表面（如孔、外圆）定位时，回转表面的轴心线是定位基准，而回转表面就是定位基面。工件以平面定位时，其定位基准与定位基面一致。

（3）测量基准。测量基准是测量工件已加工表面的形状、位置和尺寸误差时所采用的基准。如图 3.12 所示是两种测量平面 A 的方案。图 3.12（a）为检验面 A 时是以小圆柱面的上母线为测量基准；图 3.12（b）是以大圆柱面的下母线为测量基准。

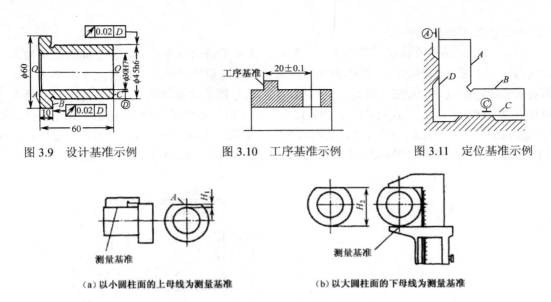

图 3.9 设计基准示例　　　　图 3.10 工序基准示例　　　　图 3.11 定位基准示例

（a）以小圆柱面的上母线为测量基准　　　　（b）以大圆柱面的下母线为测量基准

图 3.12 工件上已加工表面的测量基准

（4）装配基准。装配基准是在机器装配时，用来确定零件或部件在产品中的相对位置所采用的基准。图 3.13 所示齿轮和轴的装配关系中，齿轮内孔 A 及端面 B 即为装配基准。图 3.14 是上述各种基准之间相互关系的实例。

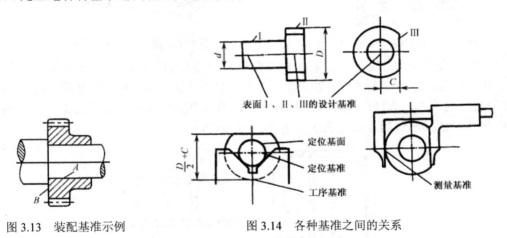

图 3.13 装配基准示例　　　　图 3.14 各种基准之间的关系

3.4.2 定位基准的选择

在机加工的第一道工序中，只能用毛坯上未加工过的表面作为定位基准，称为粗基准。在随后的工序中，用加工过的表面作为定位基准，称为精基准。有时为方便装夹或易于实现基准统一，在工件上专门制出一种定位基准，称为辅助基准。

1. 粗基准的选择原则

粗基准的选择要保证用粗基准定位所加工出的精基准具有较高的精度，使后续各加工表面通过精基准定位具有较均匀的加工余量，并与非加工表面保持应有的相对位置精度。

一般应遵循以下原则选择。

（1）相互位置要求原则。若工件必须首先保证加工表面与不加工表面之间的位置要求，则应选不加工表面为粗基准，以达到壁厚均匀，外形对称等要求。若有好几个不加工表面，则粗基准应选取位置精度要求较高者。例如，图 3.15 所示的套筒毛坯，在毛坯铸造时毛孔 2 和外圆 1 之间有偏心。以不加工的外圆 1 作为粗基准，不仅可以保证内孔 2 加工后壁厚均匀，而且还可以在一次安装中加工出大部分要加工表面。又如，图 3.16 所示拨杆零件，为保证内孔 $\phi22$ 与外圆 $\phi40$ 的同轴度要求，在钻 $\phi22$ 内孔时，应选择 $\phi40$ 外圆为粗基准。

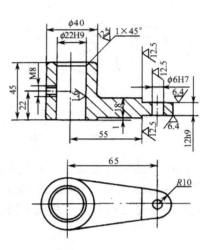

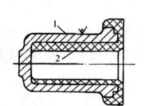

图 3.15 套筒粗基准的选择　　　　　图 3.16 拨杆粗基准的选择

（2）加工余量合理分配原则。若工件上每个表面都要加工，则应以余量最小的表面作为粗基准，以保证各加工表面有足够的加工余量。例如，图 3.17 所示的阶梯轴毛坯大小端外圆有 5mm 的偏心，应以余量较小的 $\phi58$mm 外圆表面作为粗基准。如果选 $\phi114$mm 外圆作为粗基准加工 $\phi58$mm 外圆，则无法加工出 $\phi50$mm 外圆。

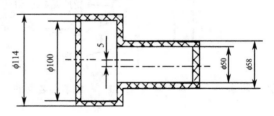

图 3.17 阶梯轴的粗基准选择

（3）重要表面原则。为保证重要表面的加工余量均匀，应选择重要加工面为粗基准。例如，图 3.18 所示的床身导轨加工，铸造导轨毛坯时，导轨面向下放置，使其表面金相组织细致均匀，没有气孔、夹砂等缺陷。因此希望在加工时只切去一层薄而均匀的余量，保留组织细密耐磨的表层，且达到较高的加工精度，故而应先选择导轨面为粗基准加工床身底平面，然后再以床身底平面为精基准加工导轨面，如图 3.18（a）所示。这样床身底平面加工余量可能不均匀，但加工后的床身底面与床身导轨的毛坯表面基本平行，所以以其为精基准才能保证导轨面加工时被切去的金属层尽可能薄而且均匀。而若以如图 3.18（b）所示的床身底面为粗基准，由于这两个毛坯平面误差很大，将导致导轨面的余量很不均匀甚至余量不够。

（4）不重复使用原则。粗基准未经加工，表面比较粗糙且精度低，二次安装时，其在机床上（或夹具中）的实际位置可能与第一次安装时不一样，从而产生定位误差，导致相应加工表面出现较大的位置误差。因此，粗基准一般不应重复使用。例如，图 3.19 所示的小轴，如果重复使用毛坯面加工表面 A 和 C，则会使加工表面 A 和 C 产生较大的同轴度误差。当然，若毛坯制造精度较高，而工件加工精度要求不高，则粗基准也可重复使用。

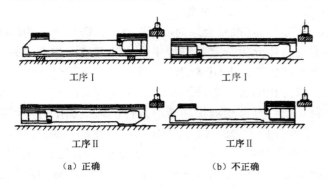

（a）正确 　　　　　　（b）不正确

图 3.18　床身导轨面的粗基准的选择

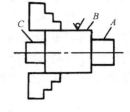

图 3.19　基准重复使用的误差

（5）便于工件装夹原则。作为粗基准的表面应尽量平整光滑，没有飞边、冒口、浇口或其他缺陷，以便使工件定位准确，夹紧可靠。

2．精基准的选择原则

精基准的选择主要应考虑如何减少加工误差、保证加工精度（特别是加工表面的相互位置精度）以及实现工件装夹的方便、可靠与准确。其选择应遵循以下原则。

（1）基准重合原则。直接选择加工表面的设计基准为定位基准，称为基准重合原则。采用基准重合原则可以避免由定位基准与设计基准不重合而引起的定位误差（称为基准不重合误差）。

例如，图 3.20（a）所示零件，欲加工孔 3，其设计基准是面 2，要求保证尺寸 A。若如图 3.20（b）所示，以面 1 为定位基准，在用调整法（先调整好刀具和工件在机床上的相对位置，并在一批零件的加工过程中保持这个位置不变，以保证工件被加工尺寸的方法）加工时，则直接保证的尺寸是 C，这时尺寸 A 是通过控制尺寸 B 和 C 来间接保证的。控制尺寸 B 和 C 就是控制它们的加工误差值。设尺寸 B 和 C 可能的误差值分别为它们的公差值 T_B 和 T_C，则尺寸 A 可能的误差值为：

$$A_{max} - A_{min} = C_{max} - B_{min} - (C_{min} - B_{max}) = B_{max} - B_{min} + C_{max} - C_{min}$$

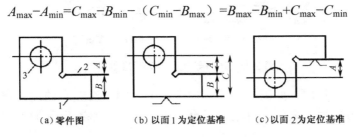

（a）零件图 　　　（b）以面 1 为定位基准 　　　（c）以面 2 为定位基准

图 3.20　设计基准与定位基准的关系

即

$$T_A = T_B + T_C$$

由此可以看出，用这种定位方法加工，尺寸 A 的加工误差值是尺寸 B 和 C 误差值之和。尺寸 A 的加工误差中增加了一个从定位基准（面 1）到设计基准（面 2）之间尺寸 B 的误差，这个误差就是基准不重合误差。由于基准不重合误差的存在，只有提高本道工序尺寸 C 的加工精度，才能保证尺寸 A 的精度；当本道工序 C 的加工精度不能满足要求时，还需提高前道工序尺寸 B 的加工精度，由此增加了加工的难度。

若按图 3.20（c）所示用面 2 定位，则符合基准重合原则，可以直接保证尺寸 A 的精度。

应用基准重合原则时，要具体情况具体分析。定位过程中产生的基准不重合误差，是在用夹具装夹、调整法加工一批工件时产生的。若用试切法（通过试切→测量→调整→再试切，反复进行到被加工尺寸达到要求为止的加工方法）加工，设计要求的尺寸一般可直接测量，不存在基准不重合误差问题。在带有自动测量功能的数控机床上加工时，可在工艺中安排坐标系测量检查工步，即每个零件加工前由 CNC 系统自动控制测量头检测设计基准并自动计算，修正坐标值，消除基准不重合误差。因此，可以不必遵循基准重合原则。

（2）基准统一原则。同一零件的多道工序尽可能选择同一个定位基准，称为基准统一原则。这样既可保证各加工表面间的相互位置精度，避免或减少因基准转换而引起的误差，而且简化了夹具的设计与制造工作，降低了成本，缩短了生产准备周期。例如，轴类零件加工，采用两端中心孔作为统一定位基准，加工各阶梯外圆表面，不但能在一次装夹中加工大多数表面，而且可保证各阶梯外圆表面的同轴度要求以及端面与轴心线的垂直度要求。

（3）自为基准原则。某些要求加工余量小而均匀的精加工或光整加工工序，选择加工表面本身作为定位基准，称为自为基准原则。

例如，图 3.21 所示的床身导轨面磨削。先把百分表安装在磨头的主轴上，并由机床驱动作运动，人工找正工件的导轨面，然后磨去薄而均匀的一层磨削余量，以满足对床身导轨面的质量要求。采用自为基准原则时，只能提高加工表面本身的尺寸精度、形状精度，而不能提高加工表面的位置精度，加工表面的位置精度应由前道工序保证。此外，珩磨，铰孔及浮动镗孔等都是自为基准的例子。

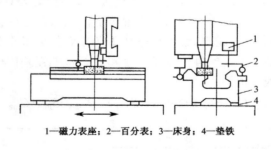

1—磁力表座；2—百分表；3—床身；4—垫铁

图 3.21　床身导轨面自为基准的实例

（4）互为基准反复加工原则。为使各加工表面之间具有较高的位置精度，或为使加工表面具有小而均匀的加工余量，可采取两个加工表面互为基准反复加工的方法，称为互为基准反复加工原则。

例如，车床主轴轴颈与前端锥孔同轴度要求很高，生产中常以主轴轴颈和锥孔表面互为基准反复加工来达到。又如图 3.22 所示的精密齿轮齿面磨削，因齿面淬硬层磨削余量小而均匀，为此需先以齿面分度圆为基准磨内孔，再以内孔为基准磨齿面，这样反复加工才能满足要求。

（5）便于装夹原则。所选精基准应能保证工件定位准确稳定，装夹方便可靠，夹具结构简单适用，操作方便灵活。同时，定位基准应有足够大的接触面积，以承受较大的切削力。因此，精基准应选择尺寸精度、形状精度较高而表面粗糙度值较小、面积较大的表面。

例如，图 3.23 所示支座，分别可以凸缘 a 或 b 定位，在同样的安装误差下，则图（b）的影响较小。

在实际生产中，精基准的选择要完全符合上述原则有时很难做到。例如，统一的定位基准与设计基准不重合时，就不可能同时遵循基准重合原则和基准统一原则。此时要统筹兼顾，若采用统一定位基准，能够保证加工表面的尺寸精度，则应遵循基准统一原则；若不能保证尺寸精度，则可在粗加工和半精加工时遵循基准统一原则，在精加工时遵循基准重合原则，以免使工序尺寸的实际公差值减小，增加加工难度。所以，必须根据具体的加工对象和加工条件，从保证主要技术要求出发，灵活选用有利的精基准，达到定位精度高，夹紧可靠，夹具结构简单，操作方便的要求。

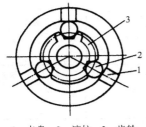

1—卡盘；2—滚柱；3—齿轮

图 3.22　互为基准实例

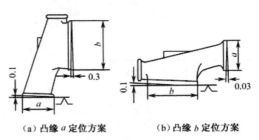

（a）凸缘 *a* 定位方案　　　（b）凸缘 *b* 定位方案

图 3.23　支座的定位

3. 辅助基准的选择

辅助基准是为了便于装夹或易于实现基准统一而人为制成的一种定位基准。

例如，轴类零件加工所用的两个中心孔，它不是零件的工作表面，只是出于工艺上的需要才做出的。又如，图 3.24所示为车床小刀架的形状及加工底面时采用辅助基准定位的情况。加工底面用上表面定位，但上表面太小，工件成悬臂状态，受力后会有一定的变形，为此，在毛坯上专门铸出了

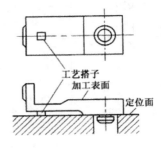

图 3.24　辅助基准典型实例

工艺搭子（工艺凸台），和原来的基准齐平。工艺凸台上用作定位的表面即是辅助基准面，加工完毕后应将其从零件上切除。

3.5　常见定位元件及定位方式

工件的定位是通过工件上的定位基准面和夹具上定位元件工作表面之间的配合或接触实现的，一般应根据工件上定位基准面的形状，选择相应的定位元件。常见定位元件及定位方式见表 3-2。

表 3-2　常见定位元件及定位方式

工件定位基准面	定位元件	定位方式简图	定位元件特点	限制的自由度
平面	支承钉			1、2、3—$\vec{z}$、$\hat{x}$、$\hat{y}$ 4、5—$\vec{x}$、$\hat{z}$ 6—$\vec{y}$
	支承板		每个支承板也可设计为两个或两个以上小支承板	1、2—$\vec{z}$、$\hat{x}$、$\hat{y}$ 3—$\vec{x}$、$\hat{z}$
平面	固定支承与浮动支承		1、3—固定支承； 2—浮动支承	1、2—$\vec{z}$、$\hat{x}$、$\hat{y}$ 3—$\vec{x}$、$\hat{z}$
	固定支承与辅助支承		1、2、3、4—固定支承； 5—辅助支承	1、2、3—$\vec{z}$、$\hat{x}$、$\hat{y}$ 4—$\vec{x}$、$\hat{z}$ 5—增加刚性，不限制自由度
圆孔	定位销（心轴）		短销（短心轴）	$\vec{x}$、$\vec{y}$
			长销（长心轴）	$\vec{x}$、$\vec{y}$ $\hat{x}$、$\hat{y}$
	锥销		单锥销	$\vec{x}$、$\vec{y}$、$\vec{z}$
			1—固定销； 2—活动销	$\vec{x}$、$\vec{y}$、$\vec{z}$ $\hat{x}$、$\hat{y}$
外圆柱面	支承板或支承钉		短支承板或支承钉	$\vec{z}$（或$\hat{x}$）
			长支承板或两个支承钉	$\vec{z}$、$\hat{x}$
	V形块		窄V形块	$\vec{x}$、$\vec{z}$

工件定位基准面	定位元件	定位方式简图	定位元件特点	限制的自由度
外圆柱面 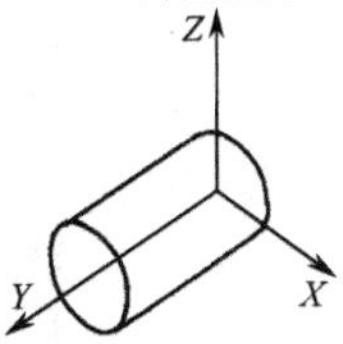	V形块	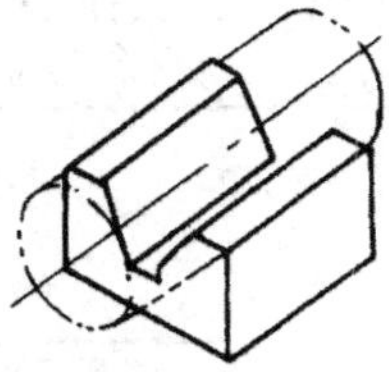	宽 V 形块或 两个窄 V 形块	$\vec{x}$、$\vec{z}$ $\hat{x}$、$\hat{z}$
		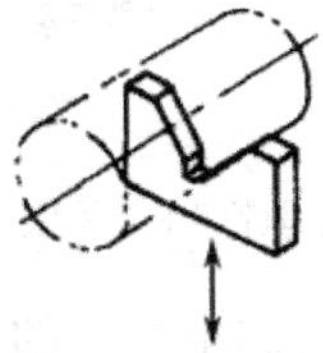	垂直运动的 窄活动 V 形块	$\vec{x}$（或$\hat{x}$）
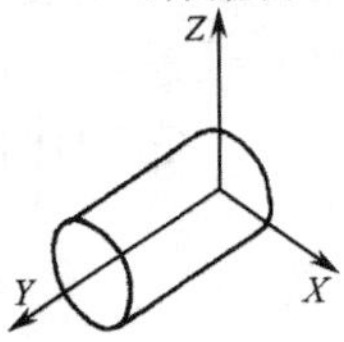	定位套	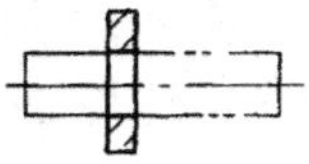	短套	$\vec{x}$、$\vec{z}$
		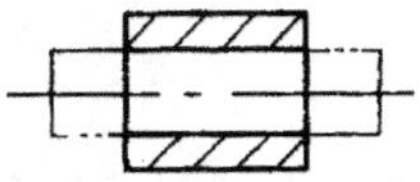	长套	$\vec{x}$、$\vec{z}$ $\hat{x}$、$\hat{z}$
外圆柱面	半圆孔 衬套	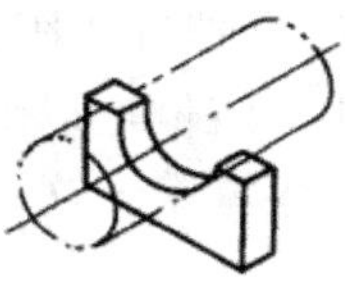	短半圆套	$\vec{x}$、$\vec{z}$
			长半圆套	$\vec{x}$、$\vec{z}$ $\hat{x}$、$\hat{z}$
	锥套	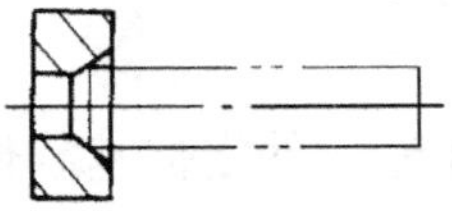	单衬套	$\vec{x}$、$\vec{y}$、$\vec{z}$
		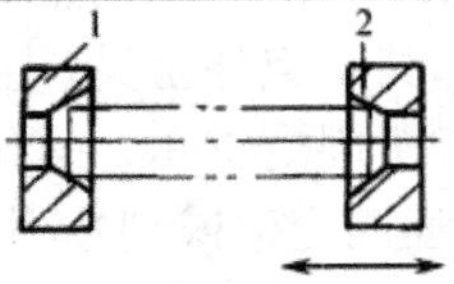	1—固定衬套; 2—活动衬套	$\vec{x}$、$\vec{y}$、$\vec{z}$ $\hat{x}$、$\hat{z}$

3.5.1 工件以平面定位

工件以平面作为定位基准面是生产中常见的定位方式之一。常用的定位元件（即支承件）有固定支承、可调支承、浮动支承和辅助支承等。除辅助支承外，其余均对工件起定位作用。

1. 固定支承

固定支承有支承钉和支承板两种形式，如图 3.25 所示，在使用中都不能调整，高度尺寸是固定不动的。为保证各固定支承的定位表面严格共面，装配后需将其工作表面一次磨平。

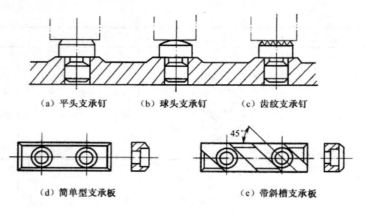

（a）平头支承钉　　　（b）球头支承钉　　　（c）齿纹支承钉

（d）简单型支承板　　　　　（e）带斜槽支承板

图 3.25　支承钉和支承板

图 3.25 中，平头支承钉和支承板用于已加工平面的定位；球头支承钉主要用于毛坯面定位；齿纹头支承钉用于侧面定位，以增大摩擦系数，防止工件滑动。简单型支承板的结构简单，制造方便，但孔边切屑不易清除干净，适用于工件侧面和顶面定位。带斜槽支承板便于清除切屑，适用于工件底面定位。

2．可调支承

可调支承用于工件定位过程中支承钉高度需调整的场合，如图 3.26 所示。调节时松开螺母 2，将调整钉 1 高度尺寸调整好后，用锁紧螺母 2 固定，就相当于固定支承。可调支承大多用于毛坯尺寸、形状变化较大以及粗加工定位，以调整补偿各批毛坯尺寸误差。一般不对每个工件进行一次调整，而是对一批毛坯调整一次。在同一批工件加工中，它的作用与固定支承相同。

3．浮动支承（自位支承）

浮动支承是在工件定位过程中，能随着工件定位基准位置的变化而自动调节的支承。浮动支承常用的有三点式浮动支承（图 3.27（a））和两点式浮动支承（图 3.27（b））。这类支承的特点是：定位基面压下其中一点，其余点便上升，直至各点都与工件接触为止。无论哪种形式的浮动支承，其作用相当于一个固定支承，只限制一个自由度，主要目的是提高工件的刚性和稳定性。适用于工件以毛坯面定位或刚性不足的场合。

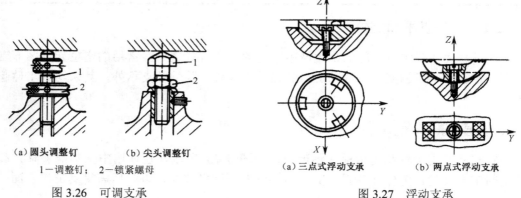

（a）圆头调整钉　　　　（b）尖头调整钉

1—调整钉；2—锁紧螺母

图 3.26　可调支承

（a）三点式浮动支承　　　（b）两点式浮动支承

图 3.27　浮动支承

4．辅助支承

辅助支承是指由于工件形状、夹紧力、切削力和工件重力等原因，可能使工件在定位后还产生变形或定位不稳，为了提高工件的装夹刚性和稳定性而增设的支承。因此，辅助支承只能起提高工件支承刚性的辅助定位作用，而不起限制自由度的作用，更不能破坏工件原有定位。故需注意，在使用辅助支承时，须待工件定位夹紧后，再调整支承钉的高度，使其与工件的有关表面接触。且每安装一个工件就调整一次辅助支承并锁紧，则能承受切削力，增强工件的刚度和稳定性。但一个工件加工完毕后，一定要将所有辅助支承退回到与新装上去的工件保证不接触的位置。

辅助支承的典型结构如图 3.28 所示。图 3.28（a）的结构最简单，但使用时效率低。图 3.28（b）为弹簧自动式辅助支承，靠弹簧 2 推动滑柱 1 与工件接触，用顶柱 3 锁紧。

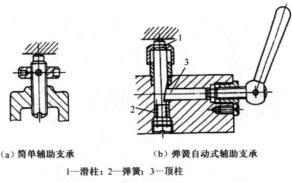

（a）简单辅助支承　　　（b）弹簧自动式辅助支承

1—滑柱；2—弹簧；3—顶柱

图 3.28　辅助支承

3.5.2　工件以圆孔定位

工件以圆孔定位时，其定位孔与定位元件之间处于配合状态，常用的定位元件有定位销、定位心轴、圆锥销。一般为孔与端面定位组合使用。

1．定位销

定位销分为短销和长销（见表 3-2）。短销只能限制两个移动自由度，而长销除限制两个移动自由度外，还可限制两个转动自由度，主要用于零件上的中小孔定位，一般直径不超过 50mm。定位销的结构已标准化，图 3.29 为常用定位销的结构。当定位销直径为 3～10mm 时，为避免在使用中折断，或热处理时淬裂，通常把根部倒成圆角 R。夹具体上应设有沉孔，使定位销沉入孔内而不影响定位。大批大量生产时，为了便于定位销的更换，可采用图 3.29（d）所示的带衬套的结构形式。为便于工件装入，定位销的头部有 15°倒角。

2．定位心轴

定位心轴主要用于盘套类工件的定位。图 3.30 为常用刚性定位心轴的结构形式。图 3.30（a）为间隙配合心轴，间隙配合拆卸工件方便，但定心精度不高。图 3.30（b）是过盈配合心轴，由引导部分 1、工作部分 2 和传动部分 3 组成。这种心轴制造简单，定心准确，不用另设夹紧装置，但装卸工件不便，易损伤工件定位孔，多用于定心精度要求高的精加工。

图 3.30（c）是花键心轴，用于加工以花键孔定位的工件。图 3.30（d）是圆锥心轴（小锥度心轴），工件在锥度心轴上定位，并靠工件定位圆孔与心轴限位圆锥面的弹性变形夹紧工件。l_k 为使孔与心轴配合的弹性变形长度。这种定位方式的定心精度高，但工件的轴向位移误差较大，适用于工件定位孔精度不低于 IT7 的精车和磨削加工，不能加工端面。

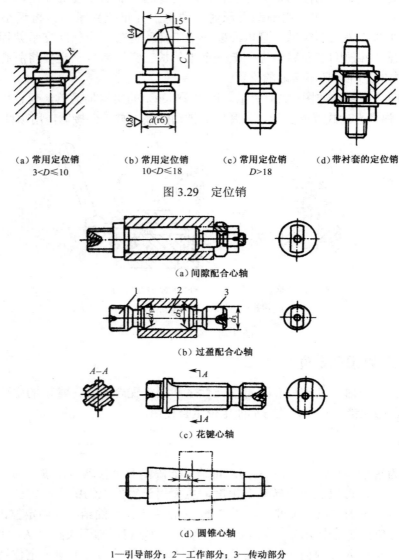

（a）常用定位销　　　　（b）常用定位销　　　　（c）常用定位销　　　　（d）带衬套的定位销
$3 < D \leqslant 10$　　　　　　$10 < D \leqslant 18$　　　　　　$D > 18$

图 3.29　定位销

（a）间隙配合心轴

（b）过盈配合心轴

（c）花键心轴

（d）圆锥心轴

1—引导部分；2—工作部分；3—传动部分

图 3.30　刚性定位心轴

内孔的自动定心夹紧机构有三爪卡盘、弹簧心轴等。图 3.31 所示为一种弹簧心轴定位示例。其优点是所占位置小，操纵方便，可缩短夹紧时间，且不易损坏工件的被夹紧表面。但对被夹工件的定位表面有一定的尺寸和精度要求。

3．圆锥销

定位时，圆锥销与工件圆孔的接触线为一个圆，限制工件的 $\bar{x}$、$\bar{y}$、$\bar{z}$ 三个移动自由度。图 3.32 是工件以圆孔在圆锥销上定位的示意图，图 3.32（a）用于粗定位基面，图 3.32（b）用于精定位基面。

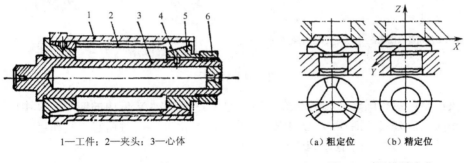

1—工件；2—夹头；3—心体

图 3.31　弹簧心轴

（a）粗定位　（b）精定位

图 3.32　圆锥销定位

如图 3.33 所示，其中图（a）为圆锥-圆柱组合心轴，锥度部分使工件准确定心，圆柱部分可减少工件倾斜。图（b）以工件底面作为主要定位基面，圆锥销是活动的，即使工件的孔径变化较大，也能准确定位。图（c）为工件在双圆锥销上定位。以上三种定位方式均限制工件的五个自由度。

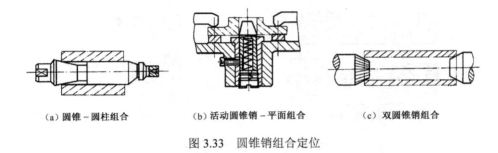

（a）圆锥－圆柱组合　　　（b）活动圆锥销－平面组合　　　（c）双圆锥销组合

图 3.33　圆锥销组合定位

3.5.3　工件以外圆柱面定位

工件以外圆柱面定位时有支承定位和定心定位两种。支承定位最常见的是 V 形块定位。定心定位能自动地将工件的轴线确定在要求的位置上，如常见的三爪自动定心卡盘和弹簧夹头等。此外也可用套筒、半圆孔衬套、锥套作为定位元件。

1．V 形块

V 形块是外圆柱面定位时用得最多的定位元件。因为 V 形块可用于完整或不完整的圆柱面定位，用于精基准，也可用于粗基准，而且对中性好，可以使工件的定位基准轴线保持在 V 形块两斜面的对称平面上，不受工件直径误差的影响，安装方便。

图 3.34 为常见 V 形块结构。图 3.34（a）用于较短工件精基准定位，图 3.34（b）用于较长工件粗基准定位，图 3.34（c）用于工件两段精基准面相距较远的场合。如果定位基准与长度较大，则 V 形块不必做成整体钢件，而采用铸铁底座镶淬火钢垫，如图 3.34（d）所示。长 V 形块限制工件的四个自由度，短 V 形块限制工件的二个自由度。V 形块两斜面的夹角有 60°、90°和 120°三种，其中以 90°为最常用。

| （a）较短工件精基准定位 | （b）较长工件粗基准定位 | （c）工件两段精基准面相距较远的场合 | （d）定位基准与长度较大的场合 |

图 3.34　V 形块

V 形块在使用中有固定式和活动式两种。图 3.35 为活动 V 形块的应用，其中图（a）是加工连杆孔的定位方式，活动 V 形块限制一个转动自由度，同时还起夹紧作用。图（b）的活动 V 形块限制工件的一个移动自由度。

2．套筒定位和剖分套筒

图 3.36 是套筒定位的实例，其结构简单，但定心精度不高。为防止工件偏斜，常采用套筒内孔与端面联合定位。图 3.36（a）是短套筒孔，相当于两点定位，限制工件的两个自由度；图 3.36（b）是长套筒孔，相当于四点定位，限制工件的四个自由度。

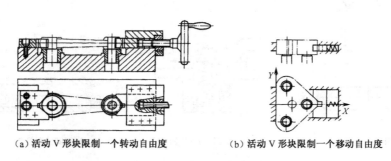

| （a）活动 V 形块限制一个转动自由度 | （b）活动 V 形块限制一个移动自由度 |

图 3.35　活动 V 形块的应用

剖分套筒为半圆孔定位元件，主要适用于大型轴类零件的精密轴颈定位，以便于工件的安装。如图 3.37 所示，将同一圆周表面的定位件分成两半，下半孔放在夹具体上，起定位作用，上半孔装在可卸式或铰链式的盖上，仅起夹紧作用。为便于磨损后更换，两半孔常都制成衬瓦形式，而不直接装在夹具体上。

3．定心夹紧机构

外圆定心夹紧机构有三爪卡盘、弹簧夹头等。图 3.38 为推式弹簧夹头，在实现定心的同时能将工件夹紧。

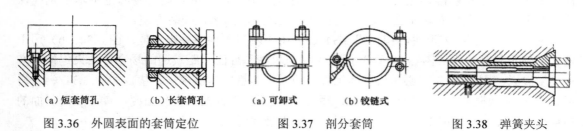

| （a）短套筒孔　（b）长套筒孔 | （a）可卸式　（b）铰链式 | |
| 图 3.36　外圆表面的套筒定位 | 图 3.37　剖分套筒 | 图 3.38　弹簧夹头 |

3.5.4 工件以一面两孔定位

一面两孔定位如图 3.39 所示，它是机械加工过程中最常用的定位方式之一，即以工件上的一个较大平面和与该平面垂直的两个孔组合定位。夹具上如果采用一个平面支承（限制 $\vec{x}$、$\vec{y}$ 和 $\vec{z}$ 三个自由度）和两个圆柱销（短圆柱销 1 限制工件的 $\vec{x}$ 和 $\vec{y}$ 二个自由度；短圆柱销 2 限制工件的 $\vec{x}$ 和 $\vec{z}$ 二个自由度）为定位元件，则在两销连心线方向产生过定位（重复限制 $\vec{x}$ 自由度）。为了避免过定位，将其中一销做成削边销，削边销不限制 $\vec{x}$ 自由度而限制 $\vec{z}$ 自由度。关于削边销的尺寸，可参考表 3-3。削边销与孔的最小配合间隙 $X_{\min}$ 可由下式计算：

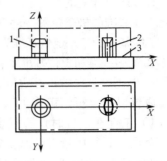

1—圆柱销；2—削边销；3—定位平面

图 3.39 一面两孔定位

$$X_{\min} = \frac{b(T_D + T_d)}{D} \qquad (3\text{-}1)$$

式中，b——削边销的宽度；

T_D——两定位孔中心距公差；

T_d——两定位销中心距公差；

D——与削边销配合的孔的直径。

表 3-3 削边销结构尺寸 （单位：mm）

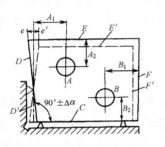	D	3~6	>6~8	>8~20	>20~25	>25~32	>32~40	>40~50
	b	2	3	4	5	6	7	8
	B	D-0.5	D-1	D-2	D-3	D-4	D-5	

3.5.5 定位误差

定位原理和定位元件只解决了加工过程中工件相对于刀具加工位置的正确性和合理性问题，然而，一批工件依次在夹具中定位时，因每一工件的具体表面都是在规定的公差范围内发生变化，故各个表面都有着不同的位置精度。因此还需讨论工件在正确定位的情况下，加工表面所能获得的尺寸精度以及相互位置精度的问题。

定位误差是指一批工件依次在夹具中进行定位时，由于定位不准而造成某一工序在工序尺寸（通常指加工表面对工序基准的距离尺寸）或位置方面的加工误差，用 ΔD 表示。

产生定位误差的原因是工序基准与定位基准不重合或工序基准自身在位置上发生偏转所引起。图 3.40 所示的是工件以平面 C 和 D 在夹具中进行定位，要求加工孔 A 和孔 B 时，以实线和虚线表示一批工件外形尺寸为最大和最小的两个极端位置情形。如平面 D 变到 D'，E 变到 E'，F 变到 F'，而平面 C 无位置上的任何变动。图中，对尺寸 A_1，工序基准和定位基准都是 D，属基准重合情形。但由于平面 D、C 间

图 3.40 定位误差分析

存在夹角误差，工件在定位的过程中，平面 D 自身产生偏转，对尺寸 A_1 有基准位移误差出现，其极限位置变动量为 ee'。对尺寸 A_2 来说，工序基准为 E，定位基准为 C，属基准不重合。因此工序基准的极限位置变动量 EE 是对加工位置尺寸 A_2 所产生的定位误差。对加工位置尺寸 B_1，工序基准为 F，定位基准为 D，也属基准不重合，此时所产生的定位误差为 FF。而对于尺寸 B_2，工序基准和定位基准重合，都为平面 C，而且平面 C 在夹具中的位置不发生变动，因此对尺寸 B_2 不产生影响，其定位误差等于零。

通过以上分析，可得出以下结论：

（1）工件在定位时，不仅要限制工件的自由度，使工件在夹具中占有一致的正确加工位置，而且还必须尽量设法减少定位误差，以保证足够的定位精度。

（2）工件在定位时产生定位误差的原因有两个：

① 定位基准与工序基准不重合，产生基准不重合引起的定位误差，即基准不重合误差 ΔB。

② 由于工件的定位基准与定位元件的限位基准不重合而引起的定位误差，即基准位移误差 ΔY。

工件在夹具中定位时的定位误差，便是由上述两项误差所组成，即

$$\Delta D = \Delta B + \Delta Y$$

3.6 工件的夹紧

加工过程中，为保证工件定位时确定的正确位置，防止工件在切削力、离心力、惯性力、重力等作用下产生位移和振动，须将工件夹紧。这种保证加工精度和安全生产的装置称为夹紧装置。夹紧装置由力源部分和夹紧机构两个基本部分组成。

（1）力源部分。对于机动夹紧装置，夹紧力源就是产生原始作用力的装置。常用的力源有气动、液压、气液联动、电力等。对于手动夹紧装置，则夹紧力源就是人力，不需要再配备相应的装置。

（2）夹紧机构。夹紧机构分为中间传力机构和夹紧元件两部分。直接与工件被压面接触，执行夹紧工件任务的最终环节是夹紧元件，而中间传力机构则接受夹紧力源装置的原始作用力并把它变为夹紧力传递给夹紧元件，实现夹紧工件。

3.6.1 夹紧力的确定

确定夹紧力包括正确地选择夹紧力的三要素，即：夹紧力的方向、作用点和大小。它是一个综合性问题，必须结合工件的形状、尺寸、重量和加工要求，定位元件的结构及其分布方式，切削条件及切削力的大小等具体情况确定。

1. 夹紧力方向的确定

（1）夹紧力的作用方向应垂直指向主要定位基准。如图 3.41（a）所示，工件被镗孔与左端面 A 有垂直度要求，因此加工时以 A 面为主要定位基面，夹紧力 F_j 朝向定位元件 A 面。如果夹紧力改朝 B 面，由于工件左端面 A 与底面 B 的夹角误差，夹紧时将破坏工件的定位，影响孔与 A 面的垂直度要求。又如图 3.41（b）所示，夹紧力 F_j 朝向 V 形块，使工件的装夹稳定可靠。但是，如果改为朝向 B 面，则夹紧时工件有可能会离开 V 形块的工作面而破坏工件的定位。

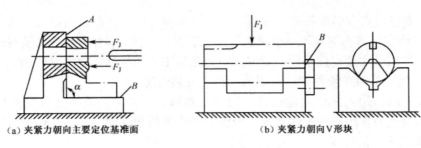

（a）夹紧力朝向主要定位基准面　　　　　　　（b）夹紧力朝向V形块

图 3.41　夹紧力朝向主要定位面

（2）夹紧力的作用方向应使所需夹紧力尽可能小。如图 3.42 所示，钻削 *A* 孔时，当夹紧力 F_J 与切削力 F_H、工件重力 G 同方向时，加工过程所需的夹紧力可最小。

（3）夹紧力的作用方向应使工件变形尽可能小。如图 3.43 所示夹紧薄壁套筒时，图（a）用卡爪径向夹紧时工件变形大，若按图（b）沿轴向施加夹紧力，变形就会小得多。

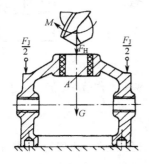

图 3.42　夹紧力方向对夹紧力大小的影响

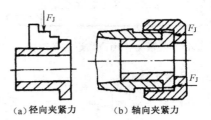

（a）径向夹紧力　　　（b）轴向夹紧力

图 3.43　套筒的夹紧

2．夹紧力作用点的选择

（1）夹紧力的作用点应施加于工件刚性较好的部位上。这一原则对刚性差的工件特别重要。图 3.44（a）所示的薄壁箱体，夹紧力不应作用在箱体的顶面，而应作用于刚性较好的凸边上。箱体没有凸边时，可如图 3.44（b）那样，将单点夹紧改为三点夹紧，以减少工件的夹紧变形。

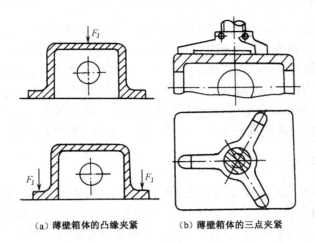

（a）薄壁箱体的凸缘夹紧　　　　（b）薄壁箱体的三点夹紧

图 3.44　夹紧力作用点应在工件刚度大的地方

（2）夹紧力作用点应尽量靠近工件加工面。为提高工件加工部位的刚性，防止或减少工件产生振动，应将夹紧力的作用点尽量靠近加工表面。如图 3.45 所示拨叉装夹时，主要夹紧力 F_1 垂直作用于主要定位基面，而其作用点距加工表面较远，故在靠近加工面处设辅助支承，施加适当的辅助夹紧力 F_2，可提高工件的安装刚度。

（3）夹紧力的作用点应落在定位元件的支承范围内，并靠近支承元件的几何中心。如图 3.46 所示夹紧力作用在支承面之外，导致工件的倾斜和移动，破坏工件的定位。正确位置应是图中虚线所示的位置。

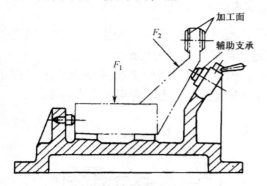

图 3.45　夹紧力作用点靠近加工表面

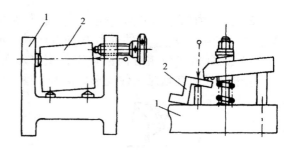

1—夹具；2—工件

图 3.46　夹紧力作用点与工件稳定的关系

3. 夹紧力大小

一般按静力平衡原理，计算所需的理论夹紧力，乘上安全系数即为实际所需夹紧力。

3.6.2　典型夹紧机构

机床夹具中使用最普遍的是机械夹紧机构，这类机构大多数是利用机械摩擦的原理来夹紧工件的。斜楔夹紧是其中最基本的形式，螺旋、偏心等机构是斜楔夹紧机构的变化应用。

1. 斜楔夹紧机构

采用斜楔作为传力元件或夹紧元件的夹紧机构，称为斜楔夹紧机构。图 3.47（a）所示为斜楔夹紧机构的应用示例，敲斜楔 1 大头，使滑柱 2 下降，装在滑柱上的浮动压板 3 可同时夹紧两个工件 4。加工完后，敲斜楔 1 的小头，即可松开工件。采用斜楔直接夹紧工件的夹紧力较小，操作不方便，因此实际生产中一般与其他机构联合使用。如图 3.47（b）所示为斜楔与螺旋夹紧机构的组合形式，当拧紧螺旋时楔块向左移动，使杠杆压板转动夹紧工件；当反向转动螺旋时，楔块向右移动，杠杆压板在弹簧力的作用下松开工件。

2. 螺旋夹紧机构

采用螺旋直接夹紧或采用螺旋与其他元件组合实现夹紧的机构，称为螺旋夹紧机构。螺旋夹紧机构具有结构简单、夹紧力大、自锁性好和制造方便等优点，很适用于手动夹紧，因而在机床夹具中得到广泛的应用。缺点是夹紧动作较慢，因此在机动夹紧机构中应用较少。螺旋夹紧机构分为单个螺旋夹紧机构和螺旋压板夹紧机构。

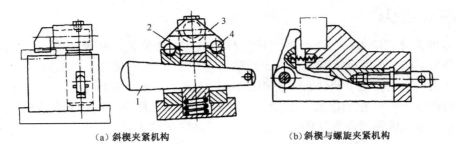

（a）斜楔夹紧机构   （b）斜楔与螺旋夹紧机构

1—斜楔；2—滑柱；3—浮动压板；4—工件

图 3.47　斜楔夹紧机构

图 3.48 所示为单螺旋夹紧机构。图 3.48（a）中螺栓头部直接对工件表面施加夹紧力，螺栓转动时，容易损伤工件表面或使工件转动，解决这一问题的办法是在螺栓头部套上一个摆动压块，如图 3.48（b）所示，这样既能保证与工件表面有良好的接触，防止夹紧时螺栓带动工件转动，并可避免螺栓头部直接与工件接触而造成压痕。摆动压块的结构已经标准化，可根据夹紧表面来选择。

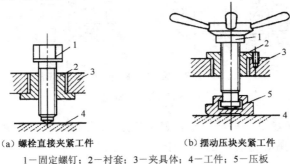

（a）螺栓直接夹紧工件   （b）摆动压块夹紧工件

1—固定螺钉；2—衬套；3—夹具体；4—工件；5—压板

图 3.48　单螺旋夹紧机构

实际生产中使用较多的是如图 3.49 所示的螺旋压板夹紧机构，它利用杠杆原理实现对工件的夹紧，杠杆比不同，夹紧力也不同。其结构形式变化很多，图 3.49（a）、（b）所示为移动压板，图 3.49（c）、（d）所示为转动压板。其中图 3.49（d）的增力倍数最大。

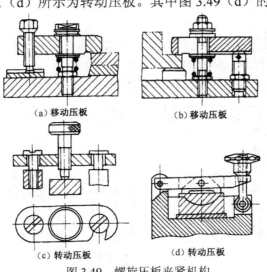

（a）移动压板   （b）移动压板

（c）转动压板   （d）转动压板

图 3.49　螺旋压板夹紧机构

3. 偏心夹紧机构

用偏心件直接或间接夹紧工件的机构，称为偏心夹紧机构。常用的偏心件有圆偏心轮（图 3.50（a）、（b）、偏心轴（图 3.50（c））和偏心叉（图 3.50（d））。图 3.50（a）所示为圆偏心轮夹紧机构，当下压手柄 1 时，圆偏心轮 2 绕轴 3 旋转，将圆柱面压在垫板 4 上，反作用力又将轴 3 抬起，推动压板 5 压紧工件。图 3.50（d）所示为偏心叉夹紧机构，直接用偏心圆弧将铰链压板锁紧在夹具体上，通过摆动压块将工件夹紧。

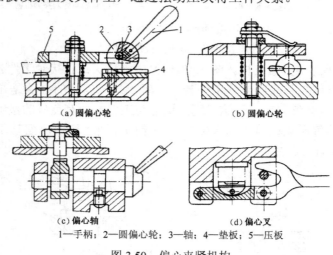

（a）圆偏心轮　　　　　　　　　（b）圆偏心轮

（c）偏心轴　　　　　　　　　（d）偏心叉

1—手柄；2—圆偏心轮；3—轴；4—垫板；5—压板

图 3.50　偏心夹紧机构

偏心夹紧机构操作方便，夹紧迅速，缺点是夹紧力和夹紧行程都较小。一般用于切削力不大、振动小、没有离心力影响的加工中。

3.6.3　力源传动装置

现代高效率的夹具大多采用机动夹紧。其中最常用的力源传动系统有气压传动和液压传动。

1. 气压传动装置

以压缩空气为动力的气压夹紧机构，动作迅速，压力可调，污染小，设备维护简便。但气压夹紧机构其夹紧刚性差，装置的结构尺寸相对较大。

典型的气压传动系统如图 3.51 所示，其中，雾化器 2 将气源 1 送来的压缩空气与雾

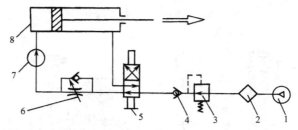

1—气源；2—雾化器；3—减压阀；4—单向阀；5—换向阀；6—调速阀；7—压力阀；8—汽缸

图 3.51　气压传动系统

化的润滑油混合，以润滑汽缸；减压阀 3 将送来的压缩空气减至气压夹紧装置所要求的工作压力；单向阀 4 防止气源中断或压力突降而使夹紧机构松开；分配阀 5 控制压缩空气对汽缸的进气和排气；调速阀 6 调节压缩空气进入汽缸的速度，以控制活塞的移动速度；压力表 7 指示汽缸中压缩空气的压力；汽缸 8 以压缩空气推动活塞移动，带动夹紧装置夹紧工件。

　　汽缸是气压夹具的动力部分。常用汽缸有活塞式和薄膜式两种结构形式。活塞式汽缸的工作行程较长，其作用力的大小不受行程长度的影响。从使用特点上，活塞式汽缸可分为回转式和不动式。在加工时，工件与夹具一起转动（如车、磨用气动夹具）则采用回转式汽缸，如图 3.52 所示。在高速回转时不宜采用回转式，而采用不动式汽缸，如图 3.53 所示，只有拉杆随主轴一起转动。薄膜式汽缸如图 3.54 所示，密封性好，简单紧凑，摩擦部位少，使用寿命长，但其工作行程短，作用力随行程大小而变化。

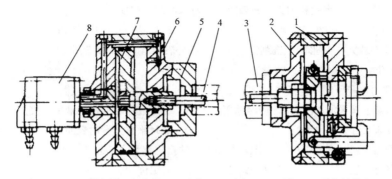

1—夹具；2、5—过渡盘；3—主轴；4—拉杆；6—汽缸；7—活塞；8—导气管接头

图 3.52　回转式汽缸及应用

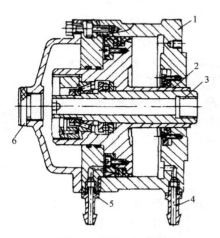

1—汽缸；2—活塞；3—拉杆；

4、5—导气管接头；6—螺塞

图 3.53　不动式汽缸

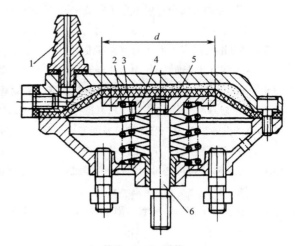

1—接头；2、3—弹簧；

4—托盘；5—薄膜；6—推杆

图 3.54　薄膜式汽缸

2. 液压传动装置

液压传动是用压力油作为介质，其工作原理与气压传动相似。但与气压传动装置相比，具有夹紧力大，夹紧刚性好，夹紧可靠，液压缸体积小及噪声小等优点。因此，液压夹紧装置特别适用于切削力较大时工件的夹紧或加工大型工件时的多处夹紧。但其缺点是易漏油，液压元件制造精度要求高（参见图 5.15）。

习 题 3

一、单选题

3.1 一个物体在空间如果不加任何约束限制，应有（ ）个自由度。

    A．3   B．4   C．5   D．6

3.2 采用三爪自定心卡盘和顶尖装夹轴类元件时限制的自由度是（ ）个。

    A．3   B．4   C．5   D．6

3.3 轴类零件装夹在 V 形架上铣削键槽时，它的外表面就是（ ）基准。

    A．定位   B．测量   C．装配   D．设计

3.4 粗基准的选择原则不包括（ ）。

    A．尽量选择未加工的表面作为粗基准   B．尽量选择加工余量最小的表面

    C．粗基准可重复使用   D．选择平整光滑的表面

3.5 在满足加工要求的前提下，少于六个支承点的定位称为（ ）。

    A．完全定位   B．不完全定位   C．欠定位

3.6 轴类零件加工时，采用两个顶尖孔可约束（ ）个自由度。

    A．3   B．4   C．5   D．6

3.7 夹紧力的方向应尽量垂直于主要定位基准面，同时应尽量与（ ）方向一致。

    A．退刀   B．振动   C．换刀   D．切削力

3.8 精基准是用（ ）作为定位基准面的。

    A．未加工表面   B．复杂表面   C．切削量小的表面 D．加工后的表面

3.9 基准中最主要的是设计基准、装配基准、度量基准和（ ）。

    A．粗基准   B．精基准   C．定位基准   D．原始基准

3.10 在机械加工中，选择加工表面的设计基准为定位基准的原则称为（ ）原则。

    A．基准重合   B．基准统一   C．自为基准   D．互为基准

3.11 工件在小锥度心轴上定位，可限制（ ）个自由度。

    A．3   B．4   C．5   D．6

3.12 夹具中的（ ）装置，用于保证工件在夹具中的既定位置在加工过程中不变。

    A．定位   B．夹紧   C．辅助   D．以上皆错

3.13 夹具中的（ ）装置，用于保证工件在加工过程中受到外力作用时不离开已占据的正确位置。

    A．定位   B．夹紧   C．其他   D．以上皆错

3.14 工件在机床上或在夹具中装夹时，用来确定加工表面相对于刀具切削位置的面叫（ ）。

    A．测量基准   B．装配基准   C．工艺基准   D．定位基准

3.15 机床夹具按（ ）分类，可分为通用夹具、专用夹具、组合夹具等。

A．使用机床类型　　　　B．驱动夹具工作的动力源　　　C．夹紧方式　　　　D．专门化程度

3.16　长 V 形架对圆柱定位，可限制工件的（　）自由度。

A．2 个　　　　　　B．3 个　　　　　　C．4 个　　　　　　D．5 个

3.17　在磨一个轴套时，先以内孔为基准磨外圆，再以外圆为基准磨内孔，这是遵循（　）的原则。

A．基准重合　　　　B．基准统一　　　　C．自为基准　　　　D．互为基准

3.18　工件的一个或几个自由度被不同的定位元件重复限制的定位称为（　）。

A．完全定位　　　　B．欠定位　　　　　C．过定位　　　　　D．不完全定位

3.19　工件安装时的定位精度高低与安装方法有关，下列三种方法中定位精度最高的是（　），最低的是（　）。

A．直接安装找正　　B．通用夹具安装　　C．专用夹具安装　　D．按划线安装

3.20　若零件上每个表面均要加工，则应选择加工余量和公差（　）的表面作为粗基准。

A．最小的　　　　　B．最大的　　　　　C．符合公差范围的

3.21　按照加工要求，被加工的工件应该限制的自由度没有被限制的定位，称为（　）。

A．完全定位　　　　B．欠定位　　　　　C．过定位　　　　　D．不完全定位

3.22　方向、大小、（　）是工件夹紧的三要素。

A．定位　　　　　　B．基准　　　　　　C．作用点　　　　　D．支承点

3.23　下列的说法（　）是错误的。

A．过定位会使工件的重心偏移，使加工产生振动

B．过定位会使工件在夹紧时产生变形

C．过定位有时会使工件无法定位

3.24　（　）适用于大批量生产。

A．组合夹具　　　　B．通用夹具　　　　C．专用夹具　　　　D．液压夹具

3.25　工件以一面两孔定位时，夹具通常采用一个面和两个圆柱销作为定位元件，而其中一个圆柱销做成削边销（或称菱形销），其目的是（　）。

A．为了装卸方便　　　B．为了避免欠定位　　　C．为了避免过定位

3.26　自位支承限制工件的（　）个自由度。

A．1　　　　　　　　B．2　　　　　　　　C．3　　　　　　　　D．4

3.27　车床用的三爪自定心卡盘属于（　）夹具。

A．通用　　　　　　B．专用　　　　　　C．组合

3.28　夹紧元件施力点应落在（　）。

A．支承范围内　　　B．支承范围外　　　C．工件内

3.29　夹紧元件施加夹紧力的方向应尽量与工件重力方向（　），以减少所需的最小夹紧力。

A．一致　　　　　　B．倾斜　　　　　　C．相反

3.30　在夹紧装置中用来改变夹紧力的大小和方向的部分是（　）。

A．力源装置　　　　B．中间传力机构　　C．夹紧元件　　　　D．夹紧机构

3.31　工件上有些表面要加工，有些表面不需要加工，选择粗基准时，应选（　）基准。

A．不加工表面　　　B．要加工表面　　　C．重要表面

3.32　对所有表面都要加工的零件，应以（　）作为粗基准。

A．难加工表面　　　B．余量最小的表面　　C．余量最大的表面

3.33　一般轴类工件，在车、铣、磨等工序中，始终用中心孔作精基准，符合（　）原则。

A．基准重合 B．基准统一 C．基准转换

3.34 定位基准有粗基准和精基准两种，选择定位基准应力求基准重合原则，即（ ）统一。

A．设计基准、粗基准和精基准 B．设计基准、粗基准、工艺基准

C．设计基准、工艺基准和编程原点 D．设计基准、精基准和编程原点

二、判断题（正确的打√，错误的打×）

3.35 在夹具中对工件进行定位，就是限制工件的自由度。（ ）

3.36 只有当工件的六个自由度全部被限制，才能保证加工精度。（ ）

3.37 工件的定位和夹紧称为工件的装夹。（ ）

3.38 为了防止工件变形，夹紧部位要与支承对应，不能在工件悬空处夹紧。（ ）

3.39 用划针或千分表对工件进行找正，也就是对工件进行定位。（ ）

3.40 加工薄壁套筒时，为减小变形，可改为沿轴向施加夹紧力。（ ）

3.41 工件被夹紧后，其位置不能动了，故所有的自由度都被限制了。（ ）

3.42 用设计基准作为定位基准，可以避免基准不重合引起的误差。（ ）

3.43 只有不影响工件的加工精度，部分定位是允许的。（ ）

3.44 可调支承可以每批调整一次，而辅助支承一般每件都要调整一次。（ ）

3.45 工件夹紧时，夹紧力要远离支承点。（ ）

3.46 夹紧元件施力点应尽量靠近加工表面，防止工件加工时产生振动。（ ）

3.47 所限制的自由度少于6个时，一定有欠定位。（ ）

3.48 箱体类零件中常用的"一面两孔定位"，是遵循了"基准统一"的原则。（ ）

3.49 欠定位和过定位不可能同时存在。（ ）

三、简答题

3.50 如图 3.55 所示毛坯，在铸造时内孔 2 与外圆 1 有偏心。如果要求获得：（1）与外圆有较高同轴度的内孔，应如何选择粗基准？（2）内孔 2 的加工余量均匀，应如何选择粗基准？

3.51 如图 3.56 所示为一锻造或铸造的轴套，通常是孔的加工余量较大，外圆的加工余量较小。试选择粗、精基准。

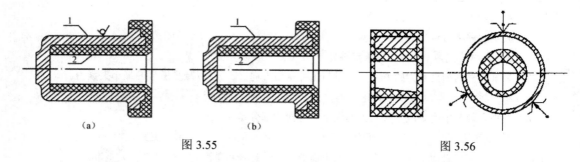

（a）   （b）

图 3.55

图 3.56

3.52 什么是过定位？试分析图 3.57 中的定位元件分别限制了哪些自由度？是否合理？如何改进？

3.53 如图 3.58 所示的齿轮零件，其内孔键槽是在插床上采用自定心三爪卡盘装夹外圆 d 进行插削加工的，试分别确定此键槽的设计基准、定位基准和测量基准。

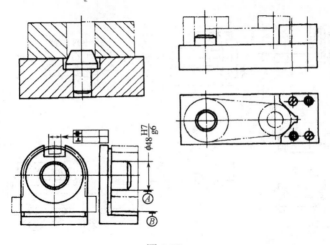

图 3.57

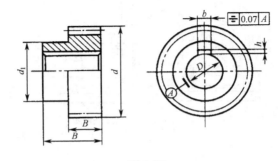

图 3.58

3.54 试选择图 3.59 所示端盖零件加工时的粗基准，并简述理由。

3.55 对于图 3.60 所示零件，已知 A、B、C、D、E 及 F 面均已加工好，试分析加工 ϕ10mm 孔时用哪些表面定位较合理？为什么？

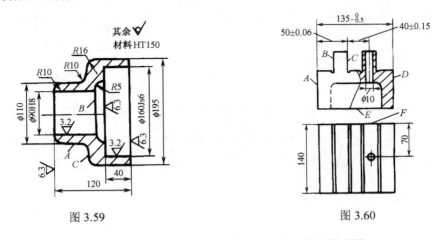

图 3.59   图 3.60

3.56 什么是辅助支承？使用时应注意什么问题？举例说明辅助支承的应用。

3.57 什么是自位支承（浮动支承）？它与辅助支承有何不同？

3.58 根据六点定位原理分析图 3.61 中各定位方案的定位元件所限制的自由度。

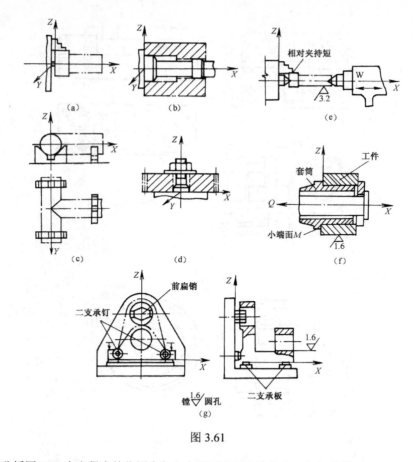

图 3.61

3.59 试分析图 3.62 中夹紧力的作用点与方向是否合理？为什么？如何改进？

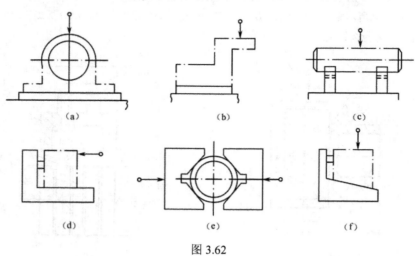

图 3.62

第4章　数控加工工艺基础

内容提要及学习要求

在数控机床上加工零件时，要把被加工的全部工艺过程、工艺参数等编制成程序，整个加工过程是自动进行的，因此程序编制前的工艺分析是一项十分重要的工作，其目的是以最合理或较合理的工艺过程和操作方法，指导编程和完成加工任务。

本章旨在从工程实际应用的角度，介绍数控机床加工工艺所涉及的基础知识和基本原则，了解机械加工工艺过程的基本概念；了解数控加工工艺的基本特点、主要内容和工艺文件；掌握数控加工工艺分析方法；掌握数控加工工艺路线设计、工序设计及工艺卡片编写的原则。

4.1　机械加工工艺过程的基本概念

1．生产过程

机械产品的生产过程是将原料转变为成品的全过程，它一般包括原材料的运输和保管、生产技术准备、毛坯制造、机械加工、热处理、产品的装配、机器的检验调试及油漆和安装等。为了提高生产率和降低生产成本，有利于组织零、部件专业化生产，许多机械产品都是按行业分类进行组织生产，由众多工厂协作完成。例如，汽车的制造就是由许多工厂为它配套生产。所以，随着机械产品复杂程度的不同，生产过程可以由一个车间或一个工厂完成，也可以由多个工厂联合完成。

2．工艺过程

工艺过程是指生产过程中直接改变生产对象的形状、尺寸、相对位置和性质等，使其成为成品或半成品的过程。如毛坯制造、机械加工、热处理、装配等过程均为工艺过程。工艺过程是生产过程的重要组成部分。

采用机械加工的方法，直接改变毛坯的形状、尺寸和表面质量，使其成为合格零件的过程称为机械加工工艺过程。把零件装配成机器并达到装配要求的过程称为装配工艺过程。零件的机械加工和装配在机械制造过程中占有十分重要的地位。

4.1.1　机械加工工艺过程的组成

机械加工工艺过程是由一个或若干个顺序排列的工序组成，而工序又可分为安装、工位、工步和进给。

1．工序

一个或一组工人，在一个工作地点对同一个或同时对几个工件所连续完成的那一部分工艺过程，称为工序。工序是构成工艺过程和制定生产计划的基本单元。划分工序的主要依据是设备（或工作地点）是否变动和加工是否连续，若改变其中任意一个就构成另一个工序。例如图 4.1 所示的阶梯轴，当单件、小批量生产时，其加工工艺及工序划分如表 4-1 所示。当中批量生产时，其工序划分如表 4-2 所示。按表 4-1 的工序 2，如先车一个工件的一端，然后调头装夹，再车另一端，其工作地未变，而工件也没有停放，加工是连续完成，所以说是一个工序。而表 4-2 工序 2 和 3，先车好一批工件的一端，然后调头再车这批工件的另一端，这时对每个工件来说两端加工已不连续，所以即使在同一台车床上加工也应算作两道工序。

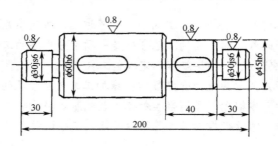

图 4.1　阶梯轴简图

表 4-1　阶梯轴加工工艺过程（单件小批量生产）

工　序　号	工　序　内　容	设　备
1	车端面打中心孔，调头车另一端面打中心孔	车床
2	车大端外圆、车槽和倒角，调头车小端外圆、车槽和倒角	车床
3	铣键槽、去毛刺	铣床
4	磨外圆	磨床
5	终检	

表 4-2　阶梯轴加工工艺过程（中批量生产）

工　序　号	工　序　内　容	设　备
1	两边同时铣端面、钻中心孔	铣端面、钻中心孔机床
2	车一端外圆、车槽、倒角	车床
3	车另一端外圆、车槽、倒角	车床
4	铣键槽	铣床
5	去毛刺	钳工台
6	磨外圆	磨床
7	终检	

　　工序是组成工艺过程的基本单位，也是生产计划的基本单元。由工序数知道工作面积的大小、工人人数和设备数量，所以工序是非常重要的，是工厂设计中的重要资料。

　　上述工序的定义和划分是常规加工工艺中采用的方法。在数控加工中，根据数控加工的特点，工序的划分比较灵活，不受上述定义的限制，详见本章 3.2 节。

　　在零件的加工工艺过程中，有一些工作并不改变零件形状、尺寸和表面质量，但却直接影响工艺过程的完成，如检验、打标记等，一般称完成这些工作的工序为辅助工序。

2．安装

安装是指工件在加工之前，在机床或夹具上占据正确的位置（即为定位），然后夹紧的过程。在一个工序中，工件可能安装一次，也可能需要安装几次。如表 4-1 工序 1 和工序 2 均要进行两次装夹。

在部分生产中，应尽量减少安装次数，因为多一次安装，不仅会增加安装的时间，还会增加安装误差。

3．工位

为完成一定的工序内容，一次装夹工件后，工件（或装配单元）与夹具或机床的可动部分一起相对刀具或机床的固定部分所占据的每一个位置，称为工位。为了减少工件的安装次数，常采用各种回转工作台、回转夹具或移动夹具，使工件在一次安装中，先后处于几个不同的位置进行加工，不仅缩短了装夹工件的时间，而且提高了加工精度和生产效率。如图 4.2 所示是利用回转工作台在一次安装中顺次完成装卸工件、钻孔、扩孔和铰孔四工位的加工实例。

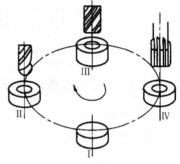

图 4.2　多工位加工

4．工步

在加工表面（或装配时的连接面）和加工（或装配）工具都不变的情况下，所连续完成的那一部分工序称为工步。一个工序可以包括一个或多个工步。划分工步的依据是加工表面和工具是否变化。如表 4-1 中的工序 1，每个安装中都有车端面、钻中心孔两个工步。

为简化工艺过程，习惯上将那些一次安装中连续进行的若干相同的工步看作是一个工步。例如图 4.3 所示的零件，在同一工序中连续钻四个 $\phi15mm$ 的孔，就可写成一个工步——钻 $4\times\phi15mm$ 孔。

为了提高生产率，用几把刀具同时加工一个零件上的几个表面的工步，称为复合工步，如图 4.4 所示就是一个复合工步。在工艺文件中，复合工步应视为一个工步。

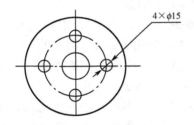

图 4.3　简化相同工步的实例

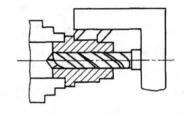

图 4.4　复合工步实例

在数控加工中，有时将在一次安装下用一把刀具连续切削零件的多个表面划分为一个工步。

5．进给

进给也称走刀。在一个工步中，由于余量较大或其他原因，需要用同一把刀具对同一表面进行多次切削，这样，刀具对工件每切削一次就称为一次进给。如表 4-2 工序 4，铣键槽其余量很大，宜分成二次进给完成。

图 4.5 表示了工序、安装、工位之间和工序、工步、进给之间的关系。

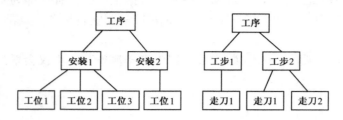

图 4.5　工序与安装、工位及工步、进给之间的关系

4.1.2　生产纲领、生产类型及其工艺特征

各种机械产品的结构、技术要求不同，但其制造工艺则存在着很多共同的特征。这些共同的特征取决于企业的生产类型，而生产类型又由生产纲领决定。

1．生产纲领

生产纲领是指企业在计划期内应当生产的产品产量和进度计划。计划期常定为一年，所以生产纲领也称年产量。

零件的生产纲领要计入备品和废品的数量，可按下式计算：

$$N = Qn(1+\alpha)(1+\beta) \tag{4-1}$$

式中，N——零件的年产量（件/年）；

　　　Q——产品的年产量（台/年）；

　　　n——每台产品中该零件数量（件/台）；

　　　α——备品的百分率，一般为 3%～5%；

　　　β——废品的百分率，一般为 1%～5%。

2．生产类型

根据生产纲领的大小和产品品种的多少，一般生产类型分为以下三种类型。

（1）单件生产。产品的品种繁多，而每个品种数量较少，各工作地加工对象很少有重复生产。例如，新产品试制、专用设备制造、重型机械制造、大型船舶制造等，都属于单件生产。

（2）大量生产。产品的品种少，产量大，大多数工作地点长期进行某种零件的某道工序的重复加工。例如，汽车、拖拉机、手表、轴承的制造，多属于大量生产。

（3）成批生产。一年中分批轮流地制造若干种不同的产品，每种产品有一定的数量，生产对象周期性地重复，例如，机床制造、一般光学仪器及液压传动装置等的生产属于成批生产类型。而每批所制造的相同零件的数量，称为批量。按批量的大小和产品的特征，成批生产又可分为小批生产、中批生产和大批生产三种情况。小批生产在工艺方面接近单件生产，二者常相提并论，称为单件小批生产。大批生产在工艺特征方面接近于大量生产，常合称为大批大量生产；中批生产的工艺特征介于单件生产和大批生产之间。生产类型不同，零件的加工工艺、所用设备及工艺装备，对工人的技术要求等工艺特点也有所不同。

随着技术进步和市场需求的变化，生产类型的划分正在发生着深刻的变化，传统的大批大量生产，往往不能适应产品及时更新换代的需要，而单件小批生产的生产效率又跟不上市场需求，因此，各种生产类型的企业既要适应多品种生产的要求，又要提高经济效益。它们的发展趋势是推行成组技术，采用数控机床、柔性制造系统和计算机集成制造系统等现代化的生产手段和方式，实现机械产品多品种、中小批量生产的自动化，是当前机械制造工艺的重要发展方向。

各种生产类型的生产纲领及工艺特点如表 4-3 所示。

表 4-3　各种生产类型的生产纲领及工艺特点　　　　　　单位：件

生产类型 纲领及特点		单件生产	成批生产			大量生产
			小批	中批	大批	
产品类型	重型零件	<5	5～100	100～300	300～1000	>1000
	中型零件	<20	20～200	200～500	500～5000	>5000
	轻型零件	<100	100～500	500～5000	5000～50000	>50000
工艺特点	毛坯的制造方法及加工余量	自由锻造，木模手工造型；毛坯精度低，余量大		部分采用模锻、金属模造型；毛坯精度及余量中等		广泛采用模锻、机器造型等高效方法；毛坯精度高、余量小
	机床设备及机床布置	通用机床按机群式排列；部分采用数控机床及柔性制造单元		通用机床和部分专用机床及高效机床；机床按零件类别分工段排列		广泛采用自动机床、专用机床，采用自动线或专用机床流水线排列
	夹具及尺寸保证	通用夹具，标准附件或组合夹具；划线试切保证尺寸		通用夹具，专用或成组夹具；定程法保证尺寸		高效专用夹具；定程及自动测量控制尺寸
	刀具、量具	通用刀具，标准量具		专用或标准刀具、量具		专用工具、量具，自动测量
	零件的互换性	配对制造，互换性低，多采用钳工修配		多数互换，部分试配或修配		全部互换，高精度偶件采用分组装配、配磨
	工艺文件的要求	编制简单的工艺过程卡片		编制详细的工艺规程及关键工序的工序卡片		编制详细的工艺规程、工序卡片、调整卡片
	生产率	用传统加工方法，生产率低，用数控机床可提高生产率		中等		高
	成本	较高		中等		低
	对工人的技术要求	需要技术熟练的工人		需要一定熟练程度的技术工人		对操作工人的技术要求较低，对调整工人的技术要求较高
	发展趋势	采用成组工艺、数控机床、加工中心及柔性制造单元		采用成组工艺，用柔性制造系统或柔性自动线		用计算机控制的自动化制造系统、车间或无人工厂，实现自适应控制

4.1.3　获得加工精度的方法

机械加工方法很多，其目的是使工件获得一定的加工精度和表面质量。零件的加工精度包括尺寸精度、形状精度和位置精度。

1. 获得尺寸精度的方法

获得尺寸精度的方法有试切法、调整法、主动测量法、定尺寸刀具法和自动控制法五种。

（1）试切法。通过试切、测量、调整、再试切，反复进行直到被加工尺寸达到规定尺寸的一种加工方法。其生产率低，但不需要复杂的装置，加工精度取决于工人的技术水平和计量器具，常用于单件小批生产。

（2）调整法。先调整好刀具和工件在机床上的相对位置，然后以不变的刀具位置加工一批零件的方法。调整法加工生产率较高，精度较稳定，加工精度取决于调整精度和工件安装精度，因而调整法对调整工的要求高，对机床操作工的要求不高，常用于成批生产和大量生产。

（3）主动测量法。在加工过程中，边加工边测量加工尺寸，并将所测结果与设计要求的尺寸比较后，或使机床继续工作，或使机床停止工作的加工方法。主动测量法质量稳定，生产率高。

（4）定尺寸刀具法。通过固定刀具的相应尺寸来保证工件被加工部位尺寸的方法。如钻孔、铰孔、拉孔均属于定尺寸刀具法，此种方法操作方便，生产率较高，加工精度也较稳定，其加工精度取决于刀具的制造精度和安装精度。

（5）自动控制法。通过自动测量、进给装置和控制系统对刀具和机床的位置作相应的调整，当达到加工精度时会自动停止加工。数控机床加工就属于自动控制法。采用自动控制法加工精度高，适应性好。

2．获得形状精度的方法

获得形状精度的方法有刀尖轨迹法、仿形法、成形法和展成法。

（1）刀尖轨迹法。依靠刀尖的运动轨迹获得形状精度的方法。所获得的形状精度取决于刀具与工件间相对成形运动的精度。普通车削、铣削、磨削等均属于刀尖轨迹法，数控机床加工刀具就是沿着既定的轨迹进行切削的。

（2）仿形法。刀具按照仿形装置进给对工件进行加工的方法。仿形车、仿形铣等均属于仿形加工法。所获得的形状精度取决于仿形装置的形状精度。

（3）成形法。利用成形刀具对工件进行加工的方法。成形刀具替代一个成形运动，所获得的形状精度取决于成形刀具的形状精度和其他成形运动的精度。用成形刀具或砂轮的车、铣、刨、磨、拉等均属于成形法。

（4）展成法。利用工件和刀具作展成切削运动形成包络面而进行加工的方法。滚齿、插齿等均属于展成法。

3．获得位置要求的方法（工件的装夹方式）

当零件较复杂，加工面较多时，需要经过多道工序才能加工出来，其位置精度取决于工件的定位和夹紧方式及其精度。工件的装夹方法有直接找正装夹、划线找正装夹和用夹具装夹。在数控机床加工中，视生产类型的不同常采用直接找正装夹法和夹具装夹法。

4.1.4　数控加工工艺规程的编制

规定零件制造工艺过程和操作方法等的工艺文件称为工艺规程。它是在具体的生产条件下，以最合理或较合理的工艺过程和操作方法，并按规定的图表或文字形式书写成工艺文件，经审批后用来指导生产的。工艺规程一般应包括下列内容：零件加工的工艺路线；各工序的具体加工内容；各工序所用的机床及工艺装备；切削用量及工时定额等。

1．工艺规程的作用

（1）工艺规程是指导生产的主要技术文件。合理的工艺规程是在工艺理论和实践经验的基础上制订的。按照工艺规程进行生产可以保证产品的质量，并且有较高的生产率和良好的经济效益。一切生产人员都应严格执行既定的工艺规程。

（2）工艺规程是生产组织和管理工作的基本依据。在生产管理中，原材料及毛坯的供应、通用工艺装备的准备、机床负荷的调整、专用工艺装备的设计和制造、生产计划的制订、劳动力的组织，以及生产成本的核算等，都是以工艺规程为基本依据的。

（3）工艺规程是新建或扩建工厂或车间的基本资料。在新建或扩建工厂或车间时，只有根据工艺规程和生产纲领才能正确地确定生产所需的机床和其他设备的种类、规格和数量，车间的面积，机床的布置，生产工人的工种、等级及数量，以及辅助部门的安排等。

2．工艺规程制订时所需的原始资料

（1）产品装配图和零件工作图。

（2）产品的生产纲领。

（3）产品验收的质量标准。

（4）现有的生产条件和资料。它包括毛坯的生产条件或协作关系、工艺装备及专用设备的制造能力、加工设备和工艺装备的规格及性能、工人的技术水平以及各种工艺资料和标准等。

（5）国内、外同类产品的有关工艺资料等。

3．数控加工工艺文件的格式

填写数控加工专用技术文件是数控加工工艺设计的内容之一。这些技术文件既是数控加工的依据、产品验收的依据，也是操作者遵守、执行的规程。技术文件是对数控加工的具体说明，目的是让操作者更明确加工程序的内容、装夹方式、各个加工部位所选用的刀具及其他技术问题。数控加工技术文件主要有：机械加工工艺过程卡、机械加工工序卡、数控加工工序卡片、数控刀具卡片、数控加工走刀路线图、工件安装和原点设定卡片和数控编程任务书等。以下提供了常用文件格式，文件格式可根据企业实际情况自行设计。

（1）机械加工工艺过程卡。表 4-4 所示机械加工工艺过程卡片是简要说明零件机械加工过程以工序为单位的一种工艺文件，主要用于单件小批生产和中批生产的零件，大批大量零件可酌情自定。本卡片是生产管理方面的文件。

表 4-4　机械加工工艺过程卡片

（单位）	机械加工工艺过程卡		产品型号		产品名称	
零件名称	零件材料	毛坯种类	毛坯硬度	毛坯尺寸	净重（kg）	备注
工序号	工序名称	设备名称	夹具	进给量（mm/r）	主轴转速（r/min）	切削速度（m/min）	背吃刀量（mm）	冷却液	备注
编制		审核		批准		年月日			

（2）机械加工工序卡。表 4-5 所示机械加工工序卡片，它是在工艺过程卡片的基础上，进一步按照每道工序的内容所编制的一种工艺文件。一般具有工序简图（图上应标明定位基准、工序尺寸及公差、形位公差和表面粗糙度要求，用粗实线表示加工部位等），并详细说明该工序中每

个工步的加工内容、工艺参数、操作要求以及所用设备和工艺装备等。工序卡片主要用于大批大量生产中所有的零件，中批生产的复杂产品的关键零件以及单件小批生产中的关键工序。

表4-5 机械加工工序卡片

（单位）	机械加工工序卡片	产品名称或代号		零 件 名 称		零 件 图 号	
工序简图		车间		使用设备		材料牌号	毛坯种类
		工艺序号		工序名称		工序工时	切削液
		夹具名称			夹具编号		
工步号	工步作业内容	刀具	量具及检具	主轴转速	进给速度	切削速度	背吃刀量	备注
编制		审核		批准		年月日		共 页	第 页

注：工序简图复杂时可绘制于表外。

（3）数控加工工序卡。数控加工工序卡与普通加工工序卡有许多相似之处，所不同的是：工序简图中应注明编程原点与对刀点，要进行简要编程说明（如所用机床型号、程序编号、刀具半径补偿以及镜像对称加工方式等）及切削参数（即程序编入的主轴转速、进给速度、最大背吃刀量或宽度等）的选择，详见表4-6。

表4-6 数控加工工序卡片

（单位）	数控加工工序卡片	产品名称或代号	零 件 名 称	零 件 图 号		
	工序简图	车间		使用设备		
		工艺序号		程序编号		
		夹具名称		夹具编号		
工步号	工步作业内容	加工面	刀具号	刀补量	主轴转速	进给速度	背吃刀量	备注
编制		审核		批准		年月日		共 页	第 页

注：工序简图复杂时可绘制于表外。

（4）数控刀具卡片。数控加工时，对刀具的要求十分严格，一般要在机外对刀仪上预先调整刀具直径和长度。刀具卡反映刀具编号、刀具结构、尾柄规格、组合件名称代号、刀片型号和材料等。它是组装刀具和调整刀具的依据，详见表4-7。

表4-7　数控刀具卡片

零件图号	J30102-4		数控刀具卡片			使用设备	
刀具名称	镗刀					TC-30	
刀具编号	T13006	换刀方式	自动	程序编号			
刀具组成	序号	编号	刀具名称	规格	数量	备注	
	1	T013960	拉钉		1		
	2	390、140-50 50 027	刀柄	$\phi50×100$	1		
	3	391、01-50 50 100	接杆		1		
	4	391、68-03650 085	镗刀杆		1		
	5	R416.3-122053 25	镗刀组件	$\phi41\sim\phi53$	1		
	6	TCMM110208-52	刀片		1		

备注							
编制		审校		批准		共　页	第　页

（5）数控加工走刀路线图。在数控加工中，常常要注意并防止刀具在运动过程中与夹具或工件发生意外碰撞，为此必须设法告诉操作者关于编程中的刀具运动路线（如从哪里下刀、在哪里抬刀、哪里是斜下刀等）。为简化走刀路线图，一般可采用统一约定的符号来表示。不同的机床可以采用不同的图例与格式，表4-8为一种常用格式。

表4-8　数控加工走刀路线图

数控加工走刀路线图		零件图号	NC01	工序号		工步号		程序号	0100
机床型号	XK5032	程序段号	N10～N170	加工内容		铣轮廓周边		共1页	第　页

	编程	
	校对	
	审批	

符号	⊙	⊗	◓	•→	→	←	•----	↗•	▭→
含义	抬刀	下刀	编程原点	起刀点	走刀方向	走刀线相交	爬斜坡	铰孔	行切

（6）数控加工工件安装和原点设定卡片（简称装夹图和零件设定卡）。它应表示出数控加工原点定位方法和夹紧方法，并应注明加工原点设置位置和坐标方向、使用的夹具名称和编号等，详见表4-9。

表4-9　工件安装和原点设定卡片

零件图号	J30L02-4	数控加工工件安装和原点设定卡片		工序号	
零件名称	行星架			装夹次数	
			3	梯形槽螺栓	
			2	压板	
			1	镗铣夹具板	GS53-61
编制（日期）	审核（日期）	批准（日期）	第　页		
			共　页	序号	夹具名称	夹具图号

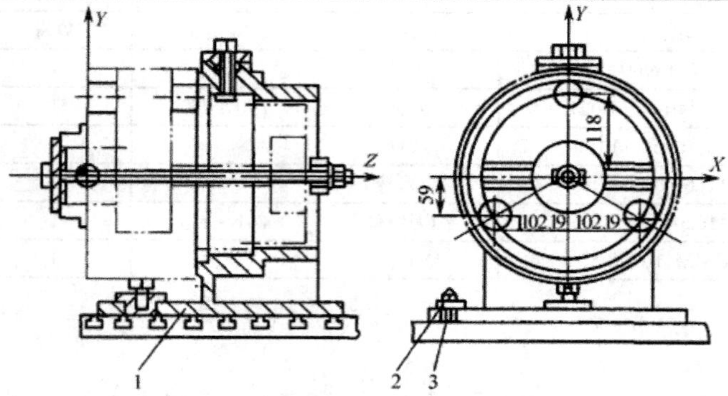

（7）数控编程任务书。它阐明了工艺人员对数控加工工序的技术要求和工序说明，以及数控加工前应保证的加工余量。它是编程人员和工艺人员协调工作和编制数控程序的重要依据之一，详见表4-10。

表4-10　数控编程任务书

工艺处	数控编程任务书	产品零件图号		任务书编号	
		零件名称			
		使用数控设备		共　页	第　页
主要工序说明及技术要求：					
编程收到日期		经手人		批准	
编制	审核	编程	审核		批准

不同的机床或不同的加工目的可能会需要不同形式的数控加工专用技术文件。在工作

中，可根据具体情况设计文件格式。

有关工艺文件具体的编写要求和内容请参考本书以后章节的介绍。

4.2 数控加工工艺分析

在数控机床上加工零件时，要把被加工的全部工艺过程、工艺参数等编制成程序，整个加工过程是自动进行的，因此程序编制前的工艺分析是一项十分重要的工作。

4.2.1 数控加工内容的选择

当选择并决定对某个零件进行数控加工后，一般情况下，并非其全部加工内容都适合在数控机床上完成，而往往只是其中的一部分工艺内容适合数控加工。这就需要对零件图样进行仔细的工艺分析，选择那些最适合、最需要进行数控加工的内容和工序。在考虑选择内容时，应结合本企业设备的实际，立足于解决难题、攻克关键问题和提高生产效率，充分发挥数控加工的优势。

1．适于数控加工的内容

在选择时，一般可按下列顺序考虑：

（1）通用机床无法加工的内容应作为优先选择内容。

（2）通用机床难加工，质量也难以保证的内容应作为重点选择内容。

（3）通用机床加工效率低、工人手工操作劳动强度大的内容，可在数控机床尚存在富裕加工能力时选择。

2．不适于数控加工的内容

一般来说，上述这些加工内容采用数控加工后，在产品质量、生产效率与综合效益等方面都会得到明显提高。相比之下，下列一些内容不宜选择采用数控加工：

（1）占机调整时间长的加工内容。如以毛坯的粗基准定位来加工第一个精基准的工序。

（2）加工部位分散，不能在一次安装中完成加工的其他零星加工表面，需要多次安装、设置原点。这时，采用数控加工很麻烦，效果不明显，可安排通用机床加工。

（3）按某些特定的制造依据（如样板等）加工的型面轮廓。主要原因是获取数据困难，易于与检验依据发生矛盾，增加了程序编制的难度。

（4）加工余量大而又不均匀的粗加工。

此外，在选择和决定加工内容时，也要考虑生产批量、生产周期、工序间周转情况等等。总之，要尽量做到合理，达到多、快、好、省的目的。要防止把数控机床降格为通用机床使用。

4.2.2 数控加工零件的工艺性分析

工艺分析是对工件进行数控加工的前期工艺准备工作，数控机床加工中所有工步的刀具选择、走刀轨迹、切削用量、加工余量等都要预先确定好并编入加工程序。一个合格的编程员首先应该是一个很好的工艺员，他对数控机床的性能、特点和应用、切削规范和标准工具系统等要非常熟悉，否则就无法做到全面、周到地考虑加工的全过程，并正确、合理地编制零件的加工程序。数控加工工艺性分析涉及内容很多，在此仅从数控加工的必要性、可能性与方便性及毛坯的选择等方面加以分析。

1. 零件的工艺性分析

（1）产品的零件图和装配图分析。首先认真地分析与研究产品的零件图和装配图，熟悉整台产品的用途、性能和工作条件，了解零件在产品中的作用、位置和装配关系，搞清各项技术要求对装配质量和使用性能的影响，找出主要的和关键的技术要求，然后对零件图样进行分析。

① 零件图的完整性与正确性分析。零件的视图应足够、正确及表达清楚，并符合国家标准，尺寸及有关技术要求应标注齐全，几何元素（点、线、面）之间的关系（如相切、相交、垂直、平行等）应明确。

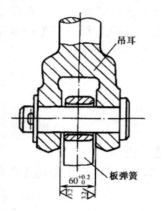

图 4.6 汽车板弹簧与吊耳的配合

② 零件技术要求分析。零件的技术要求主要指尺寸精度、形状精度、位置精度、表面粗糙度及热处理等。这些要求在保证零件使用性能的前提下应经济合理。过高的精度和表面粗糙度要求会使工艺过程复杂，加工困难，成本提高。如图 4.6 所示为汽车的板弹簧与吊耳配合的简图。其中吊耳两内侧面与板弹簧要求是不接触的，所以该表面粗糙度可由原设计的 $R_a3.2\mu m$ 增大 $R_a12.5\mu m$，从而可增大铣削加工时的进给量，提高了生产率。

③ 尺寸标注方法分析。零件图上的尺寸标注方法有局部分散标注法、集中标注法和坐标标注法等。对在数控机床上加工的零件，零件图上的尺寸在加工精度能够保证使用性能的前提下，可不必用局部分散标注，应采用集中标注或以同一基准标注，即标注坐标尺寸。这样，既便于编程，又有利于设计基准、工艺基准与编程原点的统一。

④ 零件材料分析。在满足零件功能的前提下应选用廉价的材料。材料选择应立足国内，不要轻易选用贵重及紧缺的材料。

（2）零件的结构工艺性分析。各种类型表面的不同组合构成了零件不同的特点，对零件的加工工艺将产生重要影响。例如，以圆柱面为主的表面，既可组成轴、盘类零件，也可构成套、环类零件；对于轴而言，既可以是粗而短的轴，也可以是细而长的轴。由于这些零件的结构特点不同，使其加工工艺出现很大差异。同样，对于使用性能相同而结构不同的两个零件，它们的制造工艺和制造成本也可能有很大差别。

人们把零件在满足使用要求的前提下所具有的制造可行性和加工经济性叫做零件的结构工艺性。好的结构工艺性会使零件加工容易，节省工时，节省材料。差的结构工艺性会使加工困难，浪费工时，浪费材料，甚至无法加工。零件的机械加工工艺性对比的一些实例将在第 5、6、7、8 章中介绍。

在对零件进行结构工艺性分析时应注意充分领会产品使用要求和设计人员的设计意图，不应孤立地看问题，遇到工艺问题和设计要求有矛盾时，必须共同磋商解决办法。

2．毛坯的确定

毛坯的确定包括确定毛坯的种类和制造方法两个方面。

（1）常用毛坯的种类。

① 型材。常用型材截面形状有圆形、方形、六角形和特殊断面形状等。型材有热轧和冷拉两种。热轧型材尺寸范围大，精度较低，用于一般机器零件。冷拉型材尺寸范围较小，精度较高，多用于制造毛坯精度要求较高的中小零件。

② 铸件。形状复杂的毛坯宜采用铸造方法制造。铸件毛坯的制造方法有砂型铸造、金属型铸造、精密铸造、压力铸造、离心铸造等。较常用的是砂型铸造。当毛坯精度要求低、生产批量较小时，采用木模手工造型法；当毛坯精度要求高、生产批量很大时，采用金属型机器造型法。铸件材料有铸铁、铸钢及铜、铝等有色金属。

③ 锻件。锻件毛坯由于经锻造后可得到金属纤维组织的连续性和均匀分布，从而提高了零件的强度，适用于对强度有一定要求、形状比较简单的零件毛坯。其锻造方法有自由锻、模锻两种。自由锻毛坯精度低、加工余量大、生产率低，适用于单件小批生产以及大型零件毛坯。模锻毛坯精度高、加工余量小、生产率高，但成本也高，适用于中小型零件毛坯的大批大量生产。

④ 焊接件。焊接件是根据需要将型材或钢板焊接而成的毛坯件。其优点是制造简便，生产周期短，节省材料，减轻重量。但其抗振性较差，变形大，需经时效处理后才能进行机械加工。

⑤ 其他毛坯。其他毛坯类型包括冲压、粉末冶金、冷挤、塑料压制等毛坯。

一般说来，当设计人员设计零件并选好材料后，也就大致确定了毛坯的种类。如材料为铸铁和青铜的零件应选择铸件毛坯；钢质零件当形状不复杂、力学性能要求不太高时可选型材；重要的钢质零件，为保证其力学性能，应选择锻件毛坯。各种毛坯的制造方法很多。概括起来说，毛坯的制造方法越先进，毛坯精度越高，其形状和尺寸越接近于成品零件，这就使机械加工的劳动量大为减少，材料的消耗也低，使机械加工成本降低；但毛坯的制造费用却因采用了先进的设备而提高。

（2）毛坯的选择原则。在选择毛坯种类及其制造方法时，应考虑下列因素。

① 零件的材料及其力学性能。如前所述，零件的材料大致确定了毛坯的种类，而其力学性能的高低，也在一定程度上影响毛坯的种类，如力学性能要求较高的钢件，其毛坯最好用锻件而不用型材。

② 生产类型。不同的生产类型决定了不同的毛坯制造方法。在大批量生产中，应采用精度和生产率都较高的先进的毛坯制造方法，如铸件应采用金属模机器造型，锻件应采用模锻；并应当充分考虑采用新工艺、新技术和新材料的可能性，如精铸、精锻、冷挤压、冷轧、粉末冶金和工程塑料等。单件小批量生产则一般采用木模手工造型或自由锻等比较简单方便的毛坯制造方法。

③ 零件的结构形状和外形尺寸。在充分考虑了上述两项因素后，有时零件的结构形状和外形也会影响毛坯的种类和制造方法。如常见的一般用途的钢质阶梯轴，当各台阶直径相差不大时可用型材，若各台阶直径相差很大时，宜用锻件；成批生产中，中小型零件可选用模锻，而大尺寸的钢轴受到设备和模具的限制一般选用自由锻等。

当然，在考虑上述诸因素的同时，不应当脱离具体的生产条件，如现场毛坯制造的实际水平和能力，毛坯车间近期的发展情况以及由专业化工厂提供毛坯的可能性等。

4.3 数控机床加工工艺路线的设计

工艺路线的合理与否将直接影响整个零件的机械加工质量、生产率和经济性。因此，工艺路线的拟订是制订工艺规程的关键性一步，在具体工作中，应在先充分分析的基础上，提出几个方案，通过比较，选择最佳的工艺路线。

4.3.1 数控机床典型表面加工方法及加工方案简介

机械零件的结构形状是多种多样的，但它们都是由平面、外圆面和内孔或曲面、成形面等基本表面组成。每一种表面都有多种加工方法，具体选择时应根据零件的加工精度、表面粗糙度、材料、结构形状、尺寸及生产类型等，选择相应的加工方法和加工方案。

选择零件的加工方法和加工方案，实质上是选择基本表面的加工方法和加工方案。以下分别介绍各基本表面常见的加工方法和加工方案。

1. 平面加工

平面的加工方法常用的有：刨削、铣削、磨削、车削和拉削。精度要求高的平面还需要经过研磨或刮削加工。刨削、铣削和车削常用于平面的粗加工和半精加工，而磨削和拉削则用于平面的精加工。

（1）刨削加工的特点是刀具结构简单、机床调整方便。在龙门刨床上可以利用几个刀架，在一次装夹中同时或依次完成若干个表面的加工，从而能经济地保证这些表面间相互位置精度要求。精刨还可以代替刮削。

（2）一般情况下，铣削生产率高于刨削，在中批以上生产中多用铣削加工平面。当加工尺寸较大的箱体平面时，常在多轴龙门铣床上用几把铣刀同时加工几个平面，如图 4.7 所示为多刀铣削。

（3）平面磨削和拉削的加工质量比刨和铣都高。生产批量较大时，平面常用磨削或拉削来精加工。磨削适用于直线度及表面粗糙度要求高的淬硬工件和薄片工件，也适用于未淬硬钢件上面积较大的平面的精加工。但不宜加工塑性较大的有色金属。为了提高生产率和保证平面间的相互位置精度，工厂还常采用组合磨削来精加工平面，如图 4.8 所示。拉削平面适用于大批量生产中的加工质量要求较高且面积较小的平面。

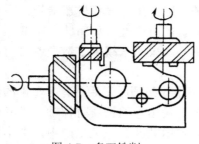

图 4.7　多刀铣削

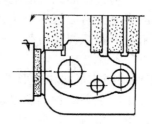

图 4.8　组合磨削

（4）车削主要用于回转体零件的端面加工，以保证端面与回转轴线的垂直度要求。

（5）最终工序为刮研的加工方案多用于单件小批量生产中配合表面要求高且不淬硬平面的加工。当批量较大时可用宽刀细刨代替刮研。宽刀细刨特别适用于加工像导轨面这样的狭长平面，能显著提高生产率。

（6）最终工序为研磨的加工方案适用于高精度、小表面粗糙度的小型零件的精密平面，如量规等精密量具的表面。

一般平面的加工方法和加工方案及其所能达到的经济精度和表面粗糙度，见表 4-11 生产实际中的统计资料，仅供参考。

表 4-11 平面加工方案

加 工 方 案	经济精度公差等级	表面粗糙度（μm）	适 用 范 围
粗车	IT11～13	$R_z \geqslant 50$	适用于工件的端面加工
粗车→半精车	IT8～9	R_a 3.20～6.30	
粗车→半精车→精车	IT7～8	R_a 0.80～1.60	
粗车→半精车→磨	IT6～7	R_a 0.20～0.80	
粗刨（或粗铣）	IT11～13	$R_z \geqslant 50$	适用于不淬硬的平面（用面铣刀加工，可得较低的表面粗糙度值）
粗刨（或粗铣）→精刨（或精铣）	IT7～9	R_a 1.60～6.30	
粗刨（或粗铣）→精刨（或精铣）→刮研	IT5～6	R_a 0.10～0.80	
粗刨 粗刨（或粗铣）→精刨（或精铣）→宽刃精刨	IT6～7	R_a 0.20～0.80	批量较大，宽刃精刨效率高
粗刨（或粗铣）→精刨（或精铣）→磨	IT7～7	R_a 0.20～0.80	适用于精度要求较高的平面加工
粗刨（或粗铣）→精刨（或精铣）→粗磨→精磨	IT5～6	R_a 0.025～0.40	
粗铣→拉削	IT6～9	R_a 0.20～0.80	适用于大量生产中加工较小的不淬火平面
粗铣→精铣→磨→研磨	IT5～6	R_a 0.025～0.20	适用于高精度平面的加工
粗铣→精铣→磨→研磨→抛光	IT5 以上	R_a 0.025～0.10	

2．外圆面加工

外圆面的加工方法常用的有车削和磨削。当表面粗糙度要求较高时，还要经光整加工。

（1）车削是加工外圆表面的主要方法。小批量生产时，在卧式车床上进行；大批量生产时，多采用高效率的液压仿形车床或多刀半自动车床。最终工序为车削的加工方案，适用于除淬火钢以外的各种金属。

（2）磨削是精加工外圆表面的重要方法。随着科学技术的进步与生产的发展，零件的精度要求愈来愈高，磨削加工的比重还将继续增加。最终工序为磨削的加工方案适用于淬火钢、未淬火钢和铸铁，不适用于有色金属，因为有色金属韧性大，磨削时易堵塞砂轮。

（3）对于精度要求高的加工表面，如精密的主要外圆面还需要光整加工，如研磨、超精磨及超精加工等，为提高生产效率和加工质量，一般在光整加工前进行精磨。

（4）最终工序为精细车或金刚车的加工方案，适用于要求较高的有色金属的精加工。

（5）对表面粗糙度要求高，而尺寸精度要求不高的外圆，可采用滚压或抛光。

综合外圆面的粗加工和精加工，外圆面的加工方案及所能达到的经济精度及表面粗糙度见表 4-12。

表 4-12　外圆面加工方案

加工方案	经济精度 公差等级	表面粗糙度 （μm）	适用范围
粗车	IT11～13	R_z 50～100	
粗车→半精车	IT8～9	R_a 3.2～6.3	适用于除淬火钢以外的金属材料
粗车→半精车→精车	IT7～8	R_a 0.8 ～1.6	
粗车→半精车→精车一滚压（或抛光）	IT6～7	R_a 0.08～0.20	
粗车→半精车→磨削	IT6～7	R_a 0.40～0.80	除不宜用于有色金属外，主要适用于淬火钢件的加工
粗车→半精车→粗磨→精磨	IT5～7	R_a 0.10～0.40	
粗车→半精车→粗磨→精磨→超精磨	IT5	R_a 0.012～0.10	
粗车→半精车→精车→金刚车	IT5～6	R_a 0.250.40	主要用于有色金属
粗车→半精车→粗磨→精磨→镜面磨	IT5 以上 IT5 以上 IT5 以上	R_a 0.025～0.20	主要用于高精度要求的钢件加工
粗车→半精车→精车→精磨→研磨		R_a 0.05～0.10	
粗车→半精车→精车→精磨→粗研→抛光		R_a 0.025～0.40	

3. 内孔加工

孔分为通孔、阶梯孔、不通孔、交叉孔等。通孔工艺性最好，通孔中又以孔长 L 与孔径 D 之比 $L/D \leqslant 1\sim1.5$ 的短圆柱孔工艺性最好。$L/D > 5$ 的孔，称为深孔，若深孔精度要求较高、表面粗糙度值较小时，加工就很困难；阶梯孔的工艺性较差，孔径相差越大，其中最小孔径又很小时，则工艺性也差。相贯通的交叉孔的工艺性也较差，不通孔的工艺性最差。

内孔的加工方法有钻孔、扩孔、铰孔、镗孔、拉孔、磨孔和光整加工。一般采用钻、扩、铰，$D > 20mm$ 的孔采用镗削加工，有些盘类的孔采用拉削加工。精度要求高的孔有时采用磨削加工。孔径的精度一般取决于所用刀具的精度和所用机床的精度。

（1）加工精度为 IT9 级的孔，当孔径小于 10mm 时，可采用钻-铰方案；当孔径小于 30mm 时，可采用钻-扩方案；当孔径大于 30mm 时，可采用钻-镗方案。工件材料为淬火钢以外的各种金属。

（2）加工精度为 IT8 级的孔，当孔径小于 20mm 时，可采用钻-铰方案；当孔径大于 20mm 时，可采用钻-扩-铰方案，适用于加工淬火钢以外的各种金属，但孔径应在 20～80mm 之间，此外也可采用最终工序为精镗或拉削的方案。淬火钢可采用磨削加工。

（3）加工精度为 IT7 级的孔，当孔径小于 12mm 时，可采用钻-粗铰-精铰方案；当孔径小于 12～60mm 范围时，可采用钻-扩-粗铰-精铰方案或钻-扩-拉方案。若毛坯上已铸出或锻出孔，可采用粗镗-半精镗-精镗方案或粗镗-半精镗-磨孔方案。最终工序为铰孔的方案适用于未淬火钢或铸铁，对有色金属铰出的孔表面粗糙度较大，常用精细镗孔替代铰孔。最终工序为拉的方案适用于大批量生产，工件材料为未淬火钢、铸铁和有色金属。最终工序为磨孔的方案适用于加工除硬度低、韧性大的有色金属以外的淬火钢、未淬火钢及铸铁。

（4）加工精度为 IT6 级的孔，最终工序采用手铰、精细镗、研磨或珩磨等均能达到，视具体情况选择。韧性较大的有色金属不宜采用珩磨，可采用研磨或精细镗。研磨对大、小直径孔均适用，而珩磨只适用于大直径孔的加工。

常用的内孔加工方案见表 4-13。应根据被加工孔的加工要求、尺寸、具体的生产条件、批量的大小以及毛坯上有无预制孔等情况合理选择。

表4-13　内孔加工方案

加 工 方 案	经济精度 公差等级	表面粗糙度	适 用 范 围
钻 钻→扩 钻→扩→铰 钻→扩→粗铰→精铰 钻→铰 钻→粗铰→精铰	IT11～13 IT10～11 IT8～9 IT7～8 IT8～9 IT7～8	R_z 50 R_z 25～50 R_a 1.60～3.20 R_a 0.80～1.60 R_a 1.00～3.20 R_a 0.80～1.60	加工未淬火钢及铸铁的实心毛坯，也可用于加工有色金属（所得表面粗糙度 R_a 值稍大）
钻→（扩）→拉	IT7～8	R_a 0.80—1.60	大批大量生产（精度可由拉刀精度而定），如校正拉削后，则 R_a 可降低到 0.40～0.20μm
粗镗（或扩） 粗镗（或扩）→半精镗（或精扩） 粗镗（或扩）→半精镗（或精扩）→精镗（或铰） 粗镗（或扩）→半精镗（或精扩）→精镗（或铰）→浮动镗	IT11～13 IT8～9 IT7～8 IT6～7	R_a 25～50 R_a 1.60～3.20 R_a 0.80～1.60 R_a 0.20～0.40	除淬火钢外的各种钢材，毛坯上已有铸出的或锻出的孔
粗镗（扩）→半精镗→磨 粗镗（扩）→半精镗→粗磨→精磨	IT7～8 IT6～7	R_a 0.20～0.80 R_a 0.10～0.20	主要用于淬火钢，不宜用于有色金属
粗镗→半精镗→精镗→金刚镗	IT6～7	R_a 0.05～0.20	主要用于精度要求高的有色金属
钻→扩→粗铰→精铰→珩磨 钻→扩→拉→珩磨 粗镗→半精镗→精镗→珩磨	IT6～7 IT6～7 IT6～7	R_a 0.025～0.20 R_a 0.025～0.20 R_a 0.025～0.20	精度要求很高的孔，若以研磨代替珩磨，精度可达 1T6 以上，R_a 可降低到 0.16～0.01μm

表 4-13 给出的方案是单孔加工方案。而零件上的孔位往往是一组孔且有相互位置精度要求，这些有相互位置精度要求的孔的组合，称为孔系。孔系可分为平行孔系、同轴孔系和交叉孔系，见图 4.9 所示。

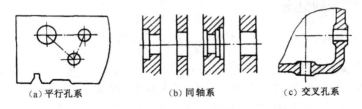

（a）平行孔系　　　　（b）同轴系　　　　（c）交叉孔系

图4.9　孔系分类

平行孔系孔距精度可以用找正法、镗模法、坐标法及数控法等保证，同轴孔系的同轴度主要由镗模保证。交叉孔系有关孔的垂直度，在普通镗床上主要靠机床工作台上的 90°对准装置来保证。

4．平面轮廓和曲面轮廓的加工

（1）平面轮廓常用的加工方法有数控铣削、线切割及磨削等。对如图 4.10（a）所示的内平面轮廓，当曲率半径较小时，可采用数控线切割方法加工。若选择铣削方法，因铣刀直径受最小曲率半径的限制，直径太小，刚性不足，会产生较大的加工误差。对如图 4.10（b）所示的外平面轮廓，可采用数控铣削方法加工，常用粗铣-精铣方案，也可采用数控线切割方法加工。对精度及表面粗糙度要求较高的轮廓表面，在数控铣削加工之后，再进行数控磨削加工。数控铣削加工适用于除淬火钢以外的各种金属，数控线切割加工可用于各种金属，数控磨削加工适用于除有色金属以外的各种金属。

（2）立体曲面轮廓的加工方法主要是数控铣削，多用球头铣刀，以"行切法"加工，如图 4.11 所示。根据曲面形状、刀具形状以及精度要求等通常采用二轴半联动或三轴联动。对精度和表面粗糙度要求高的曲面，当用三轴联动的"行切法"加工不能满足要求时，可用模具铣刀，选择四坐标或五坐标联动加工。

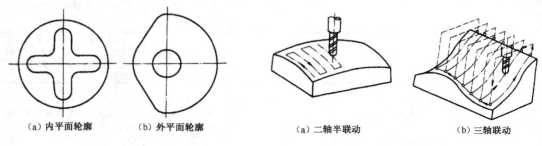

(a) 内平面轮廓　　(b) 外平面轮廓	(a) 二轴半联动　　　　(b) 三轴联动
图 4.10　平面轮廓类零件	图 4.11　曲面的行切法加工

表面加工方法的选择，除了考虑加工质量、零件的结构形状和尺寸、零件的材料和硬度以及生产类型外，还要考虑到加工的经济性。

任何一种加工方法获得的精度只在一定范围内才是经济的，这种一定范围内的加工精度即为该种加工方法的经济精度。它是在正常加工条件下（采用符合质量标准的设备、工艺装备和标准等级的工人，不延长加工时间）所能达到的加工精度。相应的表面粗糙度称为经济粗糙度。在选择加工方法时，应根据工件的精度要求选择与经济精度相适应的加工方法。常用加工方法的经济精度及表面粗糙度可查阅有关工艺手册。

4.3.2　加工阶段的划分

1．加工阶段的划分

零件的加工质量要求较高时，往往不可能在一道工序内完成一个或几个表面的全部加工阶段。必须把整个加工过程按工序性质不同划分为几个阶段：

（1）粗加工阶段。在这一阶段中要切除大量的加工余量，使毛坯在形状和尺寸上接近零件成品，因此主要目标是提高生产率，同时要为半精加工阶段提供精基准，并留有充分均匀的加工余量，为后续工序创造条件。

（2）半精加工阶段。在这一阶段中应为主要表面的精加工做好准备（达到一定加工精度，保证一定的加工余量），并完成一些次要表面的加工（钻孔、攻螺纹、铣键槽等），一般在热处理之前进行。

（3）精加工阶段。保证各主要表面达到图样规定的尺寸精度和表面粗糙度要求，主要目标是全面保证加工质量。

（4）光整加工阶段。对于零件上精度要求很高，表面粗糙度值要求很小（IT6 及 IT6 以上，$R_a \leq 0.2\mu m$）的表面，还需进行光整加工。主要目标是以提高尺寸精度和减小表面粗糙度值为主，一般不用来纠正形状精度和位置精度。

（5）超精密加工阶段。该阶段是按照超稳定、超微量切除等原则，实现加工尺寸误差和形状误差在 0.1μm 以下的加工技术。

2．划分加工阶段的原因

（1）保证加工质量。粗加工时因加工余量大、切削力和夹紧力大等因素造成较大的加工误差，如果不划分加工阶段，粗、精加工混在一起，就无法避免由上述原因引起的加工误差。按加工阶段加工时，则粗加工造成的加工误差可通过半精加工和精加工逐步得到纠正，保证加工质量。

（2）有利于合理使用设备。因为粗加工余量大、切削用量大，所以适于功率大、刚性好、生产率高，精度要求不高的设备。而精加工切削力小，对机床破坏小，故可采用精度高的设备。这样不但发挥了机床设备各自的性能特点，而且也有利于高精度机床在使用中保持高精度。

（3）便于安排热处理工序和检验工序。安排热处理工序，使冷、热加工工序配合得更好。例如，粗加工后工件残余应力大，一般要安排去应力热处理（如时效处理），以消除残余应力。精加工前要安排淬火等最终热处理，热处理引起变形又可在精加工中予以消除。

（4）便于及时发现毛坯缺陷。对毛坯的各种缺陷，如铸件的气孔、夹砂和余量不足等，在粗加工各表面后即可发现，便于及时报废或修补，以免继续进行精加工而浪费工时和制造费用。

（5）精加工、光整加工安排在最后，可保护精加工后的表面不受损伤。

应当指出，划分加工阶段是对整个工艺过程而言的，因而要以工件的主要加工面来分析，不要以工件的个别主要表面（或次要表面）和个别工序判断。对加工质量要求不高、工件刚性好、毛坯精度高、加工余量小、生产批量不大时，可不必划分加工阶段。对刚性好的重型工件，由于装夹和运输费时，也常在一次装夹下完成全部粗、精加工。对于不划分加工阶段的工件，为减少粗加工中产生的各种变形对加工质量的影响，在粗加工后，松开夹紧机构，停留一段时间，让工件充分变形，然后再用较小的夹紧力重新夹紧，进行精加工。

4.3.3　工序的划分

安排了零件各表面的加工顺序后，就要根据各表面所选用的加工方法的特点、定位基面的选择和转换以及所划分的加工阶段等，把各加工表面按工序集中原则和工序分散原则组合成若干工序。

1．工序划分原则

工序的划分可以采用两种不同的原则，即工序集中原则和工序分散原则。

（1）工序集中原则。就是指每道工序包括尽可能多的加工内容。将工件的加工集中在少数几道工序内完成。工序集中一般使用结构复杂，机械化、自动化程度高的机床。因此工序集中的特点是：

① 减少了设备的数量，减少了操作工人和生产面积。

② 减少了工序数目，减少了运输工作量，简化了生产计划工作，缩短了生产周期。

③ 减少了工件的装夹次数，不仅有利于提高生产率，而且由于在一次装夹下加工了许

多表面，也易于保证这些表面的位置精度。

④ 因为采用的专用设备和专用工艺装备数量多而复杂，因此机床和工艺装备的调整、维修费时费事。

（2）工序分散原则。就是将工件的加工分散在较多的工序内进行。每道工序的加工内容很少，最少时即每道工序仅完成一个简单的工步。

工序分散的特点是：

① 采用比较简单的机床和工艺装备。

② 对工人的技术要求低。

③ 生产准备工作量小，容易变换产品。

④ 设备数量多，工人数量多，生产面积大。

2．工序划分方法

工序划分主要考虑生产纲领、所用设备及零件本身的结构和技术要求等因素。

大批量生产时，若使用多刀、多轴等高效机床，工序可按集中原则划分；若在由组合机床组成的自动线上加工，工序一般按分散原则划分。随着现代数控技术，特别是加工中心的应用，工艺路线的安排更多地趋向于工序集中。单件小批生产时，工序划分通常采用集中原则，在一台机床上加工出尽量多的表面。成批生产时，工序可按集中原则划分，也可按分散原则划分，应视具体情况而定。对于尺寸和质量都很大的重型零件，为减少装夹次数和运输量，应按集中原则划分工序。对于刚性差且精度高的精密零件，应按工序分散原则划分工序。

在数控机床上加工的零件，一般按工序集中原则划分工序。划分方法有下列几种。

（1）按所用刀具划分。刀具集中分序法加工工件，即在一次安装中尽可能用同一把刀具加工出可能加工的所有部位，然后再换一把刀加工其他部位。即以同一把刀具完成的那一部分工艺过程为一道工序。此种方法用于零件结构较复杂、工件的待加工表面较多、机床连续工作时间过长（如在一个工作班内不能完成）、加工程序的编制和检查难度较大等情况。加工中心常用这种方法划分工序。

（2）按安装次数划分。即以每一次装夹完成的那一部分工艺过程作为一道工序。这种方法适合于加工内容不多的工件，加工完成后就能达到待检状态。

（3）按粗、精加工划分。即以粗加工中完成的那一部分工艺过程为一道工序，精加工中完成的那一部分工艺过程为一道工序。这种划分方法适用于加工后变形较大，需粗、精加工分开的零件，如毛坯为铸件、焊接件或锻件。

（4）按加工部位划分。即以完成相同型面的那一部分工艺过程为一道工序。对于加工表面多而复杂的零件，可按其结构特点分成几个加工部分（如内形、外形、曲面和平面等），每一部分作为一道工序。

4.3.4　加工顺序的安排

在选定加工方法、划分工序后，工艺路线拟定的主要内容就是合理安排这些加工方法和加工工序的顺序。零件的加工工序通常包括切削加工工序、热处理工序和辅助工序，这些工序的顺序直接影响到零件的加工质量、生产效率和加工成本。因此，在设计工艺路线时，应合理安排好切削加工、热处理和辅助工序的顺序，并解决好工序间的衔接问题。

1. 切削加工顺序的安排原则

（1）基面先行原则。加工一开始，总是先把精基面加工出来，因为定位基准的表面越精确，装夹误差就越小，所以任何零件的加工过程总是首先对定位基准面进行粗加工和半精加工，必要时还要进行精加工。如箱体类零件总是先加工定位用的平面和两个定位孔，再以平面和定位孔为精基准加工孔系和其他平面。如果精基面不止一个，按照基面转换的顺序和逐步提高加工精度的原则来安排基面和主要表面的加工。

（2）先粗后精原则。各个表面的加工顺序按照粗加工→半精加工→精加工→光整加工的顺序依次进行，这样才能逐步提高加工表面的精度和减小表面粗糙度。

（3）先主后次原则。零件上的工作表面及装配面精度要求较高，属于主要表面，应先加工，从而能及早发现毛坯中主要表面可能出现的缺陷。自由表面、键槽、紧固用的螺孔和光孔等表面，精度要求较低，属于次要表面，可穿插进行，一般安排在主要表面加工达到一定精度后、最终精加工之前进行。

（4）先面后孔原则。对于箱体、支架和机体类零件，平面轮廓尺寸较大，一般先加工平面，后加工孔和其他尺寸。因为一方面用加工过的平面定位，稳定可靠；另一方面在加工过的平面上加工孔比较容易，并能提高孔的加工精度，特别是钻孔，孔的轴线不易倾斜。

（5）先内后外原则。即先进行内型内腔加工工序，后进行外形加工工序。

（6）上道工序的加工不能影响下道工序的定位与夹紧。

（7）以相同安装方式或用同一刀具加工的工序，最好连续进行，以减少重复定位次数。

（8）在同一次安装中进行的多道工序，应先安排对工件刚性破坏较小的工序。

在安排加工顺序时，要注意退刀槽、倒角等工作的安排。

2. 热处理工序的安排

热处理主要用来改善切削性能及消除内应力。一般可分为以下几种。

（1）预备热处理。安排在机械加工之前，以改善材料的切削性能及消除毛坯制造时的残余应力，改善组织为主要目的。常用的方法有退火、正火和调质。例如，为改善切削性能，高碳钢需进行退火，以降低硬度；低碳钢需进行正火，以适当提高硬度；为清除内应力，铸件需进行回火，锻件需进行正火等。

（2）去除内应力热处理。主要是消除毛坯制造或工件加工过程中产生的残余应力。一般安排在粗加工之后，精加工之前，常用的方法有人工时效、退火等。如对精度要求不高的零件，一般将消除残余应力的人工时效和退火安排在毛坯进入机加工车间之前进行。对精度要求较高的复杂铸件，在机加工过程中通常安排两次时效处理：铸造→粗加工→时效→半精加工→时效→精加工。对高精度零件，如精密丝杠、精密主轴等，应安排多次消除残余应力热处理，加工一次安排一次，甚至采用冰冷处理以稳定尺寸。

（3）最终热处理。以达到图样规定的零件的强度、硬度和耐磨性为主要目的，常用的方法有表面淬火、渗碳、渗氮和调质、淬火等，最终热处理应安排在半精加工之后，精加工（磨削加工）之前。渗氮由于热处理温度较低，零件变形很小，也可安排在精加工之后。对一些性能要求不高的零件，调质也常作为最终热处理。

另外，对于床身、立柱等铸件，常在粗加工前及粗加工后进行自然时效，以消除内应力。热处理工序在加工工序中的安排如图 4.12 所示。

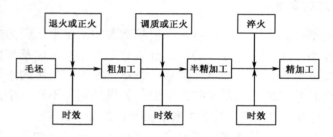

图 4.12　热处理工序的安排

3．辅助工序的安排

辅助工序的种类很多，如检验、表面强化和去毛刺、倒棱边、去磁、清洗、动平衡、涂防锈漆和包装等。辅助工序也是保证产品质量所必要的工序，若缺少了辅助工序或辅助工序要求不严，将给装配工作带来困难，甚至使机器不能使用。其中检验工序是主要的辅助工序，它是监控产品质量的主要措施，除在每道工序的进行中操作者都必须自行检查外，还须在下列情况下安排单独的检验工序：

（1）粗加工阶段结束之后。

（2）重要工序之后。

（3）零件从一个车间转到另一个车间时。

（4）特种性能（磁力擦伤、密封性等）检验之前。

（5）零件全部加工结束之后。

其他辅助工序的安排应视具体情况而定。

4．数控加工工序与普通工序的衔接

有些零件的加工是由普通机床和数控机床共同完成的，数控机床加工工序前后一般都穿插有其他普通工序，如衔接不好就容易产生矛盾，因此要解决好数控工序与普通工序之间的衔接问题。较好的解决办法是建立工序间的相互状态要求。例如，要不要为后道工序留加工余量，留多少；定位孔与面的精度与形位公差是否满足要求；对校形工序的技术要求；对毛坯的热处理要求等等，都需要前后兼顾，统筹衔接。

4.4　数控加工工序设计

工序设计时，所用机床不同，工序设计的要求也不一样。对普通机床加工工序，加工细节问题可不必考虑，由操作者在加工过程中处理。对数控机床加工工序，针对数控机床加工自动化、自适应性差的特点，要充分考虑到加工过程中的每一个细节，工序设计十分严密。

数控加工工序设计的主要任务是进一步将本工序的工艺装备、定位夹紧方式、加工路线的确定和工步顺序的安排、切削用量的选择等具体确定下来，为编制加工程序做好充分准备。

4.4.1 机床的选择

当工件表面的加工方法确定之后，机床的种类就基本上确定了。但是，每一类机床都有不同的型式，它们的工艺范围、技术规格、加工精度和表面粗糙度、生产率和自动化程度都各不相同。为了正确地为每一道工序选择机床，除了充分了解机床的技术性能外，通常还要考虑以下几点。

1．工序节拍适应性

机床的类型应与工序的划分原则相适应，再根据加工对象的批量和生产节拍要求来决定。若工序按集中原则划分的，对单件小批量生产，则应选择通用机床或数控机床，是用一台数控机床来完成加工，还是选择几台数控机床来完成加工；对大批量生产，则应选择高效自动化机床和多刀、多轴机床。若工序按分散原则划分的，则应选择结构简单的专用机床。

2．形状尺寸适应性

机床的主要规格尺寸应与工件的外形尺寸和加工表面的有关尺寸相适应。即小工件则选小规格的机床加工，大工件则选大规格的机床加工。另外，所选用的数控机床必须能适应被加工零件的形状尺寸要求。这一点应在被加工零件工艺分析的基础上进行，如加工空间曲面形状的叶片，往往要选择四轴或五轴联动数控铣床或加工中心。这里要注意的是防止由于冗余功能而付出昂贵的代价。

3．加工精度适应性

机床的精度与工序要求的加工精度相适应。如精度要求低的粗加工工序，应选用精度低的机床；精度要求高的精加工工序，应选用精度高的机床。但机床的精度不能过低，也不能过高。机床精度过低，不能保证加工精度，机床精度过高，又会增加零件的制造成本，应根据加工精度要求合理选择，保证有三分之一的储备量。注意不要一味地追求不必要的高精度。

综合考虑上述因素，在选择机床时，应充分利用现有设备，优先考虑新技术、新工艺来提高生产效率。

4.4.2 工件的定位与夹紧方案的确定和夹具的选择

1．工件的定位与夹紧方案的确定

在数控机床上工件的定位基准与夹紧方案的确定，应遵循 3.4 节和 3.6 节中定位基准的选择原则与工件夹紧的基本要求。此外，在数控机床上装夹工件时应考虑以下几个因素：

（1）力求设计基准、工艺基准与编程计算的基准统一。应防止过定位，箱体工件最好选择一面两销作为定位基准。定位基准在数控机床上要细心找正。为了找正方便，有的机床，例如卧式加工中心工作台侧面，应安装专用定位板。

（2）尽量减少装夹次数。尽可能在一次定位装夹后就能加工出全部或大部分待加工表面，以减少装夹误差，提高加工表面之间的相互位置精度，并充分发挥数控机床的效率。

（3）避免采用占机人工调整式方案，以免占机时间太多，影响加工效率。

2．夹具的选择

数控加工的特点对夹具提出了两个基本要求：一是要保证夹具的坐标方向与机床的坐标方向相对固定；二是要能协调零件与机床坐标系的尺寸关系。除此之外，还要考虑以下几点：

（1）当零件加工批量不大时，应尽量采用组合夹具、可调夹具和其他通用夹具，以缩短准备时间，节省生产费用。

（2）在成批生产时才考虑采用专用夹具，并力求结构简单，夹具结构应有足够的刚度和强度。

（3）因为在数控机床上通常一次装夹完成工件的全部工序，因此应防止工件夹紧引起的变形造成工件加工不良。夹紧力应靠近主要支承点，力求靠近切削部位。

（4）夹具上各零部件应不妨碍机床对零件各表面的加工，即夹具要开敞，加工部位开阔，夹具的定位、夹紧机构元件不能影响加工中的进给（如产生碰撞等）。

（5）装卸零件要快速、方便、可靠，以缩短准备时间，批量较大时应考虑气动或液压夹具、多工位夹具。

4.4.3　数控刀具的选择

刀具的合理选择和使用，对提高数控加工效率、降低生产成本、缩短交货期及加快新产品开发等方面有十分重要的作用。国外有资料表明，刀具费用一般占制造成本 2.5%～4%，但它却直接影响占制造成本 20%的机床费用和 38%的人工费用。如果进给速度和切削速度提高 15%～20%，则可降低制造成本 10%～15%。这说明使用好刀具会增加成本，但效率提高则会使机床费用和人工费用有很大的降低，这正是工业发达国家制造业所采用的加工策略之一。

应根据机床的加工能力、工件材料的性质、加工工序、切削用量以及其他相关因素正确选择刀具及刀柄。刀具选择的总原则是：安装调整方便，刚性好，耐用度和精度高。在满足加工要求的前提下，尽量选择较短的刀柄，以提高刀具加工的刚性。

一般优先采用标准刀具，必要时也可采用各种高生产率的复合刀具及其他一些专用刀具。此外，应结合实际情况，尽可能选用各种先进刀具，如可转位刀具、整体硬质合金刀具、陶瓷刀具等。刀具的类型、规格和精度等应符合加工要求，刀具材料应和工件材料相适应。

在刀具性能上，数控机床加工所用刀具应高于普通机床加工所用刀具。所以选择数控机床加工刀具时，还应考虑以下几个方面。

1．切削性能好

为适应刀具在粗加工或对难加工材料的工件加工时，能采用大的背吃刀量和高速进给，刀具必须具有能够承受高速切削和强力切削的性能。同时，同一批刀具在切削性能和刀具寿命方面一定要稳定，以便实现按刀具使用寿命换刀或由数控系统对刀具寿命进行管理。

2．精度高

为适应数控加工的高精度和自动换刀等要求，刀具必须具有较高的精度。如有的整体式立铣刀的径向尺寸精度高达 0.005mm 等。

3．可靠性高

要保证数控加工中不会发生刀具意外损坏及潜在缺陷而影响到加工的顺利进行，要求刀具及与之组合的附件必须具有很好的可靠性及较强的适应性。

4．耐用度高

数控加工的刀具，不论在粗加工或精加工中，都应具有比普通机床加工所用刀具更高的耐用度，以尽量减少更换或修磨刀具及对刀的次数，从而提高数控机床的加工效率及保证加工质量。

5．断屑及排屑性能好

数控加工中，断屑和排屑不像普通机床加工那样，能及时由人工处理，切屑易缠绕在刀具和工件上，会损坏刀具和划伤工件已加工表面，甚至会发生伤人和设备事故，影响加工质量和机床的顺利、安全运行，所以要求刀具应具有较好的断屑和排屑性能。

4.4.4　走刀路线的确定和工步顺序的安排

在数控加工中，刀具刀位点相对于工件运动的轨迹称为进给路线，也称走刀路线。它不但包括了工步的内容，而且也反映出工步的顺序。在普通机床加工中，进给路线由操作者直接控制，工序设计时无须考虑。但在数控加工中，进给路线是由数控系统控制的，因此，工序设计时必须拟定好刀具的进给路线，并绘制进给路线图，以便编写在数控加工程序中。

工步顺序是指同一道工序中各个表面加工的先后次序。它对零件的加工质量、加工效率和数控加工中的进给路线有直接影响，应根据零件的结构特点及工序的加工要求等合理安排。工步的划分与安排一般可随走刀路线来进行，在确定走刀路线时，主要遵循以下几点原则：

（1）加工路线应保证被加工工件的精度和表面粗糙度。

（2）应使加工路线最短，以减少空行程时间，提高加工效率。

（3）尽量简化数学处理时的数值计算工作量，以简化编程工作。

（4）当某段进给路线重复使用时，为了简化编程，缩短程序长度，应使用子程序。

此外，确定加工路线时，还要考虑工件的形状与刚度、加工余量大小，机床与刀具的刚度等情况，确定是一次进给还是多次进给来完成加工，先完成对刚性破坏小的工步，后完成对刚性破坏大的工步，以免工件刚性不足影响加工精度等以及设计刀具的切入与切出方向和在铣削加工中是采用顺铣还是逆铣等。有关车削、铣削等加工的进给路线的确定详见第 5、6、7 章。

4.4.5　切削用量的确定

数控编程时，编程人员必须确定每道工序的切削用量，并以指令的形式写入程序中。切削用量包括主轴转速、背吃刀量及进给速度等。切削用量应根据加工性质、加工要求、工件材料及刀具的尺寸和材料等查阅切削手册并结合经验确定。确定切削用量时除了遵循 2.5 节中所述原则和方法外，还应考虑以下因素。

1．刀具差异

不同厂家生产的刀具质量差异较大，所以切削用量须根据实际所用刀具和现场经验加以修正。一般进口刀具允许的切削用量高于国产刀具。

2．机床特性

切削用量受机床电动机的功率和机床的刚性限制，必须在机床说明书规定的范围内选取，避免因功率不够发生闷车，或刚性不足产生大的机床变形或振动，影响加工精度和表面粗糙度。

3．数控机床生产率

数控机床的工时费用较高，刀具损耗费用所占比重较低，应尽量用高的切削用量，通过适当降低刀具寿命来提高数控机床的生产率。

4.4.6　加工余量

1．加工余量的概念

加工余量是指加工时从加工表面上切去的金属层厚度。加工余量可分为工序余量和总余量。

（1）工序余量。工序余量是指某一表面在一道工序中被切除的金属层厚度，即为前后相邻两工序的工序尺寸之差。

① 根据零件的不同结构，加工余量有单面和双面之分，如图 4.13 所示。

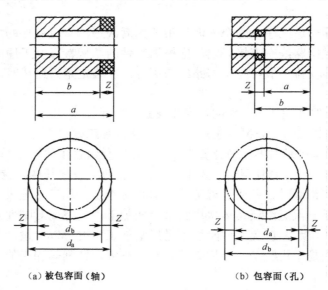

（a）被包容面（轴）　　　　　　　　（b）包容面（孔）

图 4.13　单边余量和双边余量

平面的加工余量是单边余量，它等于实际所切除的金属层厚度，可表示为：

对于被包容面（外表面）：　　　　　　$Z = a - b$　　　　　　　　　　　　（4-2）

对于包容面（内表面）：　　　　　　　$Z = b - a$　　　　　　　　　　　　（4-3）

对于外圆和内孔等旋转表面而言，加工余量是从直径上考虑的，故称对称余量（双边余量），实际所切除的金属的厚度是直径上的加工余量之半：

对于外圆表面： $2Z = d_a - d_b$ （4-4）

对于内孔表面： $2Z = d_b - d_a$ （4-5）

式中，Z——工序余量的基本尺寸单位；

     a、d_a——上道工序的基本尺寸单位；

     b、d_b——本道工序的基本尺寸单位。

② 工序基本余量、最大工序余量、最小工序余量及余量公差。由于工序尺寸有公差，故实际切除的余量会在一定的范围内变动。因此，工序余量分为基本余量（简称工序余量的基本尺寸或公称余量）、最大工序余量和最小工序余量。

为了便于加工，工序尺寸都按"入体原则"标注极限偏差，即对于轴类零件等按被包容面取上偏差为零（h）；对于孔类零件等包容面的工序尺寸取下偏差为零（H）。但对于长度尺寸和毛坯尺寸则按双向对称布置上、下偏差，即 JS（$\pm\dfrac{T}{2}$）。

图 4.14 表示了工序余量与工序尺寸及其公差的关系。最大工序余量、最小工序余量和余量公差的计算公式如下：

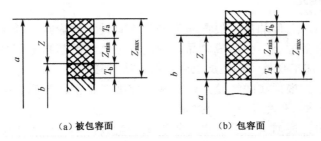

（a）被包容面   （b）包容面

图 4.14   工序余量与工序尺寸及其公差的关系

对于被包容面： $Z_{max} = a_{max} - b_{min} = Z + T_b$ （4-6）

$Z_{min} = a_{min} - b_{max} = Z - T_a$ （4-7）

对于包容面： $Z_{max} = b_{max} - a_{min} = Z + T_b$ （4-8）

$Z_{min} = b_{min} - a_{max} = Z - T_a$ （4-9）

余量公差： $T_Z = Z_{max} - Z_{min} = T_a + T_b$ （4-10）

式中，Z_{min}——最小工序余量；

     Z_{max}——最大工序余量；

     T_a——上工序尺寸的公差；

     T_b——本工序尺寸的公差；

     T_Z——本工序余量公差。

（2）总加工余量。总加工余量（毛坯余量）是指由毛坯加工成成品过程中，从某一加工表面上切除的金属层总厚度。其值等于某一表面的毛坯尺寸与成品零件图的设计尺寸之差，就称为加工总余量（毛坯余量），即等于各工序余量之和：

$$Z_\Sigma = \sum_{i=1}^{n} Z_i \qquad\qquad\qquad (4\text{-}11)$$

式中，Z_Σ——总加工余量；

Z_i——第 i 道工序的工序余量；

n——工序数量。

总加工余量也是个变动值，其值及公差一般是从有关手册中查得或凭经验确定。图 4.15 表示了包容面和被包容面多次加工时，总加工余量、工序余量与工序尺寸及其公差的关系。

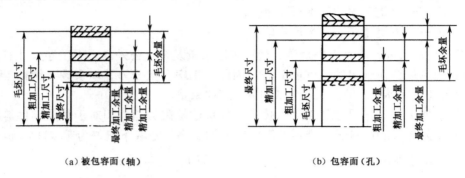

（a）被包容面（轴）　　　　　　　　　　（b）包容面（孔）

图 4.15　加工总余量、工序余量与工序尺寸及其公差的关系

2．加工余量的确定

加工余量的大小对工件的加工质量和生产效率有较大的影响。余量过大，会造成浪费工时，增加成本；余量过小，会造成废品。确定加工余量的基本原则是在保证加工质量的前提下，尽可能减小加工余量。确定加工余量的方法有三种。

（1）经验估计法。根据实践经验来估计和确定加工余量。为避免因余量不足而产生废品，所估余量一般偏大，仅用于单件小批量生产。

（2）查表修正法。根据有关手册推荐的加工余量数据，结合本单位实际情况进行适当修正后使用。这种方法目前应用最广。查表时应注意表中的余量值为基本余量值，对称表面的加工余量是双边余量，非对称表面的余量是单边余量。

（3）分析计算法。根据一定的试验资料和计算公式，对影响加工余量的因素进行分析和综合计算来确定加工余量。目前，只在材料十分贵重，以及军工生产或少数大量生产的工厂中采用。

4.4.7　工序尺寸及其公差的确定

工序尺寸是工件在加工过程中各工序应保证的加工尺寸，与之相应的公差即工序尺寸的公差。工序尺寸及其公差的确定，不仅取决于设计尺寸、加工余量及各工序所能达到的经济精度，而且还与定位基准、工序基准、测量基准、编程原点的确定及基准的转换有关。所以，计算工序尺寸及公差时，应根据不同的情况，采用不同的方法。

制定工艺规程的重要内容之一就是确定工序尺寸和公差。工序尺寸及其公差的计算分两种情况：工艺基准和设计基准重合情况下工序尺寸与公差的确定，工艺基准和设计基准不重合情况下工序尺寸与公差的确定。

1．基准重合时，工序尺寸与公差的计算

生产上绝大部分加工面都是在基准重合（工艺基准和设计基准重合）的情况下进行加

工的，基准重合情况下工序尺寸与公差的确定过程如下：

（1）确定毛坯总余量和各加工工序的工序余量。

（2）定工序基本尺寸。从终加工工序开始，即从零件图上的设计尺寸开始，一直往前推算到毛坯尺寸。最终工序基本尺寸等于零件图上的基本尺寸，某工序基本尺寸等于后道工序基本尺寸加上或减去后道工序余量。

（3）定工序公差。最终加工工序尺寸公差等于设计尺寸公差，其余各加工工序按各自所采用加工方法的加工经济精度确定工序尺寸公差。

（4）标注工序尺寸公差。最后一道工序的公差按设计尺寸标注，其余工序尺寸公差按"入体原则"标注。

例4.1 某轴直径为$\phi 60$mm，其尺寸精度要求为 IT5，表面粗糙度要求为 $R_a 0.04\mu m$，并要求高频淬火，毛坯为锻件。其工艺路线为：粗车→半精车→高频淬火→粗磨→精磨→研磨。现在来计算各工序的工序尺寸及公差。

解：

（1）先用查表法确定加工余量。由工艺手册查得：研磨余量为 0.01mm；精磨余量为 0.1mm；粗磨余量为 0.3mm；半精车余量为 1.1mm；粗车余量为 4.5mm；可得加工总余量为 6.01mm，取加工总余量为 6mm，把粗车余量修正为 4.49mm。

（2）计算各加工工序基本尺寸。研磨后工序基本尺寸为 60mm（设计尺寸）；其他各工序基本尺寸依次为：精磨：60mm+0.01mm=60.01mm；粗磨：60.01mm+0.1mm=60.11mm；半精车：60.11mm+0.3mm=60.41mm；粗车：60.41mm+1.1mm=61.51mm；毛坯：61.51mm+4.49mm= 66 mm。

（3）确定各工序的加工经济精度和表面粗糙度。由有关手册可查得：研磨后为 IT5，$R_a 0.04\mu m$（零件的设计要求）；精磨后选定为 IT6，$R_a 0.16\mu m$；粗磨后选定为 IT8，$R_a 1.25\mu m$；半精车后选定为 IT11，$R_a 2.5\mu m$；粗车后选定为 IT13，$R_a 16\mu m$。

根据上述经济加工精度查公差表，将查得的公差数值按"入体原则"标注在工序基本尺寸上。查工艺手册可得锻造毛坯公差为±2mm。

为清楚起见，把上述计算和查表结果汇总于表 4-14 中，供参考。

表 4-14　各工序的工序尺寸及公差的确定

工序名称	工序间余量（mm）	基本工序尺寸（mm）	工序加工经济精度等级及工序尺寸公差	表面粗糙度（μm）	工序尺寸及公差（mm）
研磨	0.01	60	h5（$^{0}_{-0.013}$）	$R_a 0.04$	$\phi 60^{0}_{-0.013}$
精磨	0.1	60+0.01=60.01	h6（$^{0}_{-0.019}$）	$R_a 0.16$	$\phi 60.01^{0}_{-0.019}$
粗磨	0.3	60.01+0.1=60.11	h8（$^{0}_{-0.046}$）	$R_a 01.25$	$\phi 60.11^{0}_{-0.046}$
半精车	1.1	60.11+0.3=60.41	h11（$^{0}_{-0.190}$）	$R_a 2.5$	$\phi 60.41^{0}_{-0.190}$
粗车	4.49	60.41+1.1=61.51	h13（$^{0}_{-0.46}$）	$R_a 16$	$\phi 61.51^{0}_{-0.46}$
锻造	6	61.51+4.49=66	±2		$\phi 66 \pm 2$
数据确定方法	查表确定	第一项为图样规定，其余计算得到	第一项为图样规定，毛坯公差查表，其余按经济加工精度及入体原则定	第一项为图样规定，其余查表确定	

2．基准不重合时，工序尺寸与公差的计算

当零件加工时，多次转换工艺基准，引起测量基准、定位基准、工序基准或编程原点

与设计基准不重合，这时，确定了工序余量之后，需通过工艺尺寸链原理来进行工序尺寸及其公差的换算。

（1）工艺尺寸链的概念。在机器装配或零件加工过程中，互相联系且按一定顺序排列的封闭尺寸组合称为尺寸链。其中，由单个零件在加工过程中的各有关工艺尺寸所组成的尺寸链称为工艺尺寸链。

如图 4.16（a）所示，图中尺寸 A_1、A_Σ 为设计尺寸，先以底面定位加工上表面，得到尺寸 A_1，当用调整法加工凹槽时，为了使定位稳定可靠并简化夹具，仍然以底面定位，按尺寸 A_2 加工凹槽，于是该零件上在加工时并未直接予以保证的尺寸 A_Σ 就随之确定。这样相互联系的尺寸 $A_1 \rightarrow A_2 \rightarrow A_\Sigma$ 就构成一个如图 4.16（b）所示的封闭尺寸组合，即工艺尺寸链。

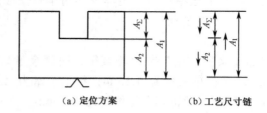

（a）定位方案　　　　（b）工艺尺寸链

图 4.16　定位基准与设计基准不重合的工艺尺寸链

又如图 4.17（a）所示零件，尺寸 A_1 及 A_Σ 为设计尺寸。在加工过程中，因尺寸 A_Σ 不便直接测量，若以面 1 为测量基准，按容易测量的尺寸 A_2 加工，就能间接保证尺寸 A_Σ。这样相互联系的尺寸 $A_1 \rightarrow A_2 \rightarrow A_\Sigma$ 也同样构成一个工艺尺寸链，见图 4.17（b）。

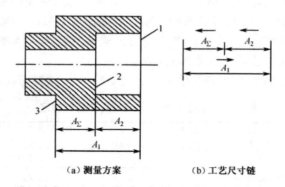

（a）测量方案　　　　（b）工艺尺寸链

图 4.17　测量基准与设计基准不重合的工艺尺寸链

（2）工艺尺寸链的特征。通过以上分析可知，工艺尺寸链具有以下两个特征：

① 关联性。任何一个直接保证的尺寸及其精度的变化，必将影响间接保证的尺寸及其精度。如上例尺寸链中，尺寸 A_1 和 A_2 的变化都将引起尺寸 A_Σ 的变化。

② 封闭性。尺寸链中各个尺寸的排列呈封闭形式，如上例中的 $A_1 \rightarrow A_2 \rightarrow A_\Sigma$，首尾相接组成封闭的尺寸组合。

（3）工艺尺寸链的组成。我们把组成工艺尺寸链的每一个尺寸称为环。图 4.16 和图 4.17 中的尺寸 A_1、A_2、A_Σ 都是工艺尺寸链的环，它们可分为两种：封闭环和组成环。

① 封闭环。工艺尺寸链中间接得到、最后保证的尺寸，称为封闭环，随着别的环的变化而变化。封闭环用下标"Σ"表示。一个工艺尺寸链中只能有一个封闭环。图 4.16 和图 4.17 中的尺寸 A_Σ 均为封闭环。

② 组成环。工艺尺寸链中除封闭环以外的其他环称为组成环。组成环的尺寸是直接保证的，根据其对封闭环的影响不同，组成环又可分为增环和减环。

增环是当其他组成环不变，该环增大（或减小）使封闭环随之增大（或减小）的组成环。图 4.16 和图 4.17 中的尺寸 A_1 即为增环。

减环是当其他组成环不变，该环增大（或减小），使封闭环随之减小（或增大）的组成环。图 4.16 和图 4.17 中的尺寸 A_2 即为减环。

③ 组成环的判别。为了迅速判别增、减环，可采用下述方法：在工艺尺寸链图上，先给封闭环任定一方向并画出箭头，然后沿此方向环绕尺寸链回路，依次给每一组成环画出箭头，凡箭头方向和封闭环相反的则为增环，相同的则为减环。

需要注意的是：所建立的尺寸链，必须使组成环数最少，这样能更容易满足封闭环的精度或使各组成环的加工更容易、更经济。

（4）工艺尺寸链计算的基本公式。工艺尺寸链的计算，关键是正确地确定封闭环，否则计算结果是错的。封闭环的确定取决于加工方法和测量方法。

工艺尺寸链的计算方法有两种：极大极小法和概率法。生产中一般多采用极大极小法，其基本计算公式如下：

① 封闭环的基本尺寸。封闭环的基本尺寸 A_Σ 等于所有增环的基本尺寸 A_i 之和减去所有减环的基本尺寸 A_j 之和，即

$$A_\Sigma = \sum_{i=1}^{m} A_i - \sum_{j=m+1}^{n-1} A_j \qquad (4\text{-}12)$$

式中，m——增环的环数；

n——包括封闭环在内的总环数。

② 封闭环的极限尺寸。封闭环的最大极限尺寸 $A_{\Sigma max}$ 等于所有增环的最大极限尺寸 $A_{i max}$ 之和减去所有减环的最小极限尺寸 $A_{j min}$ 之和，即

$$A_{\Sigma max} = \sum_{i=1}^{m} A_{i max} - \sum_{j=m+1}^{n-1} A_{j min} \qquad (4\text{-}13)$$

封闭环的最小极限尺寸 $A_{\Sigma min}$ 等于所有增环的最小极限尺寸 $A_{i min}$ 之和减去所有减环的最大极限尺寸 $A_{j max}$ 之和，即

$$A_{\Sigma min} = \sum_{i=1}^{m} A_{i min} - \sum_{j=m+1}^{n-1} A_{j max} \qquad (4\text{-}14)$$

③ 封闭环的平均尺寸。封闭环的平均尺寸 $A_{\Sigma M}$ 等于所有增环的平均尺寸 A_{iM} 之和减去所有减环的平均尺寸 A_{jM} 之和，即

$$A_{\Sigma M} = \sum_{i=1}^{m} A_{iM} - \sum_{j=m+1}^{n-1} A_{jM} \qquad (4\text{-}15)$$

④ 封闭环的上偏差 ES、下偏差 EI。封闭环的上偏差 ESA_Σ 等于所有增环的上偏差 ESA_i 之和减去所有减环的下偏差 EIA_j 之和，即

$$\mathrm{ESA}_{\Sigma} = \sum_{i=1}^{m} \mathrm{ESA}_i - \sum_{j=m+1}^{n-1} \mathrm{EIA}_j \qquad (4\text{-}16)$$

封闭环的下偏差 EIA_{Σ} 等于所有增环的下偏差 EIA_i 之和减去所有减环的上偏差 ESA_j 之和，即

$$\mathrm{EIA}_{\Sigma} = \sum_{i=1}^{m} \mathrm{EIA}_j - \sum_{j=m+1}^{n-1} \mathrm{ESA}_j \qquad (4\text{-}17)$$

⑤ 封闭环的公差。封闭环的公差 TA_{Σ} 等于所有组成环的公差 TA_i 之和，即

$$\mathrm{TA}_{\Sigma} = \sum_{i=1}^{n-1} \mathrm{TA}_i \qquad (4\text{-}18)$$

（5）工序尺寸及其公差的计算（工艺尺寸链的应用）。

① 测量基准与设计基准不重合时的工序尺寸计算。零件在加工时，会遇到一些表面加工后设计尺寸不便直接测量的情况。因此需要在零件上另选一个易于测量的表面作为测量基准进行测量，以间接检验设计尺寸。

例 4.2　如图 4.18（a）所示套筒零件，两端面已加工完毕，加工孔底面 C 时要保证尺寸 $16^{0}_{-0.35}\,\mathrm{mm}$，因该尺寸不便测量，试标出测量尺寸。

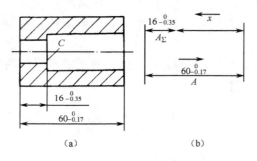

图 4.18　测量尺寸的换算

解：由于孔的深度可用深度游标卡尺测量，因而尺寸 $16^{0}_{-0.35}\,\mathrm{mm}$ 可以通过尺寸 $60^{0}_{-0.17}\,\mathrm{mm}$ 和孔深尺寸 x 间接计算出来。尺寸链如图 4.18（b）所示，尺寸 $16^{0}_{-0.35}\,\mathrm{mm}$ 显然是封闭环。

由式（4-12）得：$16 = 60 - x$　　　　　$x = 44\,\mathrm{mm}$

由式（4-16）得：$0 = 0 - \mathrm{EI}x$　　　　　$\mathrm{EI}x = 0\,\mathrm{mm}$

由式（4-17）得：$-0.35 = (-0.17) - \mathrm{ES}x$　　　$\mathrm{ES}x = 0.18\,\mathrm{mm}$

因此，得测量尺寸 x 及其公差为

$$x = 44^{+0.18}_{0}\,\mathrm{mm}$$

通过分析以上计算结果，可以发现，由于基准不重合而进行尺寸换算，将带来两个问题：

a. 提高了组成环尺寸的测量精度要求和加工精度要求。如果能按原设计尺寸进行测量，则测量和加工时的尺寸为 $x = 44^{+0.35}_{-0.17}\,\mathrm{mm}$，而换算后的测量尺寸为 $x = 44^{+0.18}_{0}\,\mathrm{mm}$，按此尺寸加工使加工公差减小了（$2 \times 0.17$）$\mathrm{mm}$，从而增加了测量和加工的难度。

b. 假废品问题。在测量零件尺寸 x 时，如 A 的尺寸在 $60^{0}_{-0.17}\,\mathrm{mm}$ 之间，x 尺寸在

$44^{+0.18}_{0}$ mm 之间，则 A_Σ 必在 $16^{0}_{-0.35}$ mm 之间，零件为合格品。但是，如果 x 的实测尺寸超出 $44^{+0.18}_{0}$ mm 的范围，假设偏大或偏小 0.17mm，即为 44.35 mm 或 43.83mm，从工序上看，此件应报废。但如将此零件的尺寸 A 再测量一下，只要尺寸 A 也相应为最大 60mm 或最小 59.83mm，则算得 A_Σ 的尺寸相应为（60-44.35）mm=15.65mm 和（59.83-43.83）mm=16mm，零件实际上仍为合格品，这就是工序上报废而产品仍合格的所谓"假废品"问题。由此可见，只要实测尺寸的超差量小于另一组成环的公差值时，就有可能出现假废品。为了避免将实际合格的零件报废而造成浪费，对换算后的测量尺寸（或工序尺寸）超差的零件，只要它的超差量小于或等于另一组成环的公差，应对该零件进行复检，重新测量其他组成环的实际尺寸，再计算出封闭环的实际尺寸，以此判断是否为废品。

② 定位基准与设计基准不重合时的工序尺寸计算。零件调整法加工时，如果加工表面的定位基准与设计基准不重合，就要进行尺寸换算，重新标注工序尺寸。

例 4.3 图 4.19（a）所示零件，镗削零件上的孔。孔的设计基准是 C 面，设计尺寸为（100±0.15）mm。为装夹方便，以 A 面定位，按工序尺寸 L 调整机床。试标出工序尺寸。

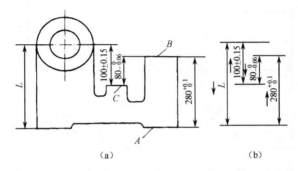

图 4.19 定位基准与设计基准不重合时的工序尺寸换算

解： 工序尺寸 $280^{+0.1}_{0}$ mm、$80^{0}_{-0.06}$ mm 在前道工序中已经得到，在本道工序的尺寸链中为组成环，而当以 A 面定位，按工序尺寸 L 调整机床时镗削零件上的孔，设计尺寸（100±0.15）mm 为本道工序间接得到的尺寸，为封闭环。尺寸链如图 4.19（b）所示，其中尺寸 $80^{0}_{-0.06}$ mm 和 L 为增环，尺寸 $280^{+0.1}_{0}$ mm 为减环。

由式（4-12）得：$100 = L + 80 - 280$ $L = 300$ mm

由式（4-16）得：$0.15 = ESL + 0 - 0$ $ESL = 0.15$ mm

由式（4-17）得：$-0.15 = EIL - 0.06 - 0.1$ $EIL = 0.01$ mm

因此，得工序尺寸 L 及其公差为

$$L = 300^{+0.15}_{+0.01} \text{ mm}$$

与例 4.2 一样，当定位基准与设计基准不重合进行尺寸换算时，也需要提高本工序的加工精度，使加工更加困难。同时，也会出现假废品问题。

在进行工艺尺寸链计算时，还有一种情况必须注意。当发现被换算的组成环公差过小或为零，甚至出现负值时，可采取以下措施：提高前道工序尺寸的精度；增大设计尺寸（封闭环）的公差；改变定位基准（采用基准重合原则）或加工方式。

③ 数控编程原点与设计基准不重合的工序尺寸计算。零件在设计时，从保证使用性能

角度考虑，尺寸多采用局部分散标注，而在数控编程中，所有点、线、面的尺寸和位置都是以编程原点为基准的。当编程原点与设计基准不重合时，为方便编程，必须将分散标注的设计尺寸换算成以编程原点为基准的工序尺寸。

例 4.4　图 4.20（a）为一根阶梯轴简图。图上部的轴向尺寸 Z_1、Z_2、…、Z_6 为设计尺寸。编程原点在左端面与中心线的交点上，与尺寸 Z_2、Z_3、Z_4 及 Z_5 的设计基准不重合，编程时须按工序尺寸 Z_1'、Z_2'、…、Z_6' 编程。

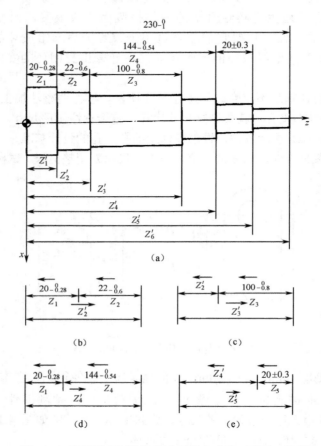

图 4.20　编程原点与设计基准不重合时的工序尺寸换算

解： 图 4.20 中工序尺寸 Z_1' 和 Z_6' 就是设计尺寸 Z_1 和 Z_6，即 $Z_1' = Z_1 = 20^{0}_{-0.28}$ mm，$Z_6' = Z_6 = 230^{0}_{-1}$ mm 为直接获得尺寸。其余工序尺寸 Z_2'、Z_3'、Z_4' 和 Z_5' 可分别利用图 4.20（b）、（c）、（d）和（e）所示的工艺尺寸链计算。尺寸链中 Z_2、Z_3、Z_4 和 Z_5 为间接获得尺寸，是封闭环，其余尺寸为组成环。尺寸链的计算过程如下：

① 计算 Z_2' 的工序尺寸及其公差。

由式（4-12）得：$Z_2 = Z_2' - 20$　　　　　　　　$Z_2' = 42$mm

由式（4-16）得：$0 = ESZ_2' - (-0.28)$　　　$ESZ_2' = -0.28$ mm

由式（4-17）得：$-0.6 = EIZ_2' - 0$　　　　　$EIZ' = -0.6$ mm

因此，得 Z_2' 的工序尺寸及其公差为

$$Z_2' = 42^{-0.28}_{-0.6} \text{ mm}$$

② 计算 Z_3' 的工序尺寸及其公差。

由式（4-12）得： $100 = Z_3' - Z_2' = Z_3' - 42$ $Z_3' = 142\,\text{mm}$

由式（4-16）得： $0 = \text{ESZ}_3' - \text{EIZ}_2' = \text{ESZ}_3' - (-0.6)$ $\text{ESZ}_3' = -0.6\,\text{mm}$

由式（4-17）得： $-0.8 = \text{EIZ}_3' - \text{ESZ}_2' = \text{EIZ}_3' - (-0.28)$ $\text{EIZ}_3' = -1.08\,\text{mm}$

因此，得 Z_3' 的工序尺寸及其公差为

$$Z_3' = 142^{-0.6}_{-1.08}\,\text{mm}$$

③ 计算 Z_4' 的工序尺寸及其公差。

由式（4-12）得： $144 = Z_4' - 20$ $Z_4' = 164\,\text{mm}$

由式（4-16）得： $0 = \text{ESZ}_4' - (-0.28)$ $\text{ESZ}_4' = -0.28\,\text{mm}$

由式（4-17）得： $-0.54 = \text{EIZ}_4' - 0$ $\text{EIZ}_4' = -0.54\,\text{mm}$

因此，得 Z_4' 的工序尺寸及其公差为

$$Z_4' = 164^{-0.28}_{-0.54}\,\text{mm}$$

④ 计算 Z_5' 的工序尺寸及其公差。

由式（4-12）得： $20 = Z' - Z_4' = Z_5' - 164$ $Z_5' = 184\,\text{mm}$

由式（4-16）得： $0.3 = \text{ESZ}_5' - \text{EIZ}_4' = \text{ESZ}_5' - (-0.54)$ $\text{ESZ}_5' = -0.24\,\text{mm}$

由式（4-17）得： $-0.3 = \text{EIZ}_5' - \text{ESZ}_4' = \text{EIZ}_5' - (-0.28)$ $\text{EIZ}_5' = -0.58\,\text{mm}$

因此，得 Z_5' 的工序尺寸及其公差为

$$Z_5' = 184^{-0.24}_{-0.58}\,\text{mm}$$

4.4.8 测量方法的确定

一般情况下，数控加工后工件尺寸的测量方法与普通机床加工后的测量方法几乎相同；单件小批量生产中应采用通用量具，如游标卡尺、百分表等；大批大量生产中应采用各种量规和一些高生产率的专用检具与量仪等。量具的精度必须与加工精度相适应。在特殊情况下，如加工面积较大的工件，其腹板中间的厚度，用通用量具已无法检测，加工后和加工中的测量都存在问题，此时需采用特殊测量工具（如超声波测厚仪）来进行检测。加工较复杂工件时，为了在加工中能随时掌握质量情况，应安排几次计划停机。用人工介入方法进行中间检测。

习 题 4

一、单选题

4.1 工序的构成不包括（　　）项。

    A. 安装   B. 工步   C. 工位   D. 进给

4.2 用来确定本工序中加工表面的尺寸、形状和位置的基准叫（　　）基准。

    A. 定位   B. 工艺   C. 工序   D. 设计

4.3 机械加工工艺系统由机床、刀具、工件和（　　）四要素组成。

    A. 人   B. 环境   C. 夹具   D. 设计容量

4.4 连续钻削几个相同直径的孔可视为一个（　　）。

A．安装   B．工步   C．工位   D．进给

4.5 由一个工人，在一个工作地点，对一个工件所连续完成的那一部分工作就是一个（ ）。

     A．工序   B．工步   C．工位   D．安装

4.6 在加工表面、刀具都不变的情况下，所连续完成的那部分工艺过程称为（ ）。

     A．工步   B．工序   C．工位   D．进给

4.7 采用机械加工方法，直接改变毛坯的形状、尺寸、相对位置和性质，使之成为成品或半成品的过程称为（ ）。

     A．生产过程   B．机械加工工艺过程   C．机械加工工艺规程

4.8 在数控机床上加工零件，下列工序划分的方法中不正确的是（ ）。

     A．按所用刀具划分   B．按批量大小划分   C．按粗精加工划分

4.9 编排数控机床加工工序时，为了提高精度，可采用（ ）。

     A．精密专用夹具   B．一次装夹多工序集中   C．流水线作业法   D．工序分散加工法

4.10 一年中分批轮流地制造几种不同的产品，每种产品均有一定数量、一定工作地点的加工对象周期性重复的生产称为（ ）

     A．单件生产   B．成批生产   C．大量生产

4.11 "工序集中"的每一工序内容（ ）

     A．少   B．多   C．中等   D．无定义

4.12 零件如图 4.21 所示，欲镗两个 $\phi47H7$ 孔并精铣上表面。毛坯余量为 5mm，未钻底孔，底面作为基准面已加工。按基本工序安排原则，最佳的工序安排是（ ）。

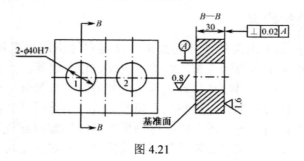

图 4.21

     A．粗铣平面→精铣平面→粗钻孔 1→粗镗孔 1→精镗孔 1→粗钻孔 2→粗镗孔 2→精镗孔 2

     B．粗钻孔 1→粗镗孔 1→精镗孔 1→粗钻孔 2→粗镗孔 2→精镗孔 2→粗铣平面→精铣平面

     C．粗铣平面→粗钻孔 1 和孔 2→粗镗孔 1 和孔 2→精铣平面→精镗孔 1 和孔 2

     D．粗钻孔 1→粗镗孔 1→精镗孔 1→粗铣平面→精铣平面→粗钻孔 2→粗镗孔 2→精镗孔 2

4.13 光整加工的加工精度可达（ ）级以上。

     A．IT5   B．IT6   C．IT7   D．IT8

4.14 加工外圆表面采用粗车→半精车→精车的加工方案，一般可达到的精度和表面粗糙度是（ ）。

     A．IT7～IT8, R_a0.8～1.6   B．IT9～IT10, R_a3.2～6.3   C．IT5～IT6, R_a0.4～0.8

4.15 （ ）加工一些次要表面达到技术要求，并为精加工做好准备。

     A．粗加工阶段   B．半精加工阶段   C．精加工阶段

4.16 相邻两工序的工序尺寸之差，称为（ ）。

     A．工序余量   B．加工余量   C．加工总余量

4.17 回转体表面的加工余量是（ ）。

A．对称余量　　　　B．单边余量　　　　C．工序余量　　　　D．直径余量

4.18 在工艺尺寸链中，间接保证尺寸的环，称为（ ）。

A．增环　　　　　B．封闭环　　　　C．组成环　　　　D．间接环

4.19 尺寸链组成环中，由于该环减小使封闭环增大的环称为（ ）。

A．增环　　　　　B．闭环　　　　C．减环　　　　D．间接环

4.20 在选择工艺尺寸链封闭环时，我们应该（ ）。

A．尽量与零件图样上的尺寸一致　　　　B．尽量选择公差大的尺寸作为封闭环

C．尽量选择不容易测量的尺寸作为封闭环　　D．以上都正确

4.21 回转体表面的加工余量是（ ）。

A．对称余量　　　　B．单边余量　　　　C．工序余量　　　　D．直径余量

二、判断题（正确的打√，错误的打×）

4.22 拟定工艺路线的主要内容有定位基准的选择、表面加工方法的选择、加工顺序的安排、加工设备和工艺装备的选择等内容。（ ）

4.23 确定毛坯要从机械加工考虑最佳效果，不需考虑毛坯制造的因素。（ ）

4.24 精度很高、表面粗糙度值很小的表面，要安排光整加工，以提高加工表面的形状精度和位置精度。（ ）

4.25 划分加工阶段能保证加工质量，有利于合理使用设备，便于安排热处理工序，便于及早发现毛坯缺陷，保护高精度表面少受磕碰损坏。（ ）

4.26 区分工序的主要依据是设备（或工作地）是否变动。（ ）

4.27 工序集中就是将工件的加工内容，集中在少数几道工序内完成，每道工序的加工内容多。（ ）

4.28 定位基面实质仍是基准。（ ）

4.29 被选作精基准的表面应先加工。（ ）

4.30 当基准不重合时，各工序尺寸的确定只能由最后一道工序向前推算至毛坯尺寸。（ ）

4.31 考虑被加工表面技术要求是选择加工方法的唯一依据。（ ）

4.32 在机械加工中，为保证加工可靠性，工序余量留得过多比留得太少好。（ ）

4.33 尺寸链中间接保证尺寸的环，称为封闭环。（ ）

4.34 一般用途的直径相差较大的阶梯轴，宜选择圆棒料。（ ）

4.35 锻件适合于力学性能要求高、形状复杂零件的毛坯。（ ）

4.36 调质即可以作为预备热处理工序，也可以作为最终热处理工序。（ ）

三、简答题

4.37 应该怎样选择毛坯种类、制造方法和毛坯精度？

4.38 试述机械加工过程中安排热处理工序的目的及其安排顺序。

4.39 图 4.22 所示零件的工艺过程为：

（1）车外圆至 $\phi 30.5_{-0.1}^{0}$ mm。

（2）铣键槽深度为 $H_0^{+T_{\mathrm{H}}}$。

（3）热处理。

（4）磨外圆至 $\phi30^{+0.036}_{+0.016}$ mm。

设磨后外圆与车后外圆的同轴度公差为 $\phi0.05$ mm，求保证键槽深度设计尺寸 $4^{+0.2}_{0}$ mm 的铣槽深度 $H^{+T_H}_0$。

4.40 图 4.23 所示零件，$A_1 = 70^{-0.02}_{-0.07}$ mm，$A_2 = 60^{0}_{-0.04}$ mm，$A_3 = 20^{+0.19}_{0}$ mm。因 A_3 不便测量，试重新标出测量尺寸 A_4 及其公差。

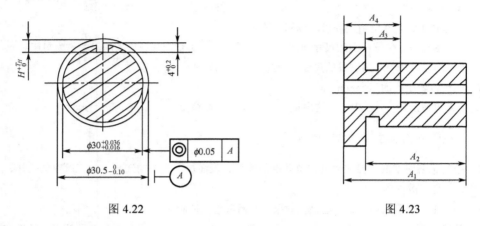

图 4.22　　　　　　　　　　图 4.23

4.41 图 4.24 所示为车床传动轴。图中 $2 \times \phi25k7$ 为支承轴颈，$\phi35h7$ 为配合轴颈。工作中承受中等载荷，冲击力较小，为小批量生产。要求：

（1）确定零件材料和毛坯。

（2）选择加工方案和定位基准。

（3）安排加工顺序。

制订该传动轴的加工工艺过程。

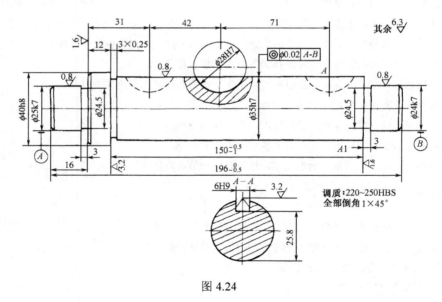

图 4.24

4.42 零件如图 4.25 所示，单件小批量生产，试完成下列工作：

（1）选择材料、毛坯并绘制毛坯图。

（2）制订加工工艺过程（按工序号、工序名称、工序内容、定位面及装夹方法、工序简图和加工设备等列表说明）。

要求用普通机床和数控机床共同加工。

4.43 试指明下列工艺过程中的工序、安装、工位及工步。小轴（坯料为棒料）加工顺序如图 4.26 所示。

（1）在卧式车床上车左端面，钻中心孔。

（2）在卧式车床上夹右端，顶左端中心孔，粗车左端台阶。

（3）调头，在卧式车床上车右端面，钻中心孔。

（4）在卧式车床上夹左端，顶右端中心孔，粗车右端台阶。

（5）在卧式车床上用两顶尖，精车各台阶。

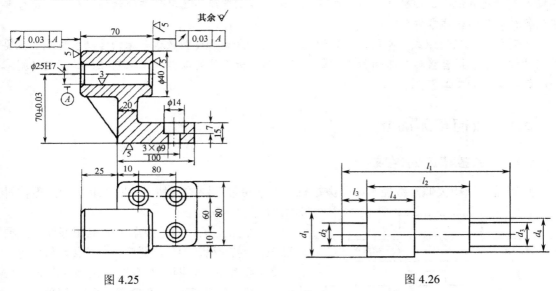

图 4.25   图 4.26

4.44 按图 4.27 所示零件的尺寸要求，其加工过程为：

（1）在铣床上铣底平面。

（2）在另一铣床上铣 K 面。

（3）在钻床上钻、扩、铰 $\phi20H8$ 孔，保证尺寸 125 ± 0.1mm。

（4）在铣床上加工 M 面，保证尺寸 165 ± 0.3mm。

试求以 K 面定位加工 $\phi16H7$ 孔的工序尺寸，分析以 K 面定位的优缺点。

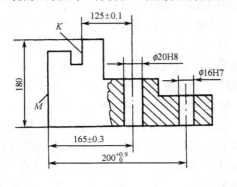

图 4.27

第5章　数控车床及车削加工工艺

内容提要及学习要求

数控车床即装备了数控系统的车床或采用了数控技术的车床。一般是将事先编好的加工程序输入到数控系统中，由数控系统通过伺服系统去控制车床各运动部件的动作，加工出符合要求的各种形状回转体零件。

了解数控机床的组成、布局、刀架形式、用途、分类和典型数控车床的传动系统及其主要机械结构；了解适合数控车床的加工对象；能正确分析零件的数控加工工艺性，并制定典型零件的数控车削加工工艺。

5.1　数控车床简介

5.1.1　数控车床的组成

与普通机床相类似，数控车床是数控机床中应用最广泛的一种。如图 5.1 所示，数控机床大致由五个部分组成：

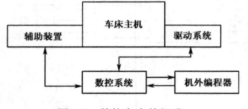

图 5.1　数控车床的组成

（1）车床主机。即数控车床的机械部件，主要包括床身、主轴箱、刀架、尾座、进给传动机构等。

（2）数控系统。即控制系统，是数控车床的控制核心，其中包括 CPU、存储器、CRT 等部分。

（3）驱动系统。即伺服系统，是数控车床切削工作的动力部分，主要实现主运动和进给运动。

（4）辅助装置。是为加工服务的配套部分，如液压、气动装置，冷却、照明、润滑、防护和排屑装置。

（5）机外编程器。是在普通的计算机上安装一套编程软件，使用这套编程软件以及相应的后置处理软件，就可以生成加工程序。通过车床控制系统上的通信接口或其他存储介质（如软盘、光盘等），把生成的加工程序输入到车床的控制系统中，完成零件的加工。

总体上，数控车床与普通车床相比，其结构上仍然由床身、主轴箱、刀架、进给传动系统、液压、冷却、润滑系统等部分组成。但数控车床由于实现了计算机数字控制，其进给系统与普通车床的进给系统在结构上存在着本质的差别。在普通车床中，主运动和进给运动的动力都来源于同一台电机，它的运动是由电机经过主轴箱变速，传动至主轴，实现主轴的转动，同时经过交换齿轮架、进给箱、光杠或丝杠、溜板箱传到刀架，实现刀架的纵向进给移动和横向进给移动。主轴转动与刀架移动的同步关系依靠齿轮传动链来保证。而数控车床则与之完全不同，其主运动和进给运动是由不同的电机来驱动的，即主运动（主轴回转）由主轴电机驱动，主轴采用变频无级调速的方式进行变速。驱动系统采用伺服电机（对于小功率的车床采用步进电机）驱动，经过滚珠丝杠传送到机床滑板和刀架，以连续控制的方式，实现刀具的纵向（Z 向）进给运动和横向（X 向）进给运动。这样，数控车床的机械传动结构大为简化，精度和自动化程度大大提高。数控车床也有加工各种螺纹的功能，而其主运动和进给运动的同步信号来自于安装在主轴上的脉冲编码器。当主轴旋转时，脉冲编码器便向数控系统发出检测脉冲信号。数控系统对脉冲编码器的检测信号进行处理后传给伺服系统中的伺服控制器，伺服控制器再去驱动伺服电机移动，从而使主运动与刀架的切削进给保持同步。

5.1.2 数控车床的布局

数控车床的主轴、尾座等部件相对于床身的布局形式与普通机床基本一致，而刀架和导轨的布局形式发生了根本的变化，这是因为刀架和导轨的布置形式直接影响数控车床的使用性能及机床的结构和外观所致。另外，数控车床上都设有封闭的防护装置，有些还安装了自动排屑装置。

1. 床身和导轨的布局

数控车床床身导轨与水平面的相对位置如图 5.2 所示，它有 4 中布局形式：图 5.2（a）为平床身，图 5.2（b）为斜床身，图 5.2（c）为平床身斜滑板，图 5.2（d）为立床身。

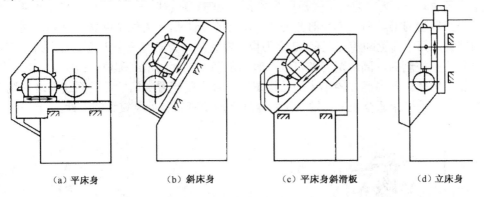

（a）平床身　　　　（b）斜床身　　　　（c）平床身斜滑板　　　　（d）立床身

图 5.2　数控车床的布局形式

水平床身的工艺性好，便于导轨面的加工。水平床身配上水平放置的刀架可提高刀架的运动精度，一般可用于大型数控车床或小型精密数控车床的布局。但是水平床身由于下部空间小，故排屑困难。从结构尺寸上看，刀架水平放置使得滑板横向尺寸较长，从而加大了机床宽度方向的结构尺寸。

水平床身配上倾斜放置的滑板，并配置倾斜式导轨防护罩，这种布局形式一方面有水平床身工艺性好的特点，另一方面机床宽度方向的尺寸较水平配置滑板的要小，且排屑方便。

水平床身配上倾斜放置的滑板和斜床身配置斜滑板布局形式排屑容易，热铁屑不会堆积在导轨上，也便于安装自动排屑器；操作方便，易于安装机械手，以实现单机自动化；机床占地面积小，外形简洁、美观，容易实现封闭式防护，所以中、小型数控车床普遍采用这两种布局形式。

斜床身其导轨倾斜的角度分别为 30°、45°、60°、75°，当角度为 90° 时称为立式床身。倾斜角度小，排屑不便；倾斜角度大，导轨的导向性差，受力情况也差。导轨倾斜角度的大小还会直接影响机床外形尺寸高度与宽度的比例。综合考虑上面的诸因素，中小规格的数控车床，其床身的倾斜度以 60° 为宜。

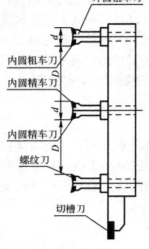

外圆粗车刀

内圆粗车刀
内圆精车刀

内圆精车刀
螺纹刀

切槽刀

图 5.3　排刀法

2．刀架的布局

刀架作为数控车床的重要部件，它安装各种切削加工工具，其结构和布局形式对机床整体布局及工作性能影响很大。

数控车床的刀架分为回转式和排刀式刀架两大类。排刀式刀架主要用于小型数控车床，适用于短轴或套类零件的加工，排刀法如图 5.3 所示。回转式刀架是普遍采用的刀架形式，它通过回转头的旋转、分度、定位来实现机床的自动换刀工作。

目前两轴联动数控车床多采用 12 工位的回转刀架，也有采用 6 工位、8 工位、10 工位回转刀架的。回转刀架在机床上的布局有两种形式。一种是用于加工盘类零件的回转刀架，其回转轴垂直于主轴；另一种是用于加工轴类和盘类零件的回转刀架，其回转轴平行于主轴。

四坐标控制的数控车床，床身上安装有两个独立的滑板和回转刀架，故称为双刀架四坐标数控车床。图 5.4 所示为双刀架卧式数控车床的刀架配置示意图，图 54（a）所示为两个独立的回转，一个为后置刀架，另一个为前置刀架；图 5.4（b）所示为两个回转刀架相对主轴回转中心的布局位置，其中后置回转刀架有 12 个刀位，前置回转刀架有 8 个刀位。其上每个刀架的切削进给量是分别控制的，因此两刀架可以同时切削同一工件的不同部位，既扩大了加工范围，又提高了加工效率。四坐标数控车床的结构复杂，且需要配置专门的数控系统实现对两个独立刀架的控制。这种机床适合加工曲轴、飞机零件等形状复杂、批量较大的零件。

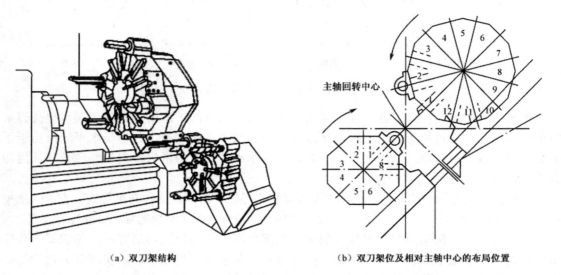

（a）双刀架结构　　　　　　　　　　（b）双刀架位及相对主轴中心的布局位置

图 5.4　双刀架卧式数控车床的刀架配置示意图

5.1.3　数控车床的用途

数控车床与卧式车床一样，也是用来加工轴类或盘类的回转体零件，如图 5.5 所示。但是由于数控车床自动完成内外圆柱面、圆锥面、圆弧面、端面、螺纹等工序的切削加工，并能进行切槽、钻孔、镗孔、扩孔、铰孔等加工。所以，除此之外，数控车床还特别适合加工形状复杂、精度要求高的轴类或盘类零件。其加工零件的尺寸精度可以达到 IT5～IT6，加工表面的粗糙度可以达到 $R_a1.6\mu m$ 以下。

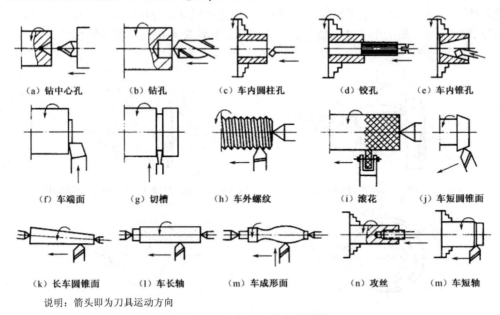

（a）钻中心孔　　（b）钻孔　　（c）车内圆柱孔　　（d）铰孔　　（e）车内锥孔

（f）车端面　　（g）切槽　　（h）车外螺纹　　（i）滚花　　（j）车短圆锥面

（k）长车圆锥面　　（l）车长轴　　（m）车成形面　　（n）攻丝　　（m）车短轴

说明：箭头即为刀具运动方向

图 5.5　车床加工的典型表面

数控车床具有加工灵活，通用性强，能适应产品的品种和规格频繁变化的特点，能够满足新产品的开发和多品种、小批量、生产自动化的要求，因此被广泛应用于机械制造业，例如汽车制造厂、发动机制造厂、机床制造业等。

5.1.4　数控车床的分类

随着数控车床制造技术的不断发展，数控车床形成了品种繁多、规格不一的局面。对数控车床的分类可以采取不同的方法。

1. 按数控系统的功能和机械结构的档次分

（1）经济型数控车床。经济型数控车床是在普通车床基础上改造而来的，一般采用步进电动机驱动的开环控制系统，其控制部分通常采用单板机或单片机来实现。此类车床结构简单，价格低廉，但缺少一些诸如刀尖圆弧半径自动补偿和恒表面线速度切削等功能。一般只能进行两个平动坐标（刀架的移动）的控制和联动。

（2）全功能型数控车床。全功能型数控车床就是我们日常所说的"数控车床"。它的控制系统是全功能型的，带有高分辨率的 CRT，带有各种显示、图形仿真、刀具和位置补偿等功能，带有通信或网络接口；采用闭环或半闭环控制的伺服系统，可以进行多个坐标轴的控制；具有高刚度、高精度和高效率等特点。如配有日本 FUNUC-OTE、德国 SIEMENS-810T 系统的数控车床都是全功能型的。

（3）车削中心。车削中心是在全功能型数控车床基础上发展起来的一种复合加工机床，配备刀库、自动换刀器、分度装置、铣削动力头和机械手等部件，能实现多工序复合加工。工件在一次装夹后，它不但能完成数控车床对回转型面的加工，还能完成回转零件上各个表面加工，如圆柱面或端面上铣槽或平面等（如图 5.6 所示）。这就要求主轴除了能承受切削力的作用和实现自动变速控制外，主轴还要能绕 Z 轴旋转作插补运动或分度运动，车削中心主轴的这种功能称为 C 轴功能。车削中心的功能全面，加工质量和速度都很高，但价格也较高。

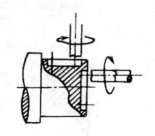 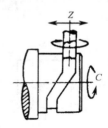

（a）C 轴定向时，在圆柱面和端面上铣槽　　　（b）C 轴、Z 轴联动进给插补，在圆柱面上铣螺旋槽

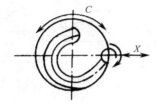 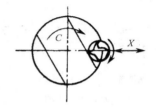

（c）C 轴、X 轴联动进给插补，在端面上铣螺旋槽　　　（d）C 轴、X 轴联动进给插补，铣直线和平面

图 5.6　车削中心主轴的 C 轴功能

（4）FMC 车床。FMC 是英文 Flexible Manufacturing Cell（柔性加工单元）的缩写。

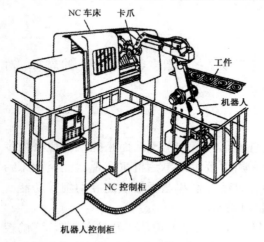

图 5.7　FMC 车床示图

FMC 车床实际上就是一个由数控车床、机器人等构成的系统。它能实现工件搬运、装卸的自动化和加工调整准备的自动化操作，如图 5.7 所示。

2．按主轴的配置形式分

（1）卧式数控车床。主轴轴线处于水平位置的数控车床。卧式数控车床的刀架布局结构有前置和后置两种。

（2）立式数控车床。主轴轴线处于垂直位置的数控车床。

还有具有两根主轴的车床，称为双轴卧式数控车床或双轴立式数控车床。

3．按数控系统控制的轴数分

（1）两轴控制的数控车床。机床上只有一个回转刀架或两个排刀架，多采用水平导轨，可实现两坐标轴控制。

（2）四轴控制的数控车床。机床上有两个独立的回转刀架，多采用斜置导轨，可实现四坐标轴控制。

对于车削中心或柔性制造单元，还要增加其他的辅助坐标轴来满足机床的功能要求。目前我国使用较多的是中小规格的两坐标联动控制的数控机床。

5.1.5　数控车床的传动与主要机械结构

从以上分析中可以知道，普通车床与数控车床在机械结构上有很多相同之处，两者都由床身、主轴箱、刀架和进给机构以及液压、润滑、冷却、照明、防护等部分构成，但各自也有各自的特点。正是由于各自的特点，形成了两者的区别。

MJ-50 数控车床为济南第一机床厂生产的全功能型数控车床，是二坐标连续控制的卧式车床，可选配日本的 FANUC-0TE、德国的 SIEMENS、台湾的 HUST-11T 三种控制系统。图 5.8 所示是该数控车床的外观图。下面以 MJ-50 数控车床为例介绍数控车床的传动与主要机械结构。

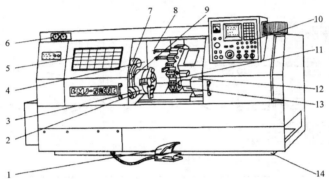

1—主轴卡盘夹紧与松开的脚踏开关；2—对刀仪；3—主轴卡盘；4—主轴箱；5—机床防护门

6—液压系统压力表；7—对刀仪防护罩；8—机床防护罩；9—对刀仪转臂；10—操作面板

11—回转刀架；12—尾座；13—30°倾斜布置的滑板；14—平床身

图 5.8　MJ-50 数控车床的外观图

1．主传动系统和主轴部件

（1）主运动传动系统。图 5.9 所示为 MJ-50 数控车床的传动系统图。其中主运动传动系统由功率为 11/15kW 的交流伺服电机驱动，经一级速比为 1:1 的皮带传动，直接带动主轴旋转。主轴在 35r/min～3500r/min 的转速范围内实现无级调速。由于主轴的调速范围不是很大，所以在主轴箱内省去了齿轮传动变速机构，因此减少了齿轮传动对主轴精度的影响，并且维修方便。

（2）主轴部件。主轴部件是机床实现旋转运动的执行件，MJ-50 数控车床主轴箱结构如图 5.10 所示。交流主轴电动机通过带轮 15 把运动传给主轴 7。主轴有前后两个支承。前支承由一个圆锥孔双列圆柱滚子轴承 11 和一对角接触球轴承 10 组成，轴承 11 用来承受径向载荷，两个角接触球轴承一个大口向外（朝向主轴前端），另一个大口向里（朝向主轴后端），用来承受双向的轴向载荷和径向载荷。前支承轴承的间隙用螺母 8 来调整。螺钉 12

用来防止螺母 8 回松。主轴的后支承为圆锥孔双列圆柱滚子轴承 14，轴承间隙由螺母 1 和 6 来调整。螺钉 17 和 13 是防止螺母 1 和 6 回松的。主轴的支承形式为前端定位，主轴受热膨胀向后伸长。前后支承所用圆锥孔双列圆柱滚子轴承的支承刚性好，允许的极限转速高。前支承中的角接触球轴承能承受较大的轴向载荷，且允许的极限转速高。主轴所采用的支承结构适宜高速大载荷的需要。主轴的运动经过同步带轮 16 和 3 以及同步带 2 带动脉冲编码器 4，使其与主轴同步运转。脉冲编码器用螺钉 5 固定在主轴箱体 9 上。

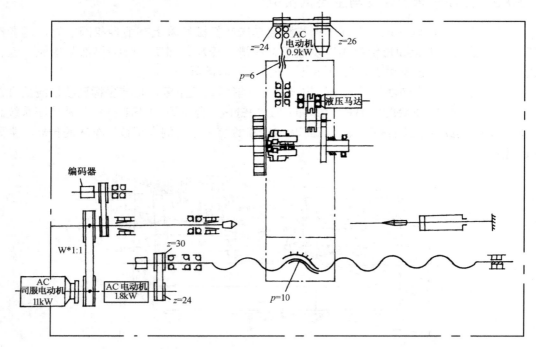

图 5.9　MJ-50 数控车床传动系统图

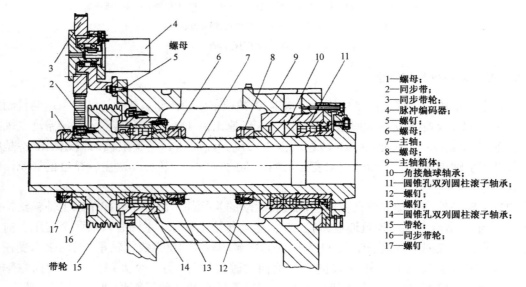

图 5.10　MJ-50 数控车床主轴箱结构简图

1—螺母；
2—同步带；
3—同步带轮；
4—脉冲编码器；
5—螺钉；
6—螺母；
7—主轴；
8—螺母；
9—主轴箱体；
10—角接触球轴承；
11—圆锥孔双列圆柱滚子轴承；
12—螺钉；
13—螺钉；
14—圆锥孔双列圆柱滚子轴承；
15—带轮；
16—同步带轮；
17—螺钉

2. 进给传动机构及传动装置

（1）进给传动系统。数控车床的进给传动系统是控制 X、Z 坐标轴的伺服系统的主要组成部分，它采用伺服电动机驱动，通过滚珠丝杠螺母带动刀架移动，所以刀架的快速移动与进给运动均为同一传动路线。

如图 5.9 所示，MJ-50 数控车床的进给传动系统分为 X 轴进给传动和 Z 轴进给传动。X 轴进给由功率为 0.9kW 的交流伺服电动机驱动，经 20/24 的同步带轮传动到滚珠丝杠上，螺母带动回转刀架移动，滚珠丝杠螺距为 6mm。Z 轴进给也是由交流伺服电动机驱动，经 24/30 的同步带轮传动到滚珠丝杠，其上螺母带动滑板移动。该滚珠丝杠螺距为 10mm，电动机功率为 1.8kW。

（2）横向（X 轴）进给传动装置。图 5.11 是 MJ-50 型数控车床 X 轴进给传动装置的结构简图。交流伺服电机 15 经过同步带轮 14 和 10 以及同步齿形带 12，带动滚珠丝杠 6 进行转动。丝杠上的螺母 7 带动（如图（b）所示）刀架 21 沿滑板 1 的导轨移动，实现 X 轴的进给运动。电机轴与同步带轮 14 之间用键 13 连接。滚珠丝杠采用前后两个支撑。前支承 3 由三个角接触球轴承组成，一个轴承大口向前，两个轴承大口向后，分别承受双向的轴向载荷。前支承的轴承由螺母 2 进行预紧。后支承 9 为一对角接触球轴承，轴承大口相背放置，由螺母 11 预紧。这种丝杠两端固定的支承形式，其结构和工艺都较复杂，但可以保证和提高丝杠的轴向刚度。脉冲编码器 16 安装在伺服电机的尾部。图中 5 和 8 是缓冲块，在出现意外碰撞时可以起保护作用。

A–A 剖面图表示滚珠丝杠前支承的轴承座 4 用螺钉 20 固定在滑板上。滑板导轨如 B–B 剖视图所示为矩形导轨。镶条 17、18、19 用来调整刀架与滑板导轨的间隙。

图（b）中 22 为导轨护板，26、27 为机床参考点的限位开关和挡块。镶条 23、24、25 用于调整滑板与床身导轨的间隙。

因为滑板顶面导轨与水平面倾斜 30°，回转刀架会由于自身的重力而发生下滑，滚珠丝杠和螺母不能以自锁方式阻止其下滑，所以机床要依靠交流伺服电机的电磁制动来实现自锁。

（3）纵向（Z 轴）进给传动装置。图 5.12 是 MJ-50 数控车床 Z 轴进给传动装置的简图。交流伺服电机 14 经同步带轮 12 和 2 以及同步齿形带 11 传动到滚珠丝杠 5。再由螺母 4 带动滑板连同刀架沿床身 13 的矩形导轨进行移动（图（b）），实现了 Z 轴的进给运动。图（b）所示的伺服电机轴与同步带轮 12 之间用锥环无键连接，局部放大视图中的 19 和 20 是锥面相互配合的内外锥环。当拧紧螺钉 17 时，法兰 18 的端面就压迫外锥环 20，使其向外膨胀，内锥环 19 受力后向电机轴方向收缩，从而使电机轴与同步带轮连接在一起。这种连接方式无需在被连接件上开键槽，而且两锥环的内外圆锥面压紧后，使连接配合面无间隙，对中性较好。选用锥环对数的多少，取决于所传递扭矩的大小。

滚珠丝杠的左支承由三个角接触球轴承 15 组成。其中右边两个轴承与左边一个轴承的大口相对布置，由螺母 16 进行预紧。如图 5.12（a）所示，滚珠丝杠的右支承 7 为一个圆柱滚子轴承，只用于承受径向载荷，轴承间隙用螺母 8 来调整。滚珠丝杠的支承形式为左端固定，右端浮动，留有丝杠受热膨胀后轴向伸长的余地。3 和 6 为缓冲挡块，起越程保护作用。B 向视图中的螺钉 10 将滚珠丝杠的右支承轴承座 9 固定在床身 13 上。

如图 5.12（b）所示，Z 轴进给装置的脉冲编码器 1 与滚珠丝杠 5 相连接，直接检测丝杠的回转角度，从而提高系统对 Z 向进给的精度控制。

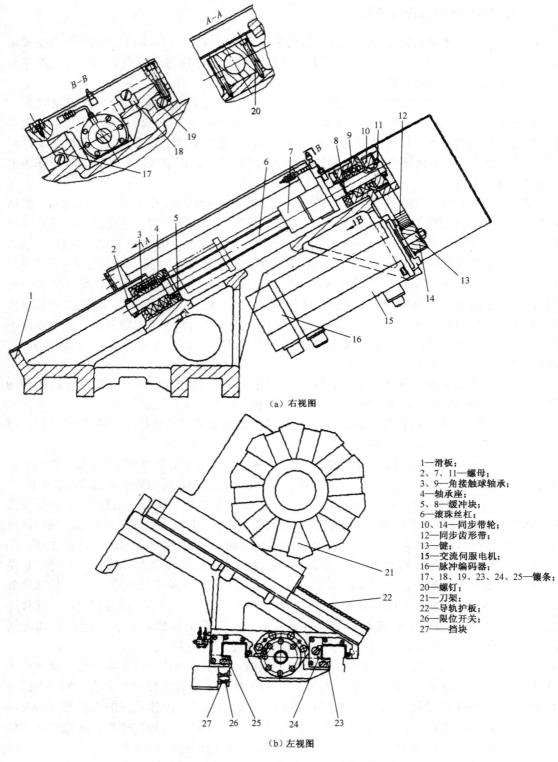

1—滑板；
2、7、11—螺母；
3、9—角接触球轴承；
4—轴承座；
5、8—缓冲块；
6—滚珠丝杠；
10、14—同步带轮；
12—同步齿形带；
13—键；
15—交流伺服电机；
16—脉冲编码器；
17、18、19、23、24、25—镶条；
20—螺钉；
21—刀架；
22—导轨护板；
26—限位开关；
27—挡块

（a）右视图

（b）左视图

图 5.11 MJ-50 数控车床 X 轴进给装置简图

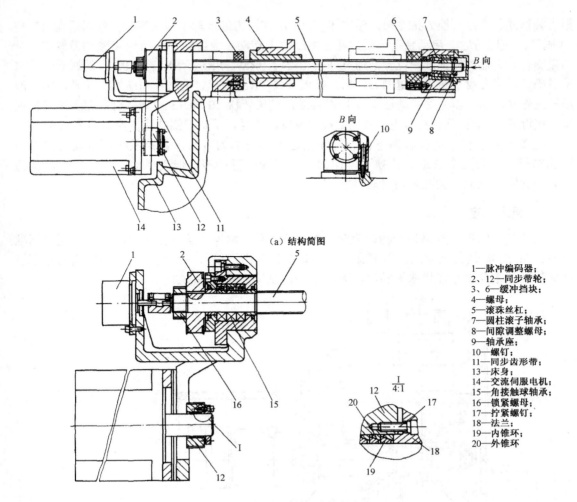

（a）结构简图

1—脉冲编码器；
2、12—同步带轮；
3、6—缓冲挡块；
4—螺母；
5—滚珠丝杠；
7—圆柱滚子轴承；
8—间隙调整螺母；
9—轴承座；
10—螺钉；
11—同步齿形带；
13—床身；
14—交流伺服电机；
15—角接触球轴承；
16—锁紧螺母；
17—拧紧螺钉；
18—法兰；
19—内锥环；
20—外锥环

（b）局部剖视图与局部放大图

图 5.12　MJ-50 数控车床 Z 轴进给装置简图

　　滚珠丝杠螺母轴向间隙可通过施加预紧力的方法消除。预紧载荷能有效地减小弹性变形所带来的轴向位移。但过大的预紧力将增加摩擦阻力，降低传动效率，并使寿命大为缩短。所以，一般要经过几次仔细调整才能保证机床在最大轴向载荷下，既消除间隙，又能灵活运转。

　　目前，丝杠螺母副已由专业厂生产，其预紧力由制造厂调好供用户使用。

3．刀架

　　刀盘运动是指实现刀架上刀盘的松开、转位、定位与夹紧的运动以完成刀具的自动转换。图 5.13 为 MJ-50 数控车床所使用的卧式回转刀架结构简图。其转位换刀过程为：当接收到数控系统的换刀指令后，刀盘松开→刀盘旋转到指令要求的刀位→刀盘夹紧并发出转位动作结束信号。回转刀架的夹紧与松开、刀盘的转位均由液压系统驱动、PLC 顺序控制来实现。

　　图 5.13 中，11 是安装刀具的刀盘，它与刀架主轴 6 固定连接。当刀架主轴 6 带动刀盘旋转时，刀盘上的鼠牙盘 13 和固定在刀架上的鼠牙盘 10 脱开，刀盘旋转到指定刀位后，刀盘定位就依靠鼠牙盘的啮合来完成。

　　活塞 9 支承在一对推力球轴承 7 和 12 及双列滚针轴承 8 上，它可以通过推力轴承带动刀架主轴移动。当接到换刀指令时，活塞 9 及轴 6 在压力油推动下向左移动，使鼠牙盘 13 与 10 脱开，液压马达 2 启动带动平板共轭分度凸轮 1 转动，经齿轮 5 和齿轮 4 带动刀架主轴及刀盘旋转。刀盘旋转的准确位置，通过开关 PRS$_1$、PRS$_2$、PRS$_3$、PRS$_4$ 及 PRS$_5$ 的通断组合来检测确认。当刀盘旋转到指定的刀位后，接近开关 PRS$_7$ 通电，向数控系统发出信号，指令液压马达停转，这时压力油推动活塞 9 向右移动，使鼠牙盘 10 和 13 重新啮合，刀盘被定位夹紧。接近开关 PRS$_6$ 确认夹紧完毕并向数控系统发出信号，于是刀架的转位换刀循环完成。

在车床处于自动运行状态下，当程序指定了换刀的刀号后，数控系统可以通过内部的运算判断，实现刀盘就近转位换刀，即刀盘可正转也可反转。但当手动操作车床时，从刀盘方向观察，只允许刀盘顺时针转动换刀。

4．机床尾座

在数控车床中，尾座是结构较为简单的一个部件。MJ-50 数控车床出厂时一般配置标准尾座。图 5.14 是其尾座的结构简图。尾座体的移动由滑板带动移动，由手动控制的液压缸将其锁紧在床身上。在机床调整时，可以手动控制尾座套筒移动。

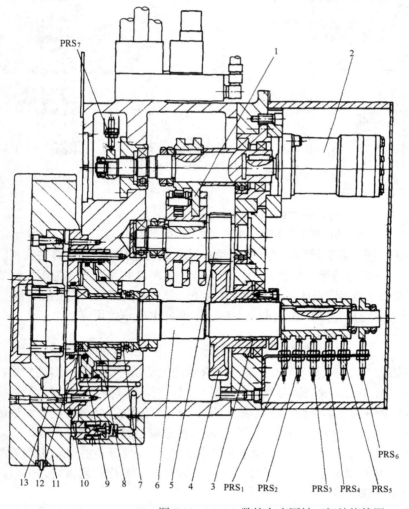

1—平板共轭分度凸轮；
2—液压马达；
3—衬套；
4、5—齿轮；
6—刀架主轴；
7、12—推力球轴承；
8—双列滚针轴承；
9—活塞；
10、13—鼠牙盘；
11—刀盘；
PRS$_1$～PRS$_5$—刀位开关；
PRS$_6$—刀盘夹紧开关；
PRS$_7$—刀盘定位开关

图 5.13　MJ-50 数控车床回转刀架结构简图

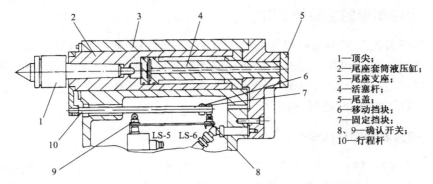

图 5.14　MJ-50 数控车床尾座结构简图

1—顶尖；
2—尾座套筒液压缸；
3—尾座支座；
4—活塞杆；
5—尾盖；
6—移动挡块；
7—固定挡块；
8、9—确认开关；
10—行程杆

图 5.14 中的顶尖 1 与尾座套筒液压缸 2 用锥孔连接，尾座套筒液压缸可带动顶尖一起移动。在机床自动运行循环中，可通过加工程序由数控系统控制尾座套筒的移动。当数控系统发出尾座套筒伸出的指令后，液压电磁阀动作，压力油通过活塞杆 4 的内孔进入套筒液压缸 2 的左腔，推动尾座套筒伸出；当数控系统指令其退回时，压力油进入套筒液压缸的右腔，从而使尾座套筒退回。

尾座套筒移动的行程，依靠调整套筒外部连接的行程杆 10 上面的移动挡块 6 来完成。图 5.14 中所示移动挡块的位置在右端极限位置时，套筒的行程最长。

当套筒伸出到位时，行程杆上的挡块 6 压下确认开关 9，向数控系统发出尾座套筒到位信号；当套筒退回时，行程杆上的固定挡块 7 压下确认开关 8，向数控系统发出套筒退回的确认信号。

5. 卡盘

图 5.15 为 MJ-50 数控车床所使用的液压自定心卡盘简图。卡盘 3 用螺钉固定在主轴前端，回转液压缸 5 固定在主轴后端，改变液压缸左右腔的通油状态，活塞杆 4 就可带动卡盘内的驱动爪 1 驱动卡爪 2 移动，夹紧或松开工件，并通过行程开关 6 和 7 发出相应的信号。

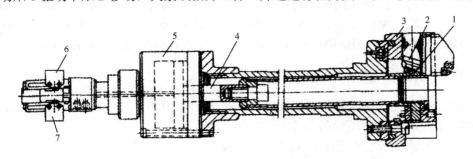

1—驱动器；2—卡爪；3—卡盘；4—活塞杆；5—液压缸；6、7—行程开关

图 5.15　MJ-50 数控车床的液压卡盘结构简图

5.2　数控车床加工工艺分析

在数控机床上加工零件时，要把被加工零件的全部工艺过程、工艺参数等编制成程序，整个加工过程是自动进行的，因此程序编制前的工艺分析是一项十分重要的工作。

5.2.1　数控车床的主要加工对象

数控车削是数控加工中用得最多的加工方法之一。由于数控车床具有加工精度高、能作直线和圆弧插补以及在加工过程中能自动变速的特点，因此，其工艺范围较普通机床宽得多。凡是能在数控车床上装夹的回转体零件都能在数控车床上加工。针对数控车床的特点，下列几种零件最适合数控车削加工。

1．精度要求高的回转体零件

由于数控车床刚性好，制造和对刀精度高，以及能方便和精确地进行人工补偿和自动补偿，所以能加工尺寸精度要求较高的零件，在有些场合可以以车代磨。此外，数控车削的刀具运动是通过高精度插补运算和伺服驱动来实现的，再加上机床的刚性好和制造精度高，所以能加工对母线直线度、圆度、圆柱度等形状精度要求高的零件。对于圆弧以及其他曲线轮廓，加工出的形状与图纸上所要求的几何形状的接近程度比用仿形车床要高得多。数控车削工件一次

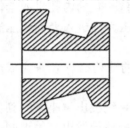

图 5.16　轴承内圈示意图

装夹可完成多道工序的加工，因而对提高加工工件的位置精度特别有效。不少位置精度要求高的零件用普通车床车削时，因机床制造精度低，工件装夹次数多，而达不到要求，只能在车削后用磨削或其他方法弥补。例如，图 5.16 所示的轴承内圈，原采用三台液压半自动车床和一台液压仿形车床加工，需多次装夹，因而造成较大的壁厚差，达不到图纸要求，后改用数控车床加工，一次装夹即可完成滚道和内孔的车削，壁厚差大为减小，且加工质量稳定。

2．表面粗糙度要求高的回转体零件

数控车床具有恒线速切削功能，能加工出表面粗糙度值小而均匀的零件。在材质、精车余量和刀具已定的情况下，表面粗糙度取决于进给量和切削速度。在普通车床上车削锥面和端面时，由于转速恒定不变，致使车削后的表面粗糙度不一致，只有某一直径处的粗糙度值最小。使用数控车床的恒线速切削功能，就可选用最佳线速度来切削锥面和端面，使切削后的表面粗糙度值既小又一致。数控车削还适合于车削各部分表面粗糙度要求不同的零件，粗糙度值要求大的部位选用大的进给量，要求小的部位选用小的进给量。

3．表面形状复杂的回转体零件

由于数控车床具有直线和圆弧插补功能，可以车削由任意直线和曲线组成的形状复杂的回转体零件。如图 5.17 所示的壳体零件封闭内腔的成形面，在普通车床上是无法加工的，而在数控车床上则很容易加工出来。

组成零件轮廓的曲线可以是数学方程式描述的曲线，也可以是列表曲线。对于由直线或圆弧组成的轮廓，直接利用机床的直线或圆弧插补功能；对于由非圆曲线组成的轮廓，可以用非圆曲线插补功能，若所选机床没有非圆曲线插补功能，则应先用直线或圆弧去逼近，然后再用直线或圆弧插补功能

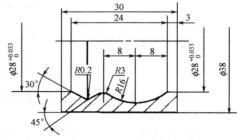

图 5.17　成形内腔零件示例

进行插补切削。

4．带特殊螺纹的回转体零件

普通车床所能车削的螺纹相当有限，它只能车等导程的直、锥面公、英制螺纹，而且一台车床只能限定加工若干种导程。数控车床具有加工各类螺纹的功能，不但能车削任何等导程的直、锥和端面螺纹，而且能车增导程、减导程，以及要求等导程与变导程之间平滑过渡的螺纹，还可以车高精度的模数螺旋零件（如圆柱、圆弧蜗杆）和端面（盘形）螺旋零件等。由于数控车床可以配备精密螺纹切削功能，再加上一般采用硬质合金成形刀具以及可以使用较高的转速，所以车削出来的螺纹精度高，表面粗糙度值小。

5.2.2　数控车床加工零件的工艺性分析

在选择并决定数控加工零件及其加工内容后，应对零件的数控加工工艺性进行全面、认真、仔细的分析，主要包括零件结构工艺性分析与零件图样分析两部分。

1．零件图样分析

首先应熟悉零件在产品中的作用、位置、装配关系和工作条件，搞清楚各项技术要求对零件装配质量和使用性能的影响，找出主要的、关键的技术要求，然后对零件图样进行分析。

（1）尺寸标注方法分析。对于数控加工来说，零件图上应以同一基准引注尺寸或直接给出坐标尺寸。这就是坐标标注法。这种尺寸标注法既便于编程，也便于尺寸之间的相互协调，又利于设计基准、工艺基准、测量基准与编程原点设置的统一。零件设计人员在标注尺寸时，一般总是较多地考虑装配等使用特性方面的要求，因而常采用局部分散的标注方法，这样会给工序安排与数控加工带来诸多不便。实际上，由于数控加工精度及重复定位精度都很高，不会因产生较大的积累误差而破坏使用特性，因此可将局部的尺寸分散标注法改为坐标式标注法。

如图 5.18 所示为将零件设计时采用的局部分散标注（图上部的轴向尺寸）换算为以编程原点为基准的坐标标注尺寸（图下部的尺寸）示例。

（2）零件轮廓的几何要素分析。在手工编程时要计算构成零件轮廓的每一个节点坐标，在自动编程时要对构成零件轮廓的所有几何元素进行定义，因此在分析零件图时，要分析几何元素的给定条件是否充分、正确。由于设计等多方面的原因，可能在图样上出现构成加工轮廓的条件不充分，尺寸模糊不清及多余等缺陷，有时所给条件又过于"苛刻"或自相矛盾，增加了编程工作

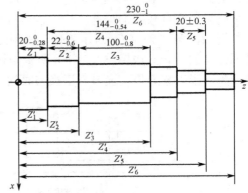

图 5.18　局部分散标注与坐标式标注

的难度，有的甚至无法编程。因此，当审查与分析图样时，一定要仔细认真，发现问题应及时与零件设计者协商解决。

如图 5.19 所示的圆弧与斜线的关系要求为相切，但经计算后却为相交关系，而非相切。又如图 5.20 所示，图样上给定几何条件自相矛盾，其给出的各段长度之和不等于其总长。

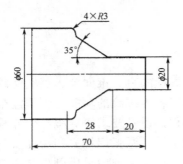

图 5.19　几何要素缺陷示例一

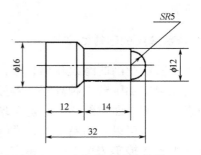

图 5.20　几何要素缺陷示例二

（3）精度及技术要求分析。对被加工零件的精度及技术要求进行分析，是零件工艺性分析的重要内容，只有在分析零件精度和表面粗糙度的基础上，才能对加工方法、装夹方法、进给路线、刀具及切削用量等进行正确而合理的选择。精度及技术要求分析的主要内容如下：

（1）分析精度及各项技术要求是否齐全，是否合理。对采用数控加工的表面，其精度要求应尽量一致，以便最后能一刀连续加工。

（2）分析本工序的数控车削加工精度能否达到图纸要求，若达不到，需采用其他措施（如磨削）弥补的话，注意给后续工序留有余量。

（3）找出图样上有较高位置精度要求的表面，这些表面应在一次安装下完成。

（4）对表面粗糙度要求较高的表面，应确定用恒线速切削。

2．零件结构工艺性分析

零件的结构工艺性是指零件对加工方法的适应性，即所设计的零件结构应便于加工成形，且成本低，效率高。在数控车床上加工零件时，应根据数控车削加工的特色，审查与分析零件结构的合理性。在结构分析时，若发现问题应向设计人员或有关部门提出修改意见，力图在不损害零件使用特性的许可范围内，更多地满足数控加工工艺的各种要求，并尽可能采用适合数控加工的结构，也尽可能发挥数控加工的优越性。

例如，图 5.21（a）所示零件，需用三把不同宽度的切槽刀切槽，如无特殊需要，显然是不合理的，若改成图 5.21（b）所示结构，只需一把刀即可切出三个槽。既减少了刀具数量，少占了刀架刀位，又节省了换刀时间，提高了生产效益。

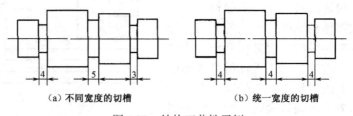

（a）不同宽度的切槽　　　　　　　　　　（b）统一宽度的切槽

图 5.21　结构工艺性示例

5.3　数控车床加工工艺路线的拟订

拟订车削加工工艺路线的主要内容包括：选择各加工表面的加工方法、划分加工阶段、划分工序以及安排工序的先后顺序等。设计者应根据从生产实践中总结出来的一些综合性工艺原则，结合本厂的实际生产条件，提出几种方案，通过对比分析，从中选择最佳方案。

5.3.1 工序的划分

在数控车床上加工零件，应按工序集中的原则划分工序，应在一次安装下尽可能完成大部分甚至全部表面的加工。对于需要多台不同的数控机床、多道工序才能完成加工的零件，工序划分自然以机床为单位进行。而对于需要很少的数控机床就能加工完零件全部内容的情况，一般应根据零件的结构形状不同，选择外圆、端面或内孔、端面装夹，并力求设计基准、工艺基准和编程原点的统一。在批量生产中，常用下列两种方法进行工序的划分。

1. 按安装次数划分工序

以每一次装夹完成的那一部分工艺过程作为一道工序。此种划分工序的方法可将位置精度要求较高的表面安排在一次安装下完成，以免多次安装所产生的安装误差影响位置精度。这种工序划分方法适用于加工内容不多的零件。例如图 5.22 的轴承内圈，其内孔对小端面的垂直度、滚道和大挡边对内孔回转中心的角度差以及滚道与内孔间的壁厚差均有严格的要求，精加工时划分成两道工序，用两台数控车床完成。第一道工序采用图 5.22（a）所示的以大端面和大外径定位装夹的方案，将滚道、小端面及内孔等安排在一次安装下车出，很容易保证上述的位置精度。第二道工序采用图 5.22（b）所示的以内孔和小端面装夹方案，车削大外圆和大端面及倒角。

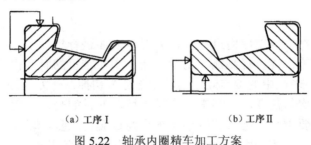

（a）工序 I   （b）工序 II

图 5.22　轴承内圈精车加工方案

2. 按粗、精加工划分工序

对于毛坯余量较大和加工精度要求较高的零件，应将粗车和精车分开，划分成两道或更多的工序。将粗车安排在精度较低、功率较大的数控车床上，将精车安排在精度较高的数控车床上。对于容易发生加工变形的零件，通常粗加工后需要进行矫形，这时粗加工和精加工作为两道工序，可以采用不同的刀具或不同的数控车床加工。这种划分方法适用于零件加工后易变形或精度要求较高的零件。如图 5.17 所示的轴承内圈就因其加工精度要求较高而按粗、精加工划分工序。

例 5.1　加工如图 5.23（a）所示手柄零件，该零件加工所用坯料为 $\phi32\text{mm}$，批量生产，加工时用一台数控车床。工序的划分及装夹方式如下：

工序 1：（如图 5.23（b）所示将一批工件全部车出，包括切断），夹棒料外圆柱面，工序内容有：车出 $\phi12\text{mm}$ 和 $\phi20\text{mm}$ 两圆柱面→圆锥面（粗车掉 $R42\text{mm}$ 圆弧的部分余量）→换刀后按总长要求留下加工余量切断。

工序 2：（见图 5.23（c）），用 $\phi12\text{mm}$ 外圆和 $\phi20\text{mm}$ 端面装夹，工序内容有：车削包络

*SR*7mm 球面的 30°圆锥面→对全部圆弧表面半精车（留少量的精车余量）→换精车刀将全部圆弧表面一刀精车成形。

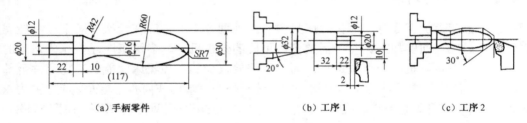

（a）手柄零件　　　　　　　　（b）工序 1　　　　　（c）工序 2

图 5.23　手柄加工示意图

综上所述，在数控加工划分工序时，一定要视零件的结构与工艺性，零件的批量，机床的功能，零件数控加工内容的多少，程序的大小，安装次数及本单位生产组织状况灵活掌握。

5.3.2　加工顺序的确定

在数控车床加工过程中，由于加工对象复杂多样，特别是轮廓曲线的形状及位置千变万化，加上材料、批量不同等多方面因素的影响，具体在确定加工顺序时应根据零件的结构和毛坯的状况，结合定位及夹紧的需要一起考虑，重点应保证工件的刚度不被破坏，尽量减少变形。制订零件车削加工顺序一般遵循下列原则。

1．先粗后精

对于粗、精加工在一道工序内进行的，先对各表面进行粗加工，全部粗加工结束后再进行半精加工和精加工，逐步提高加工精度。粗车将在较短的时间内将工件各表面上的大部分加工余量（如图 5.24 中的双点划线内所示部分）切掉，一方面提高金属切除率，另一方面满足精车的余量均匀性要求。其中，安排半精车的目的是：当粗车后所留余量的均匀性满足不了精加工的要求时，则可安排半精车作为过渡性工步，以便使精加工余量小而均匀。精加工时，零件的轮廓应由最后一刀连续加工而成，以保证加工精度。

2．先近后远

这里所说的远与近，是按加工部位相对于对刀点的距离大小而言的。在一般情况下，离对刀点近的部位先加工，离对刀点远的部位后加工，以便缩短刀具移动距离，减少空行程时间。对于车削加工，先近后远还有利于保持毛坯件或半成品件的刚性，改善其切削条件。

例如，当加工如图 5.25 所示零件时，如果按 $\phi38$mm→$\phi36$mm→$\phi34$mm 的次序安排车

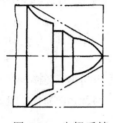

图 5.24　先粗后精

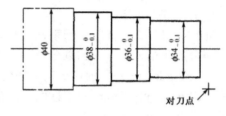

图 5.25　先近后远

削，不仅会增加刀具返回对刀点所需的空行程时间，而且一开始就削弱了工件的刚性，还可能使台阶的外直角处产生毛刺（飞边）。对这类直径相差不大的台阶轴，当第一刀的背吃刀量（图中最大背吃刀量可为 3mm 左右）未超限时，宜按$\phi34mm→\phi36mm→\phi38mm$ 的次序先近后远安排车削。

3．内外交叉

对既有内表面（内型、腔），又有外表面需加工的回转体零件，安排加工顺序时，应先进行外、内表面粗加工，后进行外、内表面精加工。切不可将零件上一部分表面（外表面或内表面）加工完毕后，再加工其他表面（内表面或外表面）。

4．基面先行

用作精基准的表面应优先加工出来，因为定位基准的表面越精确，装夹误差就越小。例如，轴类零件加工时，总是先加工中心孔，再以中心孔为精基准加工外圆表面和端面。

5.3.3　进给路线的确定

确定进给路线的工作重点，主要在于粗加工及空行程的进给路线，因精加工切削过程的进给路线基本上都是沿零件轮廓顺序进行的。

在保证加工质量的前提下，使加工程序具有最短的进给路线，不仅可以节省整个加工过程的执行时间，还能减少一些不必要的刀具消耗及机床进给机构滑动部件的磨损等。实现最短的进给路线，除了依靠大量的实践经验外，还应善于分析，必要时可辅以一些简单的计算。

1．最短的空行程路线

（1）巧用起刀点。图 5.26（a）为采用矩形循环方式进行粗车的一般情况示例。其对刀点 A 的设定是考虑到精车等加工过程中需方便地换刀，故设置在离坯件较远的位置处，同时将起刀点与对刀点重合在一起，按三刀粗车的进给路线安排如下：

第一刀为$A→B→C→D→A$；

第二刀为$A→E→F→G→A$；

第三刀为$A→H→I→J→A$。

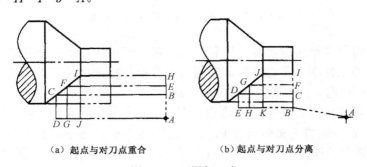

（a）起点与对刀点重合　　　　　　（b）起点与对刀点分离

图 5.26　巧用起刀点

图 5.26（b）则是巧将起刀点与对刀点分离，并设于图示 B 点处，仍按相同的切削量进行三刀粗车，其进给路线安排如下：

起刀点与对刀点分离的空行程为 A→B；

第一刀为 B→C→D→E→B；

第二刀为 B→F→G→H→B；

第三刀为 B→I→J→K→B。

显然，图 5.26（b）所示的进给路线短。该方法也可用在其他循环（如螺纹车削）切削加工中。

（2）巧设换（转）刀点。为了考虑换（转）刀的方便和安全，有时将换（转）刀点也设置在离坯件较远的位置处（如图 5.26 中的 A 点），那么，当换第二把刀后，进行精车时的空行程路线必然也较长；如果将第二把刀的换刀点也设置在图 5.26（b）中的 B 点位置上（因工件已去掉一定的余量），则可缩短空行程距离，但换刀过程中一定不能发生碰撞。

（3）合理安排"回零"路线。在手工编制较为复杂轮廓的加工程序时，为使其计算过程尽量简化，既不出错，又便于校核，编程者有时将每一刀加工完成后的刀具终点通过执行"回零"（即返回对刀点）指令，使其全都返回到对刀点位置，然后再执行后续程序。这样会增加进给路线的距离，从而降低生产效率。因此，在合理安排"回零"路线时，应使其前一刀终点与后一刀起点间的距离尽量减短或者为零，这样即可满足进给路线为最短的要求。另外，在选择返回对刀点指令时，在不发生加工干涉现象的前提下，宜尽量采用 X、Z 坐标轴双向同时"回零"指令，该指令功能的"回零"路线是最短的。

2．粗加工（或半精加工）进给路线

（1）常用的粗加工进给路线。常用的粗加工进给路线见图 5.27 所示。

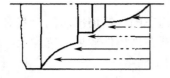 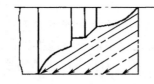 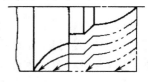

（a）利用数控系统具有的矩形循环功能而安排的"矩形"循环进给路线 　（b）利用数控系统具有的三角形循环功能而安排的"三角形"循环进给路线 　（c）利用数控系统具有的封闭式复合循环功能控制车刀沿工件轮廓等距线循环的进给路线

图 5.27 　常用的粗加工循环进给路线

对以上三种切削进给路线，经分析和判断后可知矩形循环进给路线的进给长度总和最短。因此，在同等条件下，其切削所需时间（不含空行程）最短，刀具的损耗最少。但粗车后的精车余量不够均匀，一般需安排半精车加工。

（2）大余量毛坯的阶梯切削进给路线。图 5.28 所示为车削大余量工件的两种加工路线，图 5.28（a）是错误的阶梯切削路线，图 5.28（b）按 1～5 的顺序切削，每次切削所留余量相等，是正确的阶梯切削路线。因为在同样背吃刀量的条件下，按图 5.28（a）的方式加工所剩的余量过多。

（3）双向切削进给路线。利用数控车床加工的特点，还可以放弃常用的阶梯车削法，改用轴向和径向联动双向进刀，顺工件毛坯轮廓进给的路线，如图 5.29 所示。

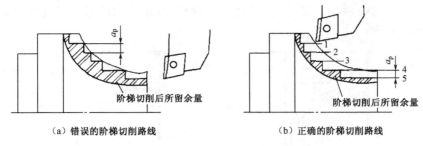

（a）错误的阶梯切削路线 （b）正确的阶梯切削路线

图 5.28　大余量毛坯的阶梯切削进给路线

3．精加工进给路线

（1）完工轮廓的连续切削进给路线。在安排一刀或多刀进行的精加工进给路线时，其零件的完工轮廓应由最后一刀连续加工而成，并且加工刀具的切入、切出路线要考虑妥当，尽量使刀具沿轮廓的延长线（或切线）方向切入、切出，最好不要在连续的轮廓中安排切入和切出或换刀及停顿，以免因切削力突然变化而造成破坏工艺系统的平衡状态，致使光滑连接轮廓上产生表面划伤、形状突变或滞留刀痕等缺陷。如图 5.30 所示，精车轮廓时，刀具沿 $A \rightarrow B \rightarrow C \rightarrow D \rightarrow E$ 的路线走刀。

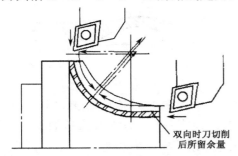

图 5.29　顺工件轮廓双向进给的路线

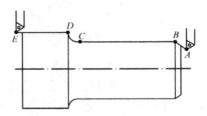

图 5.30　刀具的切入、切出示例

（2）各部位精度要求不一致的精加工进给路线。若各部位精度相差不是很大时，应以最严格的精度为准，连续走刀加工所有部位；若各部位精度相差很大，则精度接近的表面安排在同一把刀的走刀路线内加工，并先加工精度较低的部位，最后再单独安排精度高的部位的走刀路线。

4．特殊的进给路线

在数控车削加工中，一般情况下，Z 坐标轴方向的进给路线都是沿着坐标的负方向进给的，但有时按这种常规方式安排进给路线并不合理，甚至可能车坏工件。

例如，图 5.31 所示的用尖形车刀加工大圆弧内表面的两种不同的进给路线。对于图 5.31（a）所示的第一种进给路线（刀具沿负 Z 方向进给），因切削时尖形车刀的主偏角为 $100° \sim 105°$，这时切削力在 X 向的分力 F_p 将沿着图 5.32 所示的正 X 方向作用，当刀尖运动到圆弧的换象限处，即由负 Z、负 X 向负 Z、正 X 变换时，吃刀抗力 F_p 马上与传动拖板的传动力方向相同，若螺旋副间有机械传动间隙，就可能使刀尖嵌入零件表面（即扎刀），其嵌入量在理论上等于其机械传动间隙量 e（如图 5.32 所示）。即使该间隙量很小，由于刀尖在 X 方向换向时，横向拖板进给过程的位移量变化也很小，加上处于动摩擦与静摩擦之间呈过渡状态的拖板惯性的影响，仍会导致横向拖板产生严重的爬行现象，从而大大降低零件的表面质量。

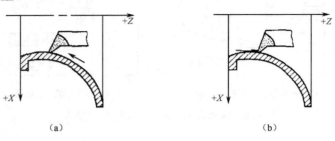

图 5.31　两种不同的进给方法

对于图 5.31（b）所示的第二种进给路线（刀具沿正 Z 方向进给），因为刀尖运动到圆弧的换象限处，即由正 Z、负 X 向正 Z、正 X 方向变换时，吃刀抗力 F_p 与丝杠传动横向拖板的传动力方向相反（图 5.33），不会受螺旋副机械传动间隙的影响而产生嵌刀现象，所以图 5.31（b）所示进给路线是较合理的。

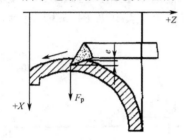

图 5.32　嵌刀现象

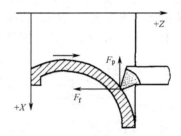

图 5.33　合理的进给方案

此外，在车削余量较大的毛坯和车削螺纹时，都有一些多次重复进给的动作，且每次进给的轨迹相差不大，这时进给路线的确定可采用系统固定循环功能。

5. 螺纹加工的进刀路线

（1）螺纹车削的进刀方法。在数控车床上切削螺纹时需要多次进刀才能完成，其加工方法有 3 种，如图 5.34 所示。

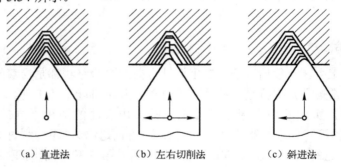

（a）直进法　　　　（b）左右切削法　　　　（c）斜进法

图 5.34　螺纹车削的进刀方式

①　直进法。在每次螺纹切削往复行程后，车刀沿横向（X 向）进给，这样反复多次切削行程后完成螺纹加工的方式，如图 5.34（a）所示。用直进法车螺纹，由于两侧刃同时工作，切削力较大，而且排屑困难，因此在切削时，两侧切削刃容易磨损，螺纹不易车光，

并且容易产生"扎刀"现象。在切削螺距较大的螺纹时，由于切削深度较大，刀刃磨损较快，从而造成螺纹中径产生误差，但是其加工的牙型精度较高，因此一般多用于小螺距螺纹（螺距小于 1.5mm）的加工。

② 左右切削法。在每次螺纹切削往复行程后，车刀除了沿横向（X 向）进给，还要纵向（Z 向）作左、右两个方向的微量进给（借刀），这样反复多次切削行程后完成螺纹加工的方式，如图 5.34（b）所示。左右切削法精车螺纹可以使螺纹的两侧都获得较小的表面粗糙度。采用左右法切削时，车刀左、右进刀量不能过大。

③ 斜进法。在每次螺纹切削往复行程后，车刀除了沿横向（X 向）进给，还要纵向（Z 向）只沿一个方向作微量进给，这样反复多次切削行程后完成螺纹加工的方式，如图 5.34（c）所示。用斜进法车螺纹，由于单侧刃加工，故加工刀刃容易损伤和磨损，使加工的螺纹面不直，刀尖角发生变化，进而造成牙型精度较差。但由于其为单侧刃工作，刀具负载较小，排屑容易，刀刃的加工工况较好，并且切削深度递减，因此斜进法一般适用于大螺距加工。在螺纹精度要求不高的情况下，此加工方法更为方便；在加工较高精度螺纹时，可先用斜进法进行粗车螺纹，然后用直进法或左右切削法精车螺纹。但刀具起始点要准确，不然容易乱扣，造成零件报废。

（2）螺纹切削起始点位置的确定。在一个螺纹的整个切削过程中，螺纹起点的轴向（Z轴）坐标值应始终设定为一个固定值，否则会使螺纹乱扣。螺纹切削起始点位置由两个因素决定：一是螺纹轴向起始位置；二是螺纹周向起始位置。

① 单线螺纹。单线螺纹分层切削时，要保证刀具每次都切削在同一条螺纹线上，就要保证刀具的轴向和周向起始位置都是固定的，即轴向上，每次切削时的起始点 Z 坐标都应当是同一个坐标值。

② 多线螺纹。多线螺纹的分线方法有轴向分线法和圆周分度分线法。

a．轴向分线法。通过改变螺纹切削时刀具起始点 Z 坐标来确定各线螺纹的位置。当换线切削另一条螺纹时，刀具轴向切削起始点 Z 坐标应偏移的值等于螺距，如图 5.35 所示。

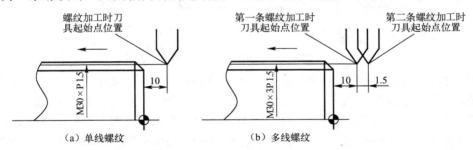

图 5.35　螺纹切削 Z 向起刀点

b．圆周分度分线法。通过改变螺纹切削时主轴在圆周方向（数控车床上称为 C 轴）起始点 C 轴角位移坐标来确定各线螺纹的位置。当换线切削另一条螺纹时，主轴周向切削起始点 C 坐标应先转过一个角度再进行螺纹切削，换线时主轴应转动的角度为 360°/n，其中 n 为螺纹的线数。此种方法只适用于有 C 轴控制功能的数控车床上。

5.3.4　夹具的选择

为了充分发挥数控机床的高速度、高精度、高效率等特点，在数控加工中，还应有相应的数控夹具进行配合，数控车床夹具除了使用通用的三爪自定心卡盘、四爪卡盘和为大批量生产中使用自动控制的液压、电动及气动夹具外，还有多种相应的实用夹具，它们主要分为两大类，即用于轴类工件的夹具和用于盘类工件的夹具。下面介绍车床夹具的典型结构。

1．圆周定位夹具

（1）三爪自定心卡盘。三爪自定心卡盘（图5.36所示）是最常用的车床通用卡具，其三个卡爪是同步运动的，能自动定心（定心误差在0.05mm以内），夹持范围大，常用于以下工件的装夹：

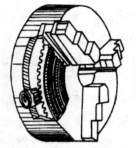

① 较短工件的装夹。工件端面与内孔对夹持外圆没有位置精度要求时，可以直接装夹，一般不需找正；工件端面与内孔对夹持外圆有位置精度要求时，则要用百分表找正，可以用铜棒轻轻敲击工件右端面，如图5.37（a）所示。

② 较长工件的装夹。工件较长时，装夹容易偏斜，其右端的径向圆跳动量往往也较大，需要进行找正。如图5.37（b）所示，左端夹持10～15mm左右，先找正a点，用铜棒轻轻敲击最高点，

图5.36　三爪卡盘示意图

待a点基本符合要求后，再复调b点（b点的跳动量由卡盘本身的精度保证），待再次夹紧后，复调几次方能加工。

③ 盘形工件的装夹。装夹盘形工件时，端面容易倾斜，工件夹持部位要短些，找正时用铜棒轻轻敲击。如果端面为精基准，则端面的跳动要控制在0.01mm左右；如果端面与内圆同时加工，则端面跳动控制在0.03mm左右。待再次夹紧后，复调一次方能加工，如图5.37（c）所示。

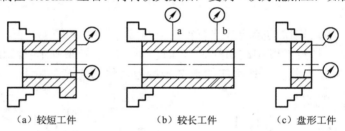

（a）较短工件　　　　　　（b）较长工件　　　　　　（c）盘形工件

图5.37　三爪卡盘装夹工件

三爪卡盘装夹速度较快，但夹紧力小，卡盘磨损后会降低定心精度。用三爪自定心卡盘装夹精加工过的表面时，被夹住的工件表面应包一层铜皮，以免夹伤工件表面。

三爪卡盘常见的有机械式和液压式两种。液压卡盘装夹迅速、方便，但夹持范围变化小，尺寸变化大时需重新调整卡爪位置。数控车床常用液压卡盘，液压卡盘还特别适用于批量加工。

（2）软爪。软爪是一种具有切削性能的夹爪。当成批加工某一工件时，为了提高三爪自定心卡盘的定心精度，可以采用软爪结构。即用黄铜或软钢焊在三个卡爪上，然后根据工件形状和直径把三个软爪的夹持部分直接在车床上车出来（定心误差只有0.01～0.02mm），即软爪是在使用前配合被加工工件特别制造的（如图5.38所示），如加工成圆弧面、圆锥面或螺纹等形式，可获得理想的夹持精度。

软爪也有机械式和液压式两种。软爪还常用于加工同轴度要求较高的工件的二次装夹。

（3）弹簧夹套。弹簧夹套定心精度高，装夹工件快捷方便，常用于精加工的外圆表面定位。弹簧夹套特别适用于尺寸精度较高、表面质量较好的冷拔圆棒料，若配以自动送料

器，可实现自动上料。弹簧夹套夹持工件的内孔是标准系列，并非任意直径（参见第 3 章图 3.37）。

（4）四爪单动卡盘。四爪单动卡盘如图 5.39 所示，它的四个对称分布卡爪是各自独立运动的，可以调整工件夹持部位在主轴上的位置，使工件加工面的回转中心与车床主轴的回转中心重合，但四爪单动卡盘找正比较费时，粗找正时可用划针盘，精找正时再用百分表。四爪单动卡盘夹紧力较大，所以适用于大型或形状不规则的工件，只能用于单件小批量生产。

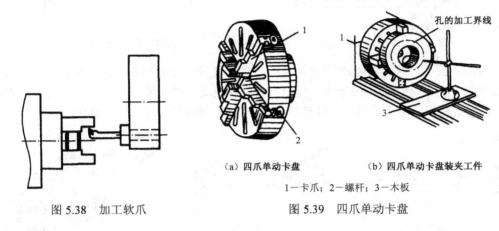

图 5.38　加工软爪

（a）四爪单动卡盘　　　　（b）四爪单动卡盘装夹工件

1—卡爪；2—螺杆；3—木板

图 5.39　四爪单动卡盘

2．中心孔定位夹具

（1）两顶尖拨盘。数控车床加工轴类工件时，坯料装卡在主轴顶尖和尾座顶尖之间，工件由主轴上的拨盘带动旋转。这类夹具在粗车时可以传递足够大的转矩，以适应主轴高速旋转切削。两顶尖装夹工件方便，不需找正，装夹精度高。该装夹方式适用于长度尺寸较大或加工工序较多的轴类工件的精加工。顶尖分前顶尖和后顶尖，如图 5.40 所示。

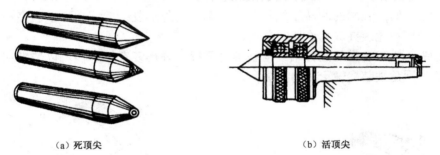

（a）死顶尖　　　　　　　　　　　（b）活顶尖

图 5.40　顶尖

前顶尖有一种是插入主轴锥孔内的，另一种是夹在卡盘上的。前顶尖与主轴一起旋转，与主轴中心孔不产生摩擦，都用死顶尖。

后顶尖插入尾座套筒。后顶尖有一种是固定的（死顶尖），另一种是回转的（活顶尖）。死顶尖刚性大，定心精度高，但工件中心孔易磨损。活顶尖内部装有滚动轴承，适于高速切削时使用，但定心精度不如死顶尖高。回转顶尖使用较为广泛。

工件装夹时用对分夹头或鸡心夹头夹紧工件一端，拨杆伸向端面。两顶尖只对工件有定心和支撑作用，必须通过对分夹头或鸡心夹头的拨杆带动工件旋转，如图 5.41 所示。利用两顶尖定位还可加工偏心工件，如图 5.42 所示。

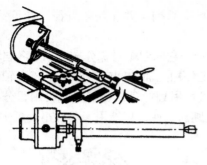 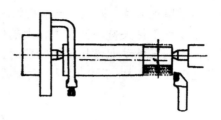

图 5.41　两顶尖装夹工件　　　　　　图 5.42　两顶尖车偏心轴

（2）拨动顶尖。常用的拨动顶尖有内、外拨动顶尖和端面顶尖两种。内、外拨动顶尖如图 5.43 所示，这种顶尖的锥面带齿，能嵌入工件，拨动工件旋转。端面拨动顶尖如图 5.44 所示，这种顶尖利用端面拨爪带动工件旋转，适合装夹工件的直径在 $\phi50\sim\phi150$mm 之间。

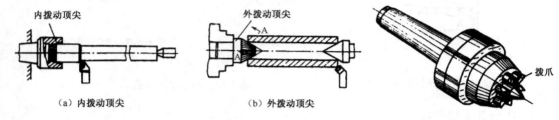

（a）内拨动顶尖　　　　　　（b）外拨动顶尖

图 5.43　内、外拨动顶尖　　　　　　图 5.44　端面拨动顶尖

3．复杂、异形、精密工件的装夹

数控车削加工中有时会遇到一些形状复杂和不规则的异形工件，不能用三爪卡盘或四爪卡盘装夹，需要借助花盘、角铁等其他工装夹具。

（1）花盘。加工表面的回转轴线与基准面垂直、外形复杂的零件可以装夹在花盘上加工。图 5.45 是用花盘装夹双孔连杆的方法。

（2）角铁。加工表面的回转轴线与基准面平行、外形复杂的零件可以装夹在角铁上加工。图 5.46 是用角铁装夹轴承座的方法。

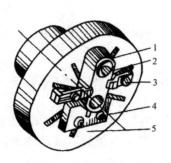 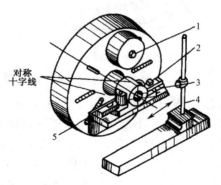

1—连杆；2—圆形压板；3—压板
4—V 形架；5—花盘

图 5.45　在花盘上装夹双孔连杆

1—平衡铁；2—轴承座；3—角铁
4—划针盘；5—压板

图 5.46　在角铁上装夹和找正轴承座

其他常用的装夹方法见表 5-1。

表 5-1 一般工件常用的装夹方法

序号	装夹方法	图 示	特 点	适用范围
1	外梅花顶尖装夹		顶尖顶紧即可车削,装夹方便、迅速	适用于带孔工件,孔径大小应在顶尖允许的范围内
2	内梅花顶尖装夹		顶尖顶紧即可车削,装夹简便、迅速	适用于不留中心孔的轴类工件,需要磨削时,采用无心磨床磨削
3	摩擦力装夹		利用顶尖顶紧工件后产生的摩擦力克服切削力	适用于精车加工余量较小的圆柱面或圆锥面
4	中心架装夹		三爪自定心卡盘或四爪单动卡盘配合中心架紧固工件,切削时中心架受力较大	适用于加工曲轴等较大的异形轴类工件
5	锥形心轴装夹		心轴制造简单,工件的孔径可在心轴锥度允许的范围内适当变动	适用于齿轮拉孔后精车外圆等
6	夹顶式整体心轴装夹		工件与心轴间隙配合,靠螺母旋紧后的端面摩擦力克服切削力	适用于孔与外圆同轴度要求一般的工件外圆车削
7	胀力心轴装夹		心轴通过圆锥的相对位移产生弹性变形而胀开把工件夹紧,装卸工件方便	适用于孔与外圆同轴度要求较高的工件外圆车削
8	带花键心轴装夹		花键心轴外径带有锥度,工件轴向推入即可夹紧	适用于具有矩形花键或渐开线花键孔的齿轮和其他工件

序号	装夹方法	图　示	特　点	适用范围
9	外螺纹心轴装夹	工件 螺纹心轴	利用工件本身的内螺纹旋入心轴后紧固，装卸工件不方便	适用于有内螺纹和对外圆同轴度要求不高的工件
10	内螺纹心轴装夹	工件 内螺纹心轴	利用工件本身的外螺纹旋入心套后紧固，装卸工件不方便	适用于多台阶而轴向尺寸较短的工件

5.3.5　刀具的选择

数控机床与普通机床相比，对刀具提出了更高的要求，不仅要精度高、刚性好、装夹调整方便，而且要求切削性能强、耐用度高。因此刀具的选择是数控加工工艺设计中的重要内容之一。刀具选择合理与否不仅影响机床的加工效率，而且还直接影响加工质量。选择刀具通常要考虑机床的加工能力、工序内容、工件材料等多种因素。

1．常用车刀种类和用途

数控车削用的车刀一般分为三类，即尖形车刀、圆弧形车刀和成形车刀。

（1）尖形车刀。以直线形切削刃为特征的车刀一般称为尖形车刀。这类车刀的刀尖（同时也为其刀位点）由直线形的主、副切削刃构成，如 90°内外圆车刀、左右端面车刀、切断（车槽）车刀以及刀尖倒棱很小的各种外圆和内孔车刀。

用这类车刀加工零件时，其零件的轮廓形状主要由一个独立的刀尖或一条直线形主切削刃位移后得到，它与另两类车刀加工时所得到零件轮廓形状的原理是截然不同的。

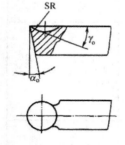

图 5.47　圆弧形车刀

（2）圆弧形车刀。圆弧形车刀是较为特殊的数控加工用车刀（如图 5.47 所示）。其特征是构成主切削刃的刀刃形状为一圆度误差或线轮廓误差很小的圆弧，该圆弧刃每一点都是圆弧形车刀的刀尖。因此，刀位点不在圆弧上，而在该圆弧的圆心上，编程时要进行刀具半径补偿。车刀圆弧半径理论上与被加工零件的形状无关，并可按需要灵活确定或经测定后确认。当某些尖形车刀或成形车刀（如螺纹车刀）的刀尖具有一定的圆弧形状时，也可作为这类车刀使用。

圆弧形车刀具有宽刃切削（修光）性质，能使精车余量相当均匀而改善切削性能，还能一刀车出跨多个象限的圆弧面。

例如，当如图 5.48（a）所示零件的曲面精度要求不高时，可以选择用尖形车刀进行加工；当曲面形状精度和表面粗糙度均有要求时，选择尖形车刀加工就不合适了，因为车刀主切削刃的实际吃刀深度在圆弧轮廓段总是不均匀的，如图 5.48（b）所示。当车刀主切削刃靠近其圆弧终点时，该位置上的切削深度 a_{p1} 将大大超过其圆弧起点位置上

的切削深度 a_p，致使切削阻力增大，可能产生较大的线轮廓度误差，并增大其表面粗糙度数值。

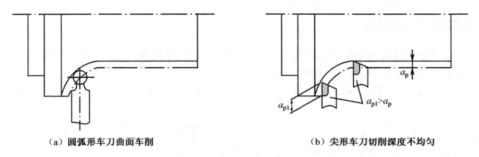

（a）圆弧形车刀曲面车削　　　　　　　　（b）尖形车刀切削深度不均匀

图 5.48　曲面车削

圆弧形车刀可以用于车削内、外表面，特别适宜于车削精度要求较高的凹曲面或大外圆弧面。

（3）成形车刀。成形车刀俗称样板车刀，其加工零件的轮廓形状完全由车刀刀刃的形状和尺寸决定。数控车削加工中，常见的成形车刀有小半径圆弧车刀、非矩形槽车刀和螺纹车刀等。在数控加工中，应尽量少用或不用成形车刀，当确有必要选用时，则应在工艺准备文件或加工程序单上进行详细说明。

图 5.49 给出了常用车刀的种类、形状和用途。

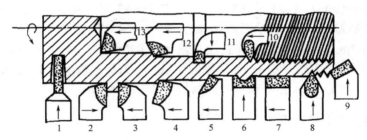

1—切断刀；2—90°左偏刀；3—90°右偏刀；4—弯头车刀；5—直头车刀；6—成形车刀；7—宽刃精车刀
8—外螺纹车刀；9—端面车刀；10—内螺纹车刀；11—内槽车刀；12—通孔车刀；13—盲孔车刀

图 5.49　常用车刀的种类、形状和用途

2．常用车刀的几何参数

刀具切削部分的几何参数对零件的表面质量及切削性能影响极大，应根据零件的形状、刀具的安装位置以及加工方法等，正确选择刀具的几何形状及有关参数。

（1）尖形车刀的几何参数。尖形车刀的几何参数主要指车刀的几何角度。选择方法与使用普通车削时基本相同（参见 2.2.3 节），但应结合数控加工的特点如走刀路线及加工干涉等进行全面考虑。

（2）圆弧形车刀的几何参数。圆弧形车刀的几何参数除了前角及后角外，主要几何参数为车刀圆弧切削刃的形状及半径。

选择车刀圆弧半径的大小时，应考虑两点：第一，车刀切削刃的圆弧半径应当小于或等于零件凹形轮廓上的最小曲率半径，以免发生加工干涉；第二，该半径不宜选择太小，否则既难于制造，又会因其刀头强度太弱或刀体散热能力差，使车刀容易受到损坏。

3．可转位刀片的标记

从刀具的材料应用方面，数控机床用刀具材料主要是各类硬质合金，对硬质合金可转位刀片的运用是数控机床操作者必须了解的内容之一。

硬质合金可转位刀片的型号，按国际标准 ISO 1832—1985，是由 10 位字符串组成的，其排列如下：

$$\boxed{1}\ \boxed{2}\ \boxed{3}\ \boxed{4}\ \boxed{5}\ \boxed{6}\ \boxed{7}\ \boxed{8}\ -\ \boxed{9}\ \boxed{10}$$

以上型号中每一位字符串代表刀片某种参数的意义如下：

1——刀片的几何形状及其夹角。2——刀片主切削刃后角（法后角）。3——公差。表示刀片内接圆 d 与厚度 s 的精度级别。4——刀片形状、固定方式或断屑槽。5——刀片边长、切削刃长。6——刀片厚度。7——修光刀。刀尖圆角半径 r 或主偏角 κ_r 或修光刃后角 α_n。8——切削刃状态。尖角切削刃或倒棱切削刃。9——进刀方向或倒刃宽度。10——各刀具公司的补充符号或倒刃角度。

在一般情况下第 8 和 9 位的代码在有要求时才填写。此外，各公司可以另外添加一些符号，用一字线（—）将其与 ISO 代码相连（如—PF 代表断屑槽型）。GB2076—1987 规定了我国可转位刀片的形状、尺寸、精度、结构特点等，其标记见表 5-2 所示。

例 5.2　车刀可转位刀片：S N G M 16 06 12 E R—A3 型号表示含义。

S——35°菱形刀片；N——法后角为 0°；G——刀尖位置尺寸允差（±0.025mm），刀片厚度允差（±0.13mm），内接圆公称直径允差（±0.025mm）；M——一面有断屑槽，有中心定位孔；16——切削刃长；06——刀片厚度；12——刀尖圆角半径 1.2 mm；E——倒圆刀刃；R——右手刀；A3——A 型断屑槽，断屑槽宽 3.2～3.5mm。

4．机夹可转位车刀的选用

为了减少换刀时间和方便对刀，便于实现机械加工的标准化，数控车削加工时，应尽量采用机夹刀和机夹刀片。数控车床一般选用可转位车刀，这种车刀就是使用可转位刀片的机夹车刀，把经过研磨的可转位多边形刀片用夹紧组件夹在刀杆上，其夹紧方式如图 5.50 所示。车刀刀片每边都有切削刃，当某切削刃磨损钝化后，只需松开夹紧元件，将刀片转一个位置，即可用新的切削刃继续切削，只有当多边形刀片所有的刀刃都磨钝后，才需要更换刀片。

（1）刀片材质的选择。常见刀片材料有高速钢、硬质合金、涂层硬质合金、陶瓷、立方氮化硼和金刚石等，其中应用最多的是硬质合金和涂层硬质合金刀片。选择刀片材质主要依据被加工工件的材料、被加工表面的精度、表面质量要求、切削载荷的大小以及切削过程有无冲击和振动等。

（2）刀片尺寸的选择。刀片尺寸的大小取决于必要的有效切削刃长度 L。有效切削刃长度与背吃刀量 a_p 和车刀的主偏角 k_r 见图 5.51 所示，使用时可查阅有关刀具手册选取。

（3）刀片形状的选择。刀片形状主要依据被加工工件的表面形状、切削方法、刀具寿命和刀片的转位次数等因素选择。常见可转位车刀刀片形状及角度如图 5.52 所示。一般外

表 5-2　可转位刀片的标记

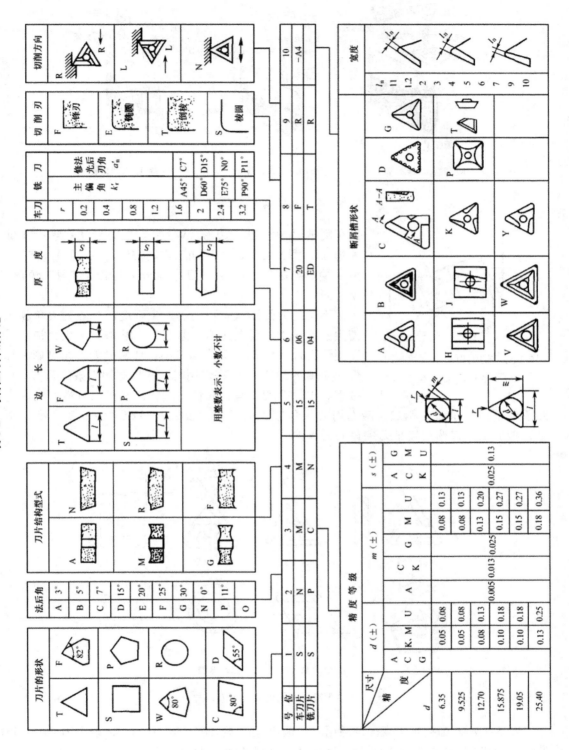

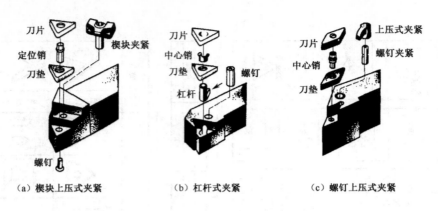

（a）楔块上压式夹紧　　　　（b）杠杆式夹紧　　　　（c）螺钉上压式夹紧

图 5.50　可转位车刀夹紧方式

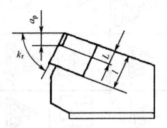

图 5.51　切削刃长度、背吃刀量与主偏角关系

圆车削常用 80° 凸三边形（W 型）、四方形（S 型）和 80° 棱形（C 型）刀片。仿形加工常用 55°（D 型）、35°（V 型）菱形和圆形（R 型）刀片。90° 主偏角常用三角形（T 型）刀片。

不同的刀片形状有不同的刀尖强度，一般刀尖角越大，刀尖强度越大，反之亦然。圆刀片（R 型）刀尖角最大，35° 菱形刀片（V 型）刀尖角最小，通常的刀尖角度影响加工性能如图 5.53 所示。在选用时，应根据加工条件恶劣与否，按重、中、轻切削有针对性地选择。在机床刚性、功率允许的条件下，大余量、粗加工应选用刀尖角较大的刀片；反之，机床刚性和功率小、小余量、精加工时宜选用较小刀尖角的刀片。

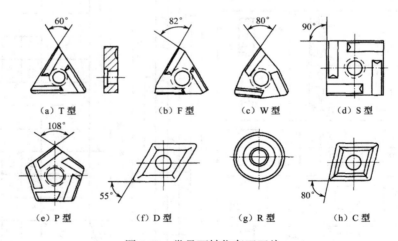

（a）T 型　　　　（b）F 型　　　　（c）W 型　　　　（d）S 型

（e）P 型　　　　（f）D 型　　　　（g）R 型　　　　（h）C 型

图 5.52　常见可转位车刀刀片

表 5-3 所示为被加工表面及适用从主偏角 45° 到 90° 的刀片形状，表中刀片型号组成见国家标准 GB2076—87《切削刀具可转位刀片型号表示规定》。

切削刃强度增强，振动加大

通用性增强，所需功率减小

图 5.53　刀片形状、刀尖角度与性能关系

表 5-3　被加工表面与适用的刀片形状

车削外圆表面	主偏角	45°	45°	60°	75°	95°
	刀片形状及加工示意图	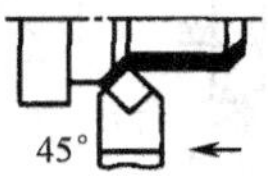 45°	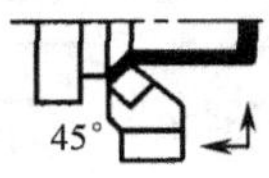 45°	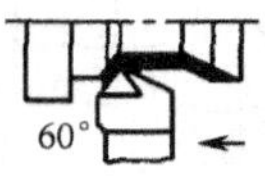 60°	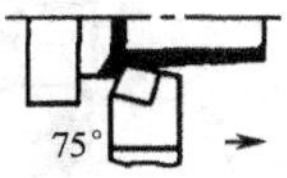 75°	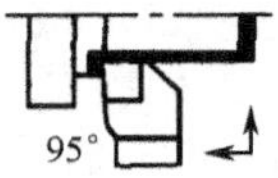 95°
	推荐选用刀片	SCMA SPMR CCMM SNMM-8 SPUN SNMM-9	SCMA SPMR SCMM SNMG SPUN SPGR	TCMA TNMM-8 TCMM TPUN	SCMM SPUN SCMA SPMR SNMA	CCMA CCMM CNMM-7
车削端面	主偏角	70°	90°	90°	95°	
	刀片形状及加工示意图	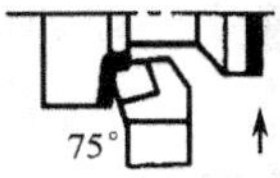 75°	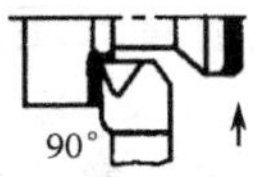 90°	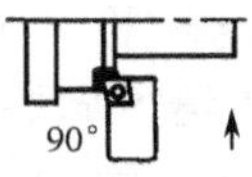 90°	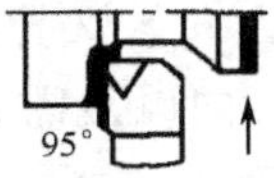 95°	
	推荐选用刀片	SCMA SPMR SCMM SPUR SPUN CNMG	TNUN TNMA TCMA TPUM TCMM TPMR	CCMA	TPUN TPMR	
车削成形面	主偏角	15°	45°	60°	90°	
	刀片形状及加工示意图	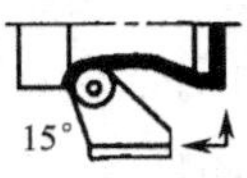 15°	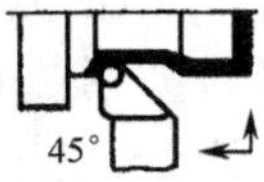 45°	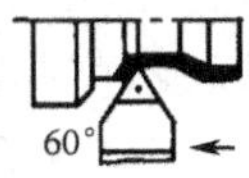 60°	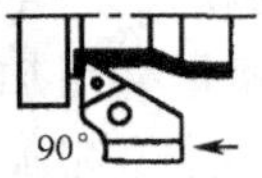 90°	
	推荐选用刀片	RCMM	RNNG	TNMM-8	TNMG	

（4）刀尖圆弧半径的选择。刀尖圆弧半径的大小直接影响刀尖的强度及被加工零件的表面粗糙度。刀尖圆弧半径大，表面粗糙度值增大，切削力增大且易产生振动，切削性能变坏，但刀刃强度增加，刀具前后刀面磨损减少。通常在切深较小的精加工、细长轴加工、机床刚度较差情况下，选用刀尖圆弧较小些；而在需要刀刃强度高、工件直径大的粗加工中，选用刀尖圆弧大些。刀尖圆弧半径一般适宜选取进给量的 2～3 倍。

（5）刀杆头部形式的选择。刀杆头部形式按主偏角和直头、弯头分为 15～18 种，各形式规定了相应的代码，国家标准和刀具样本中都一一列出，可以根据实际情况选择。有直角台阶的工件，可选主偏角大于或等于 90°的刀杆。一般粗车可选主偏角 45°～90°的刀杆；精车可选 45°～75° 的刀杆；中间切入、仿形车则可选 45°～107.5° 的刀杆；工艺系统刚性好时可选较小值，工艺系统刚性差时可选较大值。当刀杆为弯头结构时，则既可加工外圆，又可加工端面，图 5.54 所示为几种不同主偏角车刀车削加工的示意图，图中箭头指向表示车削时车刀的进给方向。

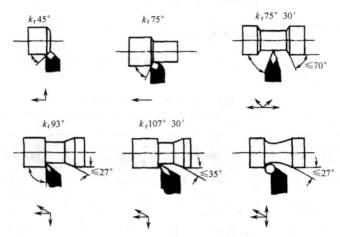

图 5.54　不同主偏角车刀车削加工的示意图

（6）左右手刀柄的选择。有三种选择：R（右手）、L（左手）和 N（左右手）。要注意区分左、右刀的方向。选择时要考虑机床刀架是前置式还是后置式、前刀面是向上还是向下、主轴的旋转方向以及需要的进给方向等。

（7）断屑槽形的选择。断屑槽形的参数直接影响着切屑的卷曲和折断，目前刀片的断屑槽形式较多，各种断屑槽刀片使用情况不尽相同。槽形根据加工类型和加工对象的材料特性来确定，各供应商表示方法不一样，但基本思路一样：基本槽形按加工类型有精加工（代码 F）、普通加工（代码 M）和粗加工（代码 R）；加工材料按国际标准有加工钢的 P 类，不锈钢、合金钢的 M 类和铸铁的 K 类。这两种情况一组合就有了相应的槽形，比如 FP 就指用于钢的精加工槽形，MK 是用于铸铁普通加工的槽形等。如果加工向两方向扩展，如超精加工和重型粗加工，以及材料也扩展，如耐热合金、铝合金、有色金属等等，就有了超精加工、重型粗加工和加工耐热合金、铝合金等的补充槽形，选择时可查阅具体的产品样本。

5.3.6　切削用量的选择

数控车床加工中的切削用量包括：背吃刀量 a_p、主轴转速 n 或切削速度 v_c（用于恒线速切削）、进给速度 v_f 或进给量 f。其确定原则与普通机械加工相似，具体数值应在数控机床使用说明书给定的允许的范围内选取，或根据金属切削原理中规定的方法及原则，并结合实际加工经验来确定。

1. 确定背吃刀量 a_p（mm）

背吃刀量 a_p 主要根据机床、夹具、刀具和工件所组成的加工工艺系统的刚性来确定。在系统刚性允许的情况下，a_p 相当于加工余量，应以最少的进给次数切除这一加工余量，最好一次切净余量，以提高生产效率。为了保证加工精度和表面粗糙度，一般都留有一定的精加工余量，其大小可小于普通加工的精加工余量，一般半精车余量为 0.5mm 左右，精车余量为 0.1～0.5mm。

2．确定主轴转速 n（r/min）

（1）光车时主轴转速。光车时主轴转速应根据零件上被加工部位的直径，并按零件和刀具的材料及加工性质等条件所允许的切削速度 v_c（m/min）来确定。

切削速度是切削用量中对切削加工影响最大的因素。增大切削速度，可提高切削效率，减小表面粗糙度值，但却使刀具耐用度降低。因此，要综合考虑切削条件和要求，选择适当的切削速度。通常以经济切削速度切削工件。经济切削速度是指刀具耐用度确定为 60～100min 的切削速度。切削速度除了计算和查表选取外，还可根据实践经验确定。需要注意的是交流变频调速数控车床低速输出力矩小，因而切削速度不能太低。切削速度确定之后，用下式计算主轴转速：

$$n = \frac{1000v_c}{\pi d} \tag{5-1}$$

式中，n ——工件或刀具的转速，单位是 r/min；

$\quad\; v_c$ ——切削速度(线速度)，单位是 m/min；

$\quad\; d$ ——切削刃选定点处所对应的工件或刀具的回转直径，单位是 mm。

表 5-4 为硬质合金外圆车刀切削速度的参考值。

表 5-4　硬质合金外圆车刀切削速度的参考值

工件材料	热处理状态	$a_p = 0.3～2mm$ $f=（0.08～0.3）mm/r$ v_c（m/min）	$a_p = 2～6mm$ $f=（0.08～0.3）mm/r$ v_c（m/min）	$a_p = 6～10mm$ $f=（0.08～0.3）mm/r$ v_c（m/min）
低碳钢	热轧	140～180	100～120	70～90
中碳钢	热轧	130～160	90～110	60～80
	调质	100～130	70～90	50～70
合金结构钢	热扎	100～130	70～90	50～70
	调质	80～110	50～70	40～60
工具钢	退火	90～120	60～80	50～70
灰铸铁	HBS<190	90～120	60～80	50～70
	HBS=190～225	80～110	50～70	40～60
高锰钢			10～20	
铜及铜合金		200～250	120～180	90～120
铝及铝合金		300～600	200～400	150～200
铸铝合金		100～180	80～150	60～100

注：切削钢及灰铸铁时刀具耐用度约为 60min。

（2）车螺纹时主轴转速。在切削螺纹时，车床的主轴转速将受到螺纹的螺距（或导程）大小、驱动电动机的升降频特性及螺纹插补运算速度等多种因素影响，故对于不同的数控系统，推荐不同的主轴转速选择范围。如大多数普通型车床数控系统推荐车螺纹时的主轴转速如下：

$$n \leqslant \frac{1200}{P} - k \qquad\qquad (5\text{-}2)$$

式中，n——主轴转速，单位为 r/min；

P——工件螺纹的螺距或导程，单位为 mm；

k——保险系数，一般取为 80。

3. 确定进给速度 v_f（mm/min）

进给速度 v_f 是指在单位时间里，刀具沿进给方向移动的距离。有些数控车床规定可以选用以每转进给量（mm/r）表示的进给速度。

进给速度的大小直接影响表面粗糙度的值和车削效率，因此进给速度的确定应在保证表面质量的前提下，选择较高的进给速度。进给速度包括纵向进给速度和横向进给速度。一般根据零件的表面粗糙度、刀具及工件材料等因素，查阅切削用量手册选取每转进给量 f，再按下式计算进给速度：

$$v_f = fn \qquad\qquad (5\text{-}3)$$

式中，f——每转进给量，单位为 mm/r。

式（5-3）中每转进给量 f，粗车时一般选取为（0.3～0.8）mm/r，精车时常取（0.1～0.3）mm/r，切断时常取（0.05～0.2）mm/r。表 5-5 和表 5-6 分别为硬质合金刀粗车外圆、端面的进给量参考值和按表面粗糙度选择半精车、精车进给量的参考值，供参考选用。

表 5-5　硬质合金车刀粗车外圆、端面的进给量

工件材料	车刀刀杆尺寸 $B \times H$（mm×mm）	工件直径 d_w（mm）	背吃刀量 a_p（mm）				
			≤3	>3～5	>5～8	>8～12	>12
			进给量 f（mm/r）				
碳素结构钢合金结构钢耐热钢	16×25	20	0.3～0.4	—	—	—	—
		40	0.4～0.5	0.3～0.4	—	—	—
		60	0.5～0.7	0.4～0.6	0.3～0.5	—	—
		100	0.6～0.9	0.5～0.7	0.5～0.6	0.4～0.5	—
		400	0.8～1.2	0.7～1.0	0.6～0.8	0.5～0.6	—
	20×30 25×25	20	0.3～0.4	—	—	—	—
		40	0.4～0.5	0.3～0.4	—	—	—
		60	0.5～0.7	0.5～0.7	0.4～0.6	—	—
		100	0.8～1.0	0.7～0.9	0.5～0.7	0.4～0.7	—
		400	1.2～1.4	1.0～1.2	0.8～1.0	0.6～0.9	0.4～0.6
铸铁铜合金	16×25	40	0.4～0.5	—	—	—	—
		60	0.6～0.8	0.5～0.8	0.4～0.6	—	—
		100	0.8～1.2	0.7～1.0	0.6～0.8	0.5～0.7	—
		400	1.0～1.4	1.0～1.2	0.8～1.0	0.6～0.9	—
	20×30 25×25	40	0.4～0.5	—	—	—	—
		60	0.5～0.9	0.5～0.8	0.4～0.7	—	—
		100	0.9～1.3	0.8～1.2	0.7～1.0	0.5～0.8	—
		400	1.2～1.8	1.2～1.6	1.0～1.3	0.9～1.1	0.7～0.9

注：① 加工断续表面及有冲击的工件时，表内进给量应乘系数 k=0.75～0.85；

② 在无外皮加工时，表内进给量应乘系数 k=1.1；

③ 加工耐热钢及其合金时，进给量不大于 1 mm/r；

④ 加工淬硬钢时，进给量应减小。当钢的硬度为 44～56HRC 时，乘以系数 k=0.8；当钢的硬度为 57～62HRC 时，乘以系数 k=0.5。

表 5-6　按表面粗糙度选择进给量的参考值

工件材料	表面粗糙度 R_a（μm）	切削速度范围 v_c（m/min）	刀尖圆弧半径 r_ε（mm）		
			0.5	1.0	2.0
			进给量 f（mm/r）		
铸铁 青铜 铝合金	>5～10 >2.5～5 >1.25～2.5	不限	0.25～0.40 0.15～0.25 0.10～0.15	0.40～0.50 0.25～0.40 0.15～0.20	0.50～0.60 0.40～0.60 0.20～0.35
碳钢 合金钢	>5～10	<50 >50	0.30～0.50 0.40～0.55	0.45～0.60 0.55～0.65	0.55～0.70 0.65～0.70
	>2.5～5	<50 >50	0.18～0.25 0.25～0.30	0.25～0.30 0.30～0.35	0.30～0.40 0.30～0.50
碳钢 合金钢	>1.25～2.5	<50 50～100 >50	0.10～0.15 0.11～0.16 0.16～0.20	0.11～0.15 0.16～0.25 0.20～0.25	0.15～0.22 0.25～0.35 0.25～0.35

5.4　典型零件的数控车削加工工艺分析

5.4.1　轴类零件数控车削加工工艺

下面以图 5.55 所示螺纹特形轴为例，介绍数控车削加工工艺。所用机床为 TND360 数控车床，其数控车削加工工艺分析如下。

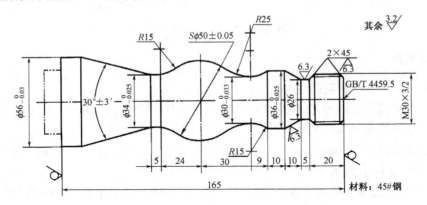

图 5.55　典型轴类零件简图

1．零件图工艺分析

该零件表面由圆柱、圆锥、顺圆弧、逆圆弧及双线螺纹等表面组成，其中多个直径尺寸有较严的尺寸精度和表面粗糙度等要求；球面 $S\phi50$mm 的尺寸公差还兼有控制该球面形状（线轮廓）误差的作用。尺寸标注完整，轮廓描述清楚。零件材料为 45 钢，无热处理和硬度要求。

通过上述分析，采取以下几点工艺措施。

（1）对图样上给定的几个精度（IT7～IT8）要求较高的尺寸，因其公差数值较小，故编程时不必取平均值，而全部取其基本尺寸即可。

（2）在轮廓曲线上，有三处为过象限圆弧，其中两处为既过象限又改变进给方向的轮廓曲线，因此在加工时应进行机械间隙补偿，以保证轮廓曲线的准确性。

（3）为便于装夹，坯件左端应预先车出夹持部分（双点划线部分），右端面也应先粗车出并钻好中心孔。毛坯选 $\phi60mm$ 棒料。

2．确定装夹方案

对细长轴类零件，轴心线为工艺基准，确定坯件轴线和左端大端面（设计基准）为定位基准。左端采用三爪自定心卡盘定心夹紧、右端采用活动顶尖支承的装夹方式，一次装夹完成粗精加工（注：切断时将顶尖退出）。

3．确定加工顺序及进给路线

加工顺序按由粗到精、由近到远（由右到左）的原则确定。即先从右到左进行粗车（留 0.25mm 精车余量），再从右到左进行精车，然后车削螺纹，最后切断。

TND360 数控车床具有粗车循环和车螺纹循环功能，只要正确使用编程指令，机床数控系统就会自行确定其进给路线，因此，该零件的粗车循环和车螺纹循环不需要人为确定其进给路线。但精车的进给路线需要人为确定，该零件是从右到左沿零件表面轮廓进给，如图 5.56 所示。

图 5.56　精车轮廓进给路线

4．刀具选择

（1）选用 $\phi5mm$ 中心钻钻削中心孔。

（2）粗车及平端面选用 90° 硬质合金右偏刀，为防止副后刀面与工件轮廓干涉（可用作图法检验），副偏角不宜太小，选 $k_r'=35°$。

（3）为减少刀具数量和换刀次数，精车和车螺纹选用硬质合金 60° 外螺纹车刀，刀尖圆弧半径应小于轮廓最小圆角半径，取 $r_\varepsilon=0.15\sim0.2mm$。

将所选定的刀具参数填入表 5-7 数控加工刀具卡片中，以便于编程和操作管理。

表 5-7　数控加工刀具卡片

产品名称或代号		数控车工艺分析实例	零件名称	典型轴	零件图号	Lathe-01
序号	刀具号	刀具规格名称	数量	加工表面	刀具半径（mm）	备注
1	T01	$\phi5$ 中心孔	1	钻 $\phi5mm$ 中心孔		
2	T02	硬质合金 90° 外圆车刀	1	车端面及粗车轮廓		右偏刀
3	T03	硬质合金 60° 外螺纹车刀	1	精车轮廓及螺纹	0.15	
编制	×××	审核	×××	批准	×××	共 1 页　第 1 页

5．切削用量的选择

（1）背吃刀量的选择。轮廓粗车循环时选 $a_p=3mm$，精车 $a_p=0.25mm$；螺纹粗车循环时

选 a_p=0.4mm，精车 a_p=0.1mm。

（2）主轴转速的选择。车直线和圆弧时，查表 5-4 选粗车切削速度 v_c=90m/min、精车切削速度 v_c=120m/min，然后利用式（5-1）计算主轴转速（粗车工件直径 D=60mm，精车工件直径取平均值）：粗车 500r/min、精车 1200r/min。车螺纹时，利用式（5-2）计算主轴转速 n=320r/min。

（3）进给速度的选择。先查表 5-5、表 5-6 选择粗车、精车每转进给量分别为 0.4mm/r 和 0.15mm/r，再根据式（5-3）计算粗车、精车进给速度分别为 200mm/min 和 180mm/min。

将前面分析的各项内容综合成如表 5-8 所示的数控加工工艺卡片，此表是编制加工程序的主要依据和操作人员配合数控程序进行数控加工的指导性文件，主要内容包括：工步顺序、工步内容、各工步所用的刀具及切削用量等。

表 5-8　数控加工工序卡

单位名称	×××××	产品名称或代号		零件名称	零件图号
		数控车工艺分析实例		典型轴	Lathe-01
工序号	程序编号	夹具名称		使用设备	车间
001	Latheprg-01	三爪卡盘和活动顶尖		TND360	数控中心
工步号	工步内容	刀具号	刀具规格 （mm）	主轴转速 （r/min）	进给速度 （mm/min）	背吃刀量 （mm）	备注
1	平端面	T02	25×25	500			手动
2	钻中心孔	T01	$\phi5$	950			手动
3	粗车轮廓	T02	25×25	500	200	3	自动
4	精车轮廓	T03	25×25	1200	180	0.25	自动
5	粗车螺纹	T03	25×25	320	960	0.4	自动
6	精车螺纹	T03	25×25	320	960	0.1	自动
编制	×××	审核	×××	批准	×××	年　月　日	共1页	第1页

5.4.2　轴套类零件数控车削加工工艺

下面以图 5.57 所示的锥孔螺母套零件为例，介绍数控车削加工工艺。单件小批量生产，所用机床为 CJK6240。

1．零件工艺分析

该零件表面由内外圆柱面、圆锥面、顺圆弧、逆圆弧及内螺纹等表面组成，其中多个直径尺寸与轴向尺寸有较高的尺寸精度、表面粗糙度和形位公差要求。零件图尺寸标注完整，符合数控加工尺寸标注要求；轮廓描述清楚完整；零件材料为 45#钢，切削加工性能较好，无热处理和硬度要求。

通过上述分析，采取以下几点工艺措施：

（1）零件图样上带公差的尺寸，除内螺纹退刀槽尺寸 $25^{0}_{-0.084}$ 公差值较大，编程时可取平均值 24.958 外，其他尺寸因公差值较小，故编程时不必取其平均值，而取基本尺寸即可。

（2）左右端面均为多个尺寸的设计基准，相应工序加工前，应该先将左右端面车出来。

（3）内孔圆锥面加工完后，需掉头再加工内螺纹。

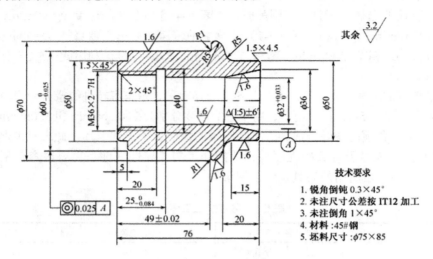

图 5.57　锥孔螺母套零件图

2．确定装夹方案

内孔加工时以外圆定位，用三爪自动定心卡盘夹紧。加工外轮廓时，为保证同轴度要求和便于装夹，以坯件左端面和轴心线为定位基准，为此需要设计一心轴装置（图 5.58 双点划线部分），用三爪卡盘夹持心轴左端，心轴右端留有中心孔并用尾座顶尖顶紧以提高工艺系统的刚性。

3．确定加工顺序及走刀路线

加工顺序的确定按由内到外、由粗到精、由远到近的原则确定，在一次装夹中尽可能加工出较多的工件表面。结合本零件的结构特征，可先粗、精加工内孔各表面，然后粗、精加工外轮廓表面。由于该零件为单件小批量生产，走刀路线设计不必考虑最短进给路线或最短空行程路线，外轮廓表面车削走刀路线可沿零件轮廓顺序进行，如图 5.59 所示。

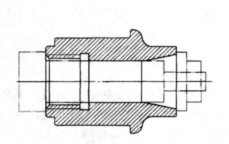

图 5.58　外轮廓车削心轴定位装夹方案

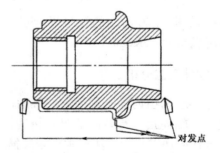

图 5.59　外轮廓车削走刀路线

4．刀具选择

（1）车削端面选用 45°硬质合金端面车刀。

（2）ϕ4 中心钻，钻中心孔以利于钻削底孔时刀具找正。

（3）$\phi 31.5$ 高速钢钻头，钻内孔底孔。

（4）粗镗内孔选用内孔镗刀。

（5）内孔精加工选用 $\phi 32$ 铰刀。

（6）螺纹退刀槽加工选用 5mm 内槽车刀。

（7）内螺纹切削选用 60°内螺纹车刀。

（8）选用 93°硬质合金右偏刀，副偏角选 35°，自右到左车削外圆表面。

（9）选用 93°硬质合金左偏刀，副偏角选 35°，自左到右车削外圆表面。

将所选定的刀具参数填入表 5-10 数控加工刀具卡片中，以便于编程和操作管理。

5. 确定切削用量

根据被加工表面质量要求、刀具材料和工件材料，参考切削用量手册或有关资料选取切削速度与每转进给量，然后根据式（5-1）和式（5-3）计算主轴转速与进给速度（计算过程略），计算结果填入表 5-9 工序卡中。车螺纹时主轴转速根据式（5-2）计算，进给速度由系统根据螺距与主轴转速自动确定。

背吃刀量的选择因粗、精加工而有所不同。粗加工时，在工艺系统刚性和机床功率允许的情况下，尽可能取较大的背吃刀量，以减少进给次数；精加工时，为保证零件表面粗糙度要求，背吃刀量一般取 0.1～0.4mm 较为合适。

6. 填写工艺文件

（1）按加工顺序将各工步的加工内容、所用刀具及切削用量等填入表 5-9 数控加工工序卡片中。

（2）将选定的各工步所用刀具的刀具型号、刀片型号、刀片牌号及刀尖圆弧半径等填入表 5-10 数控加工刀具卡片中。

（3）将各工步的进给路线（见图 5.59）绘成文件形式的进给路线图。本例略去。

上述二卡一图是编制该轴套零件本工序数控车削加工程序的主要依据。

表 5-9 数控加工工序卡片

（单位名称）	数控加工工序卡片		产品名称或代号		零件名称	材料		零件图号	
			数控车工艺分析实例		锥孔螺母套	45#钢			
工序号		程序编号		夹具编号		使用设备		车间	
						CJK6240		数控中心	
工步号	工 步 内 容		刀具号	刀具规格 （mm）	主轴转速 （r/min）	进给速度 （mm/min）	背吃刀量 （mm）	备注	
1	平端面		T01	25×25	320		1	手动	
2	钻中心孔		T02	$\phi 4$	950		2	手动	
3	钻孔		T03	$\phi 31.5$	200		15.75	手动	
4	镗通孔至尺寸 $\phi 31.9$mm		T04	20×20	320	40	0.2	自动	
5	铰孔至尺寸 $\phi 32^{+0.033}_{0}$ mm		T05	$\phi 32$	32		0.1	手动	
6	粗镗内孔斜面		T04	20×20	320	40	0.8	自动	

（单位名称）	数控加工工序卡片	产品名称或代号		零件名称	材料	零件图号
		数控车工艺分析实例		锥孔螺母套	45#钢	
工序号	程序编号	夹具编号		使用设备		车间
				CJK6240		数控中心

工步号	工 步 内 容	刀具号	刀具规格（mm）	主轴转速（r/min）	进给速度（mm/min）	背吃刀量（mm）	备注
7	精镗内孔斜面保证（1：5）±6′	T04	20×20	320	40	0.2	自动
8	粗车外圆至尺寸φ71mm 光轴	T08	25×25	320		1	手动
9	掉头车另一端面，保证长度尺寸76mm	T01	25×25	320			自动
10	粗镗螺纹底孔至尺寸φ34mm	T04	20×20	320	40	0.5	自动
11	精镗螺纹底孔至尺寸φ34.2mm	T04	20×20	320	25	0.1	自动
12	切 5mm 内孔退刀槽	T06	16×16	320			手动
13	φ34.2mm 孔边倒角 2×45°	T07	16×16	320			手动
14	粗车内孔螺纹	T07	16×16	320		0.4	自动
15	精车内孔螺纹至 M36×2-7H	T07	16×16	320		0.1	自动
16	自右至左车外表面	T08	25×25	320	30	0.2	自动
17	自左至右车外表面	T09	25×25	320	30	0.2	自动
编制		审核		批准		共1页	第1页

表 5-10 数控加工刀具卡片

产品名称或代号	数控车工艺分析实例	零件名称		锥孔螺母套	零件图号		程序编号	
工步号	刀具号	刀具规格名称		数量	加工表面		刀尖半径（mm）	备注
1	T01	45°硬质合金端面车刀		1	车端面		0.5	
2	T02	φ4 中心钻		1	钻φ4mm 中心孔			
3	T03	φ31.5mm 的钻头		1	钻孔			
4	T04	镗刀		1	镗孔及镗内孔锥面		0.4	
5	T05	φ32mm 的铰刀		1	铰孔			
6	T06	内槽车刀		1	切 5mm 宽螺纹退刀槽		0.4	
7	T07	内螺纹车刀		1	车内螺纹及螺纹孔倒角		0.3	
8	T08	93°右手偏刀		1	自右至左车外表面		0.2	
9	T09	93°左手偏刀		1	自左至右车外表面		0.2	
编制			审核		批准		共1页	第1页

习　题　5

一、单选题

5.1 数控车床的主要机械部件被称为（　　），它包括底座、床身、主轴箱、进给机构、刀架、尾座等。

A．主机　　　　　　　B．数控装置　　　　　　C．驱动装置

5.2 数控车床与卧式车床相比在结构上差别最大的部件是（　　）。

A．主轴箱　　　　B．床身　　　　　　C．进给系统　　　　D．刀架

5.3 车削不可以加工（　　）。

A．螺纹　　　　　B．键槽　　　　　　C．外圆柱面　　　　D．端面

5.4 夹持细长轴时，下列（　　）不是主要注意事项。

A．工件变形　　B．工件扭曲　　　C．工件刚性　　　D．工件密度

5.5 车刀有外圆车刀、端面车刀、切断车刀、（　　）等几种。

A．内孔车刀　　B．三面车刀　　　C、尖齿车刀　　　D、平面车刀

5.6 下列叙述中，除（　　）外，均适用于数控车床进行加工。

A．轮廓形状复杂的轴类零件　　　　　B．精度要求高的盘套类零件

C．各种螺旋回转类零件　　　　　　　D．多孔系的箱体类零件

5.7 数控车床的转塔刀架径向刀具多用于（　　）的加工。

A．钻孔　　　　　B．车孔　　　　　C．铰孔　　　　　　D．外圆

5.8 数控车床的卡盘、刀架和（　　）大多采用液压传动。

A．主轴　　　　　B．溜板　　　　　C．尾架　　　　　　D．尾架套筒

5.9 被加工表面与（　　）平行的工件适用在花盘角铁上装夹加工。

A．安装面　　　　B．测量面　　　　C．定位面　　　　　D．基准面

5.10 数控车床的刀架分为（　　）两大类。

A．排式刀架和刀库式自动换刀装置　　　B．直线式刀库和转塔式刀架

C．排式刀架和直线式刀库　　　　　　　D．排式刀架和转塔式刀架

5.11 车削用量的选择原则是：粗车时，一般（　　），最后确定一个合适的切削速度 v。

A．应首先选择尽可能大的背吃刀量 a_p，其次选择较大的进给量 f

B．应首先选择尽可能小的背吃刀量 a_p，其次选择较大的进给量 f

C．应首先选择尽可能大的背吃刀量 a_p，其次选择较小的进给量 f

D．应首先选择尽可能小的背吃刀量 a_p，其次选择较小的进给量 f

5.12 车削时，走刀次数决定于（　　）。

A．切削深度　　B．进给量　　　　C．进给速度　　　　D．主轴转速

5.13 在数控机床上安装工件，在确定定位基准和夹紧方案时，应力求做到设计基准、工艺基准与（　　）的基准统一。

A．夹具　　　　　B．机床　　　　　C．编程计算　　　　D．工件

5.14 在数控机床上加工加工内容不多，加工完后就能达到待检状态的工件，可按（　　）划分工序。

A．定位方式　　B．所用刀具　　　C．粗、精加工　　　D．加工部位

5.15 车削碳钢材料，含碳量越高，其切削速度应（　　）。

    A. 较低　　　　　　　　B. 较高　　　　　　　　C. 不变　　　　　　　　D. 无关

5.16 用一夹一顶或两顶尖装夹轴类零件，如果后顶尖轴线与主轴轴线不重合，工件会产生（　　）误差。

    A. 圆度　　　　　　　　B. 跳动　　　　　　　　C. 圆柱度　　　　　　　D. 同轴度

5.17 影响数控车床加工精度的因素很多，要提高加工工件的质量，有很多措施，但（　　）不能提高加工精度。

    A. 将绝对编程改变为增量编程　　　　　B. 正确选择车刀类型

    C. 控制刀尖中心高误差　　　　　　　　D. 减小刀尖圆弧半径对加工的影响。

5.18 四爪单动卡盘的每个卡爪都可以单独在卡盘范围内作（　　）移动。

    A. 圆周　　　　　　　　B. 轴向　　　　　　　　C. 径向

5.19 用四爪单动卡盘加工偏心套，若测得偏心距时，可将（　　）偏心孔轴线的卡爪再紧一些。

    A. 远离　　　　　　　　B. 靠近　　　　　　　　C. 对称于

5.20 车外圆时，切削速度计算式中的直径 D 是指（　　）直径。

    A. 待加工表面　　　　　B. 加工表面　　　　　　C. 已加工表面

5.21 在数控车削加工时，确定加工顺序的原则是（　　）。

    A. 先粗后精的原则　　　B. 先近后远的原则　　　C. 内外交叉的原则　　　D. 以上都对

5.22 数控车床能进行螺纹加工，其主轴上一定安装了（　　）。

    A. 测速发电机　　B. 脉冲编码器　　　　　　C. 温度控制器　　　　　D. 光电管

二、判断题（正确的打√，错误的打×）

5.23 数控车床一般都是二坐标数控机床。（　　）

5.24 数控车床的回转刀架刀位的测量采用角度编码器。（　　）

5.25 数控车床传动系统的进给运动有纵向进给运动和横向进给运动。（　　）

5.26 数控车削加工中，在安排精加工工序时，其零件的完工轮廓应由最后一刀连续加工而成。（　　）

5.27 数控车床上的卡盘、中心架等属于专用夹具。（　　）

5.28 车削中心 C 轴的运动就是主轴的主运动。（　　）

5.29 进给量是工件每回转一分钟，车刀沿进给运动方向上的相对位移。（　　）

5.30 数控车床具有运动传动链短，运动副的耐磨性好，摩擦损失小，润滑条件好，总体结构刚性好，抗振性好等结构特点。（　　）

5.31 用成形车刀加工时，零件的轮廓形状完全由车刀刀刃的形状和尺寸决定。（　　）

5.32 在数控车床上车螺纹时，为提高生产率，主轴速度越快越好。（　　）

5.33 软爪均未进行淬火处理，因而容易发生变形，故不适合精密加工。（　　）

5.34 在数控机床上加工工件，精加工余量相对于普通机床加工要小。（　　）

5.35 圆弧形车刀特别适宜于车削精度要求较高的、光滑连接的成形面。（　　）

三、问答题

5.36 如何选择数控车床夹具？用外圆表面定位的常用车床夹具有哪几种？

5.37 常用数控车床车刀有哪些类型？

5.38 确定走刀路线的依据是什么？数控车削加工中确定切削用量的一般原则是什么？

5.39 确定图 5.60 所示套筒零件的加工顺序及进给路线和切削用量,并选择相应的加工工具。毛坯为棒料。

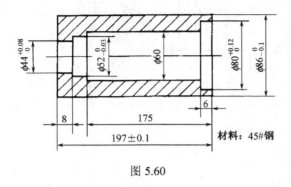

图 5.60

5.40 分析图 5.61 所示轴类零件的数控车削加工工艺。毛坯为棒料。

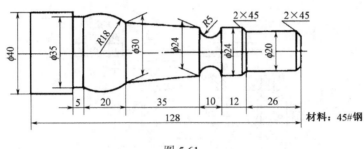

图 5.61

5.41 试分析图 5.62 所示零件的数控车削加工工艺。毛坯为铸件。

5.42 图 5.63 所示零件的毛坯为 ϕ 88×130,45#钢。请完成图示零件的工序安排,确定装夹方案,给出走刀路线,选择所用刀具和切削用量,拟定数控加工工序卡片。

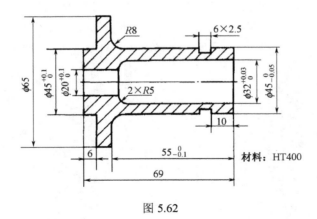

图 5.62

5.43 车削如图 5.64 所示固定套零件,工件材料 HT200,毛坯尺寸 ϕ55×75,试确定其内、外表面粗、精加工时的装夹方案并选择相应的夹具。

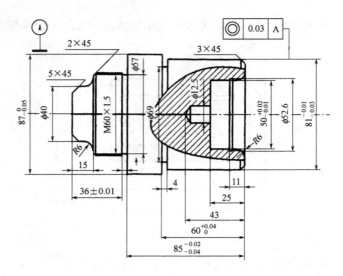

图 5.63

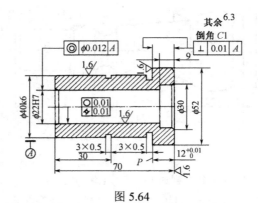

图 5.64

第6章　数控铣床与铣削加工工艺

内容提要及学习要求

数控铣床是主要采用铣削方式加工工件的数控机床。数控铣削加工工艺是以普通铣床加工工艺为基础，并结合数控铣床的特点，综合处理数控铣削加工工艺的工艺方法。数控铣削加工除了能铣削普通铣床所能加工的各种零件外，还能铣削普通铣床不能加工的平面轮廓和曲面轮廓。数控铣削加工内容与加工中心加工内容有许多相似之处，但从实际应用效果看，数控铣削加工更多地用于复杂曲面的加工，而加工中心更多地用于有多工序内容零件的加工。数控铣削的工艺问题是数控加工中最复杂的，数控铣削加工也是应用最广泛的加工方法。工艺设计应从普通加工出发，结合数控加工的特点进行学习。

本章主要了解数控铣床的功能、分类和主要加工对象、机械结构、工艺装备；能制订典型零件的数控铣削加工工艺。

6.1　数控铣床简介

6.1.1　数控铣床的用途

数控铣床是一种用途广泛的机床。一般的数控铣床是指规格较小的升降台式数控铣床，其工作台宽度多在 400mm 以下，规格较大的数控铣床（如工作台宽度在 500mm 以上的），其功能已向加工中心靠近，进而演变成柔性加工单元。数控铣床多为三坐标、两轴联动的机床，也称两轴半控制，即在 X、Y、Z 三个坐标轴中，任意两轴都可以联动。一般情况下，在数控铣床上只能用来加工平面曲线的轮廓。对于有特殊要求的数控铣床，还可以加进一个回转的 A 坐标或 C 坐标，即增加一个数控分度头或数控回转工作台，它可安装在机床工作台的不同位置，这时机床的数控系统为四坐标的数控系统，可用来加工螺旋槽、叶片等立体曲面零件。

与普通铣床相比，数控铣床的加工精度高，精度稳定性好，适应性强，操作劳动强度低，特别适应于板类、盘类、壳具类、模具类等复杂形状的零件或对精度保持性要求较高的中、小批量零件的加工。

6.1.2　数控铣床的分类

1. 数控铣床按其主轴位置的不同分类

（1）数控立式铣床。其主轴垂直于水平面。数控立式铣床是数控铣床数量最多的一种，应用范围也最为广泛。小型数控铣床一般都采用工作台移动、升降及主轴不动方式，与普通立式升降台铣床结构相似；中型数控铣床一般采用纵向和横向工作台移动方式，且主轴沿垂直溜板上下运动；大型数控铣床因要考虑到扩大行程，缩小占地面积及刚性等技术问题，往往采用龙门架移动方式，其主轴可以在龙门架的纵向与垂直溜板上运动，而龙门架则沿床身作纵向移动，这类结构又称之为龙门数控铣床。数控立式铣床可以附加数控转盘，采用自动交换台。增加靠模装置等来扩大数控立式铣床的功能、加工范围和加工对象，进一步提高生产效率。

（2）卧式数控铣床。其主轴平行于水平面。为了扩大加工范围和扩充功能，卧式数控铣床通常采用增加数控转盘或万能数控转盘来实现 4 至 5 坐标加工。这样一来，不但工件侧面上的连续回转轮廓可以加工出来，而且可以实现在一次安装中，通过转盘改变工位，进行"四面加工"。尤其是万能数控转盘可以把工件上各种不同角度或空间角度的加工面摆成水平来加工，可以省去许多专用夹具或专用角度成形铣刀。对箱体类零件或需要在一次安装中改变工位的工件来说，选择带数控转盘的卧式数控铣床进行加工是非常合适的。

（3）立、卧两用数控铣床。这类铣床目前正在逐渐增多，它的主轴方向可以更换，能达到在一台机床上既可以进行立式加工，又可以进行卧式加工，其使用范围更广，功能更全，选择的加工对象和余地更大，给用户带来了很多方便，特别是当生产批量小，品种较多，又需要立、卧两种方式加工时，用户只需要一台这样的机床就行了。

立、卧两用数控铣床的主轴方向的更换有手动与自动两种。采用数控万能主轴头的立、卧两用数控铣床，其主轴头可以任意转换方向，可以加工出与水平面呈各种不同角度的工件表面。当立、卧两用数控铣床增加数控转盘后，就可以实现对工件的"五面加工"，即除了工件与转盘贴面的定位面外，其他表面都可以在一次安装中进行加工。因此，其加工性能非常优越。

2．从机床数控系统控制的坐标轴数量分类

（1）2.5 坐标联动数控铣床。机床只能进行 X、Y、Z 三个坐标中的任意两个坐标轴联动加工。

（2）3 坐标联动数控铣床。机床能进行 X、Y、Z 三个坐标轴联动加工。目前 3 坐标数控立式铣床仍占大多数。

（3）4 坐标联动数控铣床。机床主轴可以沿 X、Y、Z 三个坐标轴直线运动和绕其中一个轴作数控摆角运动。

（4）5 坐标联动数控铣床。机床主轴可以沿 X、Y、Z 三个坐标轴直线运动和绕其中两个轴作数控摆角运动。

一般来说，机床控制的坐标轴越多，特别是要求联动的坐标轴越多，机床的功能、加工范围及可选择的加工对象也越多。但随之而来的是机床的结构更复杂，对数控系统的要求更高，编程的难度更大，设备的价格也更高。

如图 6.1 所示为各类数控铣床的示意图，其上的坐标系符合 ISO 标准的规定。

6.1.3　数控铣床的传动系统与主轴部件

数控铣床品种很多，结构也有所不同，但在许多方面是有共同之处的。

图 6.2 所示为 XK5040A 型数控立式升降台铣床的外形图。采用 FANUC-3MA 数控系统，采用全数字交流伺服驱动，能实现铣床的 X、Y、Z 三坐标联动功能，完成各种复杂形状的加工。下面以 XK5040A 型数控铣床为例介绍数控铣床的传动与主要机械结构。

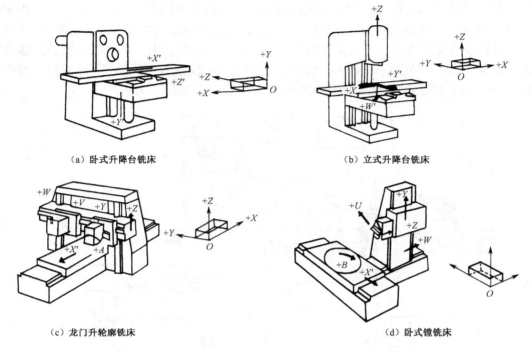

（a）卧式升降台铣床

（b）立式升降台铣床

（c）龙门升轮廓铣床

（d）卧式镗铣床

图 6.1   各类数控铣床示意图

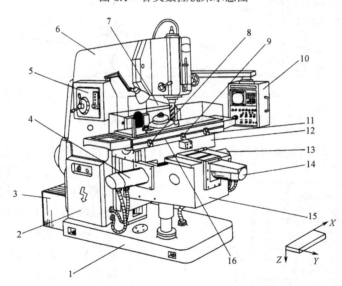

1—底座；2—强电柜；3—变压器箱；4—垂直升降进给伺服电动机；5—主轴变速手柄和按钮板；

6—床身；7—数控柜；8—保护开关；9—挡铁；10—操纵台；11—保护开关；12—横向溜板；

13—纵向进给伺服电动机；14—横向进给伺服电动机；15—升降台；16—纵向工作台

图 6.2   XK5040A 型数控铣床的布局图

1. 数控铣床主传动系统

图 6.3 为铣床传动系统图，传动系统包括主传动和进给运动两部分。

（1）主传动。XK5040A 型数控铣床的主体运动是主轴的旋转运动。由 7.5kW、1450r/min 的主电动机驱动（如图 6.3 所示），经 $\phi140/\phi285$mm 三角带传动，再经 I～II 轴间的三联滑移齿轮变速组、II～III 轴间的三联滑移齿轮变速组、III～IV 轴间的双联滑移齿轮变速组传至IV轴，再经IV～V 轴间的一对圆锥齿轮副 29/29 及 V～VI轴间的一对圆柱齿轮副 67/67 传至主轴，使之获得 18 级转速，转速范围为（30～1500）r/min。

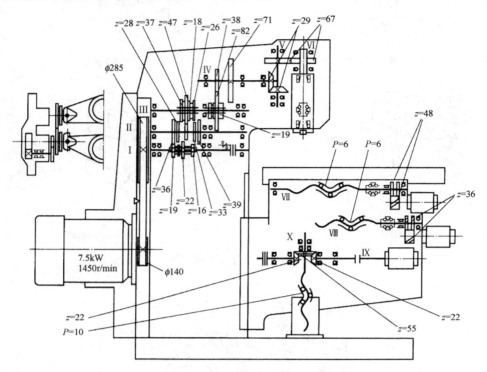

图 6.3　XK5040A 型数控铣床传动系统

（2）进给运动。进给运动有工作台纵向、横向和垂直三个方向的运动。纵向、横向进给运动由 FB-15 型直流伺服电动机驱动，经过圆柱斜齿轮副带动滚珠丝杠转动，通过丝杠螺母机构实现。垂直方向进给运动由 FB-25 型带制动器的直流伺服电动机驱动，经圆锥齿轮副带动滚珠丝杠转动。当断电时，直流伺服电动机的制动器 Z 向刹紧，以防止升降台因自重而下滑。

进给系统传动齿轮间隙的消除，采用双片斜齿轮消除间隙机构，如图 6.4 所示，调整螺母 1，即可靠弹簧 2 自动消除间隙。

2. 升降台自动平衡装置

XK5040A 型数控铣床升降台自动平衡

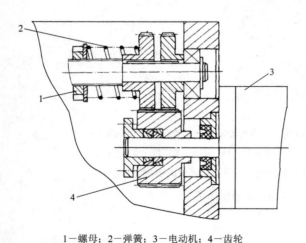

1—螺母；2—弹簧；3—电动机；4—齿轮

图 6.4　XK5040A 型数控铣床齿轮间隙消除机构示图

装置如图 6.5 所示。伺服电动机 1 经过锥环连接带动十字联轴节以及圆锥齿轮 2、3，使升降丝杠转动，工作台上升或下降。同时圆锥齿轮 3 带动圆锥齿轮 4，经超越离合器和摩擦离合器相连，这一部分称为升降台自动平衡装置。

升降台自动平衡装置的工作原理如下：当圆锥齿轮 4 转动时，通过锥销带动单向超越离合器的星轮 5。工作台上升时，星轮的转向是使滚子 6 和超越离合器的外壳 7 脱开的方向，外壳不转摩擦片不起作用；而工作台下降时，星轮的转向使滚子 6 楔在星轮与外壳 7 之间，外壳 7 随着圆锥齿轮 4 一起转动，经过花键与外壳连在一起的内摩擦片与固定的外摩擦片之间产生相对运动，由于内外摩擦片之间由弹簧压紧，有一定摩擦阻力，所以起到阻尼作用，使上升与下降的力量得以平衡。

因为滚珠丝杠无自锁作用，在一般情况下，垂直放置的滚珠丝杠会因部件的质量作用而自动下落，所以必须有阻尼或锁紧机构。XK5040A 型数控铣床选用了带制动器的伺服电动机。阻尼力量的大小即摩擦离合器的松紧，可以通过螺母 8 来调整，调整前应先松开螺母 8 的锁紧螺钉 9，调整后应将锁紧螺钉再锁紧。

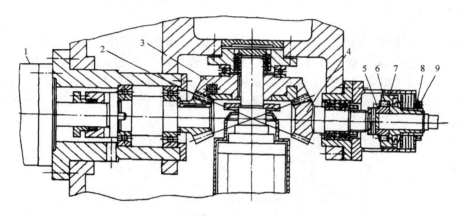

1—伺服电动机　2—圆锥齿轮　3—圆锥齿轮　4—圆锥齿轮　5—星轮

6—滚子　7—超越离合器的外壳　8—螺母　9—锁紧螺钉

图 6.5　XK5040A 型数控铣床升降台自动平衡装置

6.2　数控铣床加工工艺分析

6.2.1　数控铣削的主要加工对象

数控铣削是机械加工中最常用和最主要的数控加工方法之一，它除了能铣削普通铣床所能铣削的各种零件表面外，还能铣削普通铣床不能铣削的需 2～5 坐标联动的各种平面轮廓和立体轮廓。根据数控铣床的特点，从铣削加工角度来考虑，适合数控铣削的主要加工对象有以下几类。

1．平面类零件

加工面平行或垂直于水平面，或加工面与水平面的夹角为定角的零件为平面类零件（见图 6.6）。目前在数控铣床上加工的绝大多数零件属于平面类零件。平面类零件的特点是各个加工面是平面或可以展开成平面。

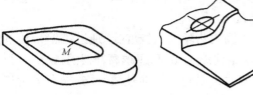

（a）带平面轮廓的平面零件　　（b）带斜平面的平面零件　　（c）带正圆台和斜筋的平面零件

图 6.6　平面类零件

例如，图 6.6 中的曲线轮廓面 M 和正圆台面 N，展开后均为平面。平面类零件是数控铣削加工对象中最简单的一类零件，一般只需用三坐标数控铣床的两坐标联动（即两轴半坐标联动）就可以把它们加工出来。

2．变斜角类零件

加工面与水平面的夹角呈连续变化的零件称为变斜角类零件。这类零件多为飞机零件，如飞机上的整体梁、框、橡条与肋等；此外检验夹具与装配型架等也属于变斜角类零件。图 6.7 所示是飞机上的一种变斜角梁橡条，该零件的上表面在第 2 肋至第 5 肋的斜角 α 从 3°10′ 均匀变化为 2°32′，从第 5 肋至第 9 肋再均匀变化为 1°20′，从第 9 肋到第 12 肋又均匀变化为 0°。

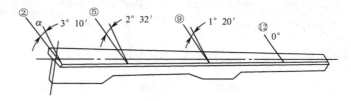

图 6.7　变斜角零件

变斜角类零件的变斜角加工面不能展开为平面，但在加工中，加工面与铣刀圆周接触的瞬间为一条线。最好采用四坐标或五坐标数控铣床摆角加工，在没有上述机床时，可采用三坐标数控铣床，进行两轴半坐标近似加工。

3．曲面类零件

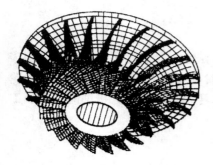

图 6.8　叶轮

加工面为空间曲面的零件称为曲面类零件，如模具、叶片、螺旋桨等，如图 6.8 所示。曲面类零件的加工面不能展开为平面，加工时，加工面与铣刀始终为点接触。这类零件在数控铣床的加工中也较为常见，通常采用两轴半联动数控铣床来加工精度要求不高的曲面；精度要求高的曲面类零件一般采用三轴联动数控铣床加工；当曲面较复杂、通道较狭窄、会伤及毗邻表面及需刀具摆动时，要采用四轴甚至五轴联动数控铣床加工。

6.2.2　数控铣床铣削加工内容的选择

数控铣削加工内容与加工中心加工内容有许多相似之处，但从实际应用效果来看，数控铣削加工更多地用于复杂曲面的加工，而加工中心更多地用于有多工序内容零件的加工。

1．采用数控铣削加工的内容

（1）工件上的曲线轮廓内、外形，特别是由数学表达式给出的非圆曲线与列表曲线等曲线轮廓。

（2）已给出数学模型的空间曲线。

（3）形状复杂、尺寸繁多、划线与检测困难的部位。

（4）用通用铣床加工时难以观察、测量和控制进给的内、外凹槽。

（5）以尺寸协调的高精度孔或面。

（6）能在一次安装中顺带铣出来的简单表面或形状。

（7）采用数控铣削能成倍提高生产率，大大减轻体力劳动的一般加工内容。

2．不宜采用数控铣削加工的内容

（1）需要进行长时间占机和进行人工调整的粗加工内容，如以毛坯粗基准定位划线找正的加工。

（2）必须按专用工装协调的加工内容（如标准样件、协调平板、模胎等）。

（3）毛坯上的加工余量不太充分或不太稳定的部位。

（4）简单的粗加工面。

（5）必须用细长铣刀加工的部位，一般指狭长深槽或高筋板小转接圆弧部位。

6.2.3　数控铣床加工零件的结构工艺性分析

零件的工艺性分析主要内容包括数控加工零件图样分析和结构工艺性分析，在前面章节中已作了介绍，下面结合数控铣削加工的特点进一步说明其结构工艺性。

1．零件图样尺寸的正确标注

构成零件轮廓的几何元素（点、线、面）的相互关系（如相切、相交、垂直和平行等），是数控编程的重要依据。因此，在分析零件图样时，务必要分析几何元素的给定条件是否充分，应无引起矛盾的多余尺寸或影响工序安排的封闭尺寸等。发现问题及时与设计人员协商解决。

2．保证获得要求的加工精度

检查零件的加工要求，如尺寸加工精度、形位公差及表面粗糙度在现有的加工条件下是否可以得到保证，是否还有更经济的加工方法或方案。此外，虽然数控机床精度很高，但对一些特殊情况，例如过薄的底板与肋板，因为加工时产生的切削拉力及薄板的弹性退让极易产生切削面的振动，使薄板厚度尺寸公差难以保证，其表面粗糙度也将增大。根据实践经验，对于面积较大的薄板，当其厚度小于 3mm 时，就应在工艺上充分重视这一问题。

3．零件内腔外形的尺寸统一

零件的内腔和外形最好采用统一的几何类型和尺寸，这样可以减少刀具规格和换刀次数，使编程方便，提高生产效率。

4．尽量统一零件轮廓内圆弧的有关尺寸

（1）内槽圆弧半径 R 的大小决定着刀具直径的大小，所以内槽圆弧半径 R 不应太小。如图 6.9 所示，轮廓内圆弧半径 R 常常限制刀具的直径。若工件的被加工轮廓高度低，转接圆弧半径也大，可以采用较大直径的铣刀来加工，且加工其底板面时，进给次数也相应减少，表面加工质量也会好一些，因此工艺性较好。反之，数控铣削工艺性较差。一般来说，当 $R<0.2H$（H 为被加工轮廓面的最大高度）时，可以判定零件上该部位的工艺性不好。

（2）零件铣削槽底平面时，槽底面圆角或底板与肋板相交处的圆角半径 r 不要过大，如图 6.10 所示。因为铣刀与铣削平面接触的最大直径 $d=D-2r$（D 为铣刀直径），当 D 越大而 r 越小时，铣刀端刃铣削平面的面积越大，加工平面的能力越强，铣削工艺性当然也越好。而当 D 一定时，r 越大，铣刀端刃铣削平面的能力越差，效率也越低，工艺性也越差。当 r 大到一定程度时甚至必须用球头铣刀加工，这是应当避免的。有时，当铣削的底面面积较大，底部圆弧的 r 也较大时，我们只能用两把 r 不同的铣刀（一把刀的 r 小些，另一把刀的 r 符合零件图样的要求）分两次进行切削。

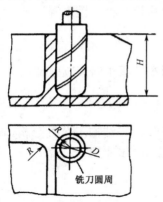

图 6.9　肋板高度与内孔转接圆弧
对零件铣削工艺性的影响

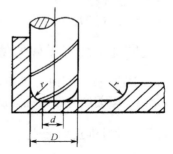

图 6.10　零件底面与肋板的转接圆弧
对零件铣削工艺性的影响

在一个零件上的这种凹圆弧半径在数值上的一致性问题对数控铣削的工艺性显得相当重要。一般来说，即使不能寻求完全统一，也要力求将数值相近的圆弧半径分组靠拢，达到局部统一，以尽量减少铣刀规格与换刀次数，并避免因频繁换刀而增加了零件加工面上的接刀痕，降低了表面质量。

5．保证基准统一

对于零件加工中使用的工艺基准应当着重考虑，它不仅决定了各个加工工序的前后顺序，还将对各个工序加工后各个加工表面之间的位置精度产生直接的影响。例如有些零件需要在铣完一面后再二次重新安装铣削另一面，由于数控铣削时不能使用通用铣床加工时常用的试切方法来接刀，往往会因为零件的重新安装而接不好刀，这时，最好采用统一基准定

位，因此零件上应有合适的孔作为定位基准孔。如果零件上没有基准孔，也可以专门设置工艺孔作为定位基准（如在毛坯上增加工艺凸台或在后续工序要铣去的余量上设基准孔）。若无法制出工艺孔，最起码也要用精加工表面作为统一基准，以减小二次装夹产生的误差。

6．分析零件的变形情况

零件在数控铣削加工时的变形，不仅影响加工质量，而且当变形较大时，将使加工不能继续进行下去。这时就应当考虑采取一些必要的工艺措施进行预防，如对钢件进行调质处理，对铸铝件进行退火处理，对不能用热处理方法解决的，也可考虑粗、精加工及对称去余量等常规方法。

有关铣削件的结构工艺性的实例见表 6-1 所示。

表 6-1　数控铣削加工零件结构工艺性实例

序　号	A——工艺性差的结构	B——工艺性好的结构	说　　明
1			B 结构可选用较高刚性刀具
2			B 结构需用刀具比 A 结构少，减少了换刀的辅助时间
3			B 结构 R 大，r 小，铣刀端刃铣削面积大，生产效率高
4			B 结构 $a>2R$，便于半径为 R 的铣刀进入，所需刀具少，加工效率高
5			B 结构刚性好，可用大直径铣刀加工，加工效率高
6			B 结构在加工面和不加工面之间加入过渡表面，减少了切削量
7			B 结构用斜面筋代替阶梯筋，节约材料，简化编程
8			B 结构采用对称结构，简化编程

6.2.4　数控铣削零件毛坯的工艺性分析

零件在进行数控铣削加工时，由于加工过程的自动化，使余量的大小、如何装夹等问题在选择毛坯时就要仔细考虑好。否则，如果毛坯不适合数控铣削，加工将很难进行下去。因此，对零件图进行了工艺分析后，还应结合数控铣削的特点，对所用毛坯进行工艺分析。

1．毛坯应有充分的加工余量，稳定的加工质量

毛坯主要指锻、铸件，因模锻时的欠压量与允许的错模量会造成余量多少不等，铸造时也会因砂型误差、收缩量及金属液体的流动性差不能充满型腔等造成余量不等。另外，锻造、铸造后，毛坯的翘曲与扭曲变形量的不同也会造成加工余量不充分、不稳定。因此，除板料外，不管是锻件、铸件还是型材，只要准备采用数控铣削加工，其加工面均应有较充分的余量。经验表明，数控铣削中最难保证的是加工面与非加工面之间的尺寸，这一点应该引起特别重视，在这种情况下，如果已确定或准备采用数控铣削加工，就应事先对毛坯的设计进行必要的更改或在设计时就加以充分考虑，即在零件图样注明的非加工面处也增加适当的余量。

2．分析毛坯的装夹适应性

主要考虑毛坯在加工时定位和夹紧的可靠性与方便性，以便充分发挥数控铣削在一次安装中加工出较多待加工面。对于不便装夹的毛坯，可考虑在毛坯上另外增加装夹余量或工艺凸台来定位与夹紧，也可以制出工艺孔或另外准备工艺凸耳来特制工艺孔作为定位基准。如图 6.11 所示，由于该工件缺少合适的定位基准，可在毛坯上铸出三个工艺凸耳，在凸耳上制出定位基准孔。

（a）缺少合适的定位基准的毛坯　　　　（b）增加孔的工艺凸耳上制出定位基准孔的毛坯

图 6.11　增加毛坯辅助基准示例

3．分析毛坯的余量大小及均匀性

分析毛坯加工中与加工后的变形程度，考虑是否应采取预防性措施和补救措施。如对于热扎中、厚铝板，经淬火时效后很容易在加工中与加工后变形，这时最好采用经预拉伸处理的淬火板坯。对于毛坯的余量大小及均匀性，主要是考虑在加工时要不要分层切削，分几层切削。自动编程时，这个问题尤其重要。

6.3　数控铣床加工工艺路线的拟订

6.3.1　数控铣削加工方案的选择

数控铣削加工零件的表面主要有各种平面、平面轮廓及曲面轮廓等，一般根据零件的加工

精度、表面粗糙度、材料、结构形状、尺寸和生产类型等选择合理的加工方法和加工方案。

1. 平面的加工方法

在数控铣床上加工平面主要采用面铣刀和立铣刀。经粗铣的平面，尺寸精度可达 IT11～13 级，表面粗糙度 R_a 值可达 6.3～25μm；经精铣的平面，尺寸精度可达 IT8～10 级，表面粗糙度 R_a 值可达 1.6～3.2μm。图 6.12 所示为各种铣平面的方法。

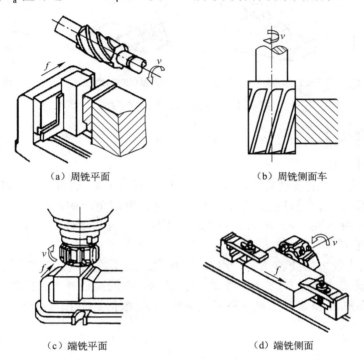

（a）周铣平面   （b）周铣侧面车

（c）端铣平面   （d）端铣侧面

图 6.12   铣平面

1. 平面轮廓的加工方法

这类零件的表面多由直线和圆弧或各种曲线构成，通常采用 3 坐标数控铣床进行两轴半坐标加工。图 6.13 为由直线和圆弧构成的平面轮廓 ABCDEA，采用刀具半径为 R 的立铣刀沿周向加工，双点划线 A' B' C' D' E' A' 为刀具中心的运动轨迹。为保证加工面光滑，刀具沿 PA' 切入，沿 A'K 切出，让刀沿 KL 及 LP 返回程序起点。在编程时应尽量避免切入和进给中途停顿，以防止在零件表面留下划痕。

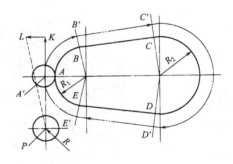

图 6.13   平面轮廓铣削

2. 固定斜角平面的加工方法

固定斜角平面是与水平面成一固定夹角的斜面，常用的加工方法如下：

（1）当零件尺寸不大时，可用斜垫板垫平后加工；如果机床主轴可以摆角，则可以摆成适当的定角，用不同的刀具来加工（见图 6.14）。当零件尺寸很大，斜面斜度又较小时，常用行切法加工，但加工后会在加工面上留下残留面积，需要用钳修方法加以清除，用 3 坐标数控立铣加工飞机整体壁板零件时常用此法。当然，加工斜面的最佳方法是采用 5 坐标数控铣床，主轴摆角后加工，可以不留残留面积。

（2）对于图 6.6（c）所示的正圆台和斜筋表面，一般可用专用的角度成形铣刀加工，其效果比采用 5 坐标数控铣床摆角加工好。

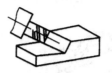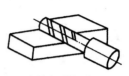

（a）主轴垂直端刃加工　　（b）主轴摆角后侧刃加工　　（c）主轴摆角后端刃加工　　（d）主轴水平侧刃加工

图 6.14　主轴摆角加工固定斜面

3. 变斜角面的加工

常用的加工方法如下：

（1）对曲率变化较小的变斜角面，选用 X、Y、Z 和 A 4 坐标联动的数控铣床，采用立铣刀（但当零件斜角过大、超过机床主轴摆角范围时，可用角度成形铣刀加以弥补）以插补方式摆角加工，如图 6.15（a）所示。加工时，为保证刀具与零件型面在全长上始终贴合，刀具绕 A 轴摆角度 α。

（2）对曲率变化较大的变斜角面，用 4 坐标联动加工难以满足加工要求，最好用 X、Y、Z、A 和 B（或 C 转轴）的 5 坐标联动数控铣床，以圆弧插补方式摆角加工，如图 6.15（b）所示。图中夹角 A 和 B 分别是零件斜面母线与 Z 坐标轴夹角 α 在 ZOY 平面上和 XOY 平面上的分夹角。

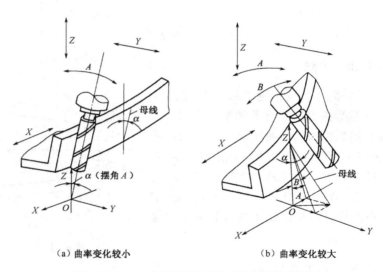

（a）曲率变化较小　　　　　　　（b）曲率变化较大

图 6.15　4、5 坐标数控铣床加工零件变斜角面

（3）采用 3 坐标数控铣床两坐标联动，利用球头铣刀和鼓形铣刀，以直线或圆弧插补方式进行分层铣削加工，加工后的残留面积用钳修方法清除，图 6.16 所示是用鼓形铣刀铣削

变斜角面的情形。由于鼓形铣刀的鼓径可以做得比球头铣刀的球径大，所以加工后的残留面积高度小，加工效果比球头铣刀好。

4．曲面轮廓的加工方法

立体曲面的加工应根据曲面形状、刀具形状（球状、柱状、端齿）以及精度要求采用不同的铣削方法，如二轴半、三轴、四轴、五轴等联动加工。

（1）对曲率变化不大和精度要求不高的曲面的粗加工，常用两轴半坐标的行切法加工，即 X、Y、Z 3 轴中任意两轴作联动插补，第三轴作单独的周期进给。如图 6.17 所示，将 X 向分成若干段，球头铣刀沿 YZ 面所截的曲线进行铣削，每一段加工完后进给 ΔX，再加工另一相邻曲线，如此依次切削即可加工出整个曲面。在行切法中，要根据轮廓表面粗糙度的要求及刀头不干涉相邻表面的原则选取 ΔX。球头铣刀的刀头半径应选得大一些，有利于散热，但刀头半径应小于内凹曲面的最小曲率半径。

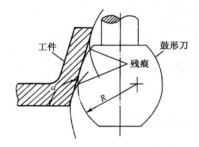
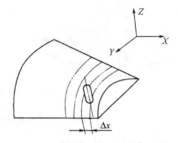

图 6.16　用鼓形铣刀分层铣削变斜角　　图 6.17　两轴半坐标行切法加工曲面

两轴半坐标加工曲面的刀心轨迹 O_1O_2 和切削点轨迹 ab 如图 6.18 所示。图中 $ABCD$ 为被加工曲面，P_{YZ} 平面为平行于 YZ 坐标平面的一个行切面，刀心轨迹 O_1O_2 为曲面 $ABCD$ 的等距面 $IJKL$ 与行切面 P_{YZ} 的交线，显然 O_1O_2 是一条平面曲线。由于曲面的曲率变化，改变了球头刀与曲面切削点的位置，使切削点的连线成为一条空间曲线，从而在曲面上形成扭曲的残留沟纹。

（2）对曲率变化较大和精度要求较高的曲面的精加工，常用 X、Y、Z 3 坐标联动插补的行切法加工。如图 6.19 所示，P_{YZ} 平面为平行于坐标平面的一个行切面，它与曲面的交线为 ab。由于是 3 坐标联动，球头刀与曲面的切削点始终处在平面曲线 ab 上，可获得较规则的残留沟纹，但这时的刀心轨迹 O_1O_2 不在 P_{YZ} 平面上，而是一条空间曲线。

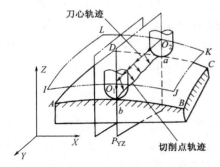
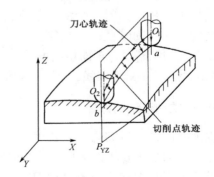

图 6.18　两轴半坐标行切法加工曲面的切削点轨迹　　图 6.19　3 轴联动行切法加工曲面的切削点轨迹

（3）对像叶轮、螺旋桨这样的零件，因其叶片形状复杂，刀具容易与相邻表面干涉，常用 5 坐标联动加工，其加工原理如图 6.20 所示。半径为 R_i 的圆柱面与叶面的交线 AB 为螺旋线的一部分，螺旋角为 ψ_i，叶片的径向叶形线（轴向割线）EF 的倾角 α 为后倾角，螺旋线 AB 用极坐标加工方法，并且以折线段逼近。逼近段 mn 是由 C 坐标旋转 $\Delta\theta$ 与 Z 坐标位移 ΔZ 的合成。当 AB 加工完后，刀具径向位移 ΔX（改变 R_i），再加工相邻的另一条叶形线，依次加工即可形成整个叶面。由于叶面的曲率半径较大，所以常采用立铣刀加工，以提高生产率并简化程序。为保证铣刀端面始终与曲面贴合，铣刀还应作由坐标 A 和坐标 B 形成的 θ_1 和 α_1 的摆角运动。在摆角的同时，还应作直角坐标的附加运动，以保证铣刀端面中心始终位于编程值所规定的位置上，所以需要 5 坐标加工。这种加工的编程计算相当复杂，一般采用自动编程。

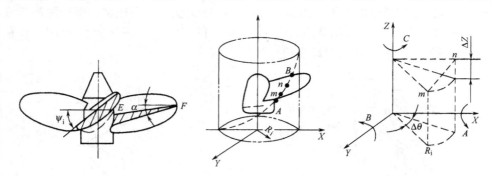

图 6.20　曲面的 5 坐标联动加工

6.3.2　加工顺序的安排

在数控铣床上加工零件，工序应比较集中，在一次装夹中应尽可能完成大部分工序。在安排加工顺序时同样要遵循"基面先行，先粗后精，先主后次，先面后孔，先内后外。"的一般工艺原则。此外还应考虑：刀具集中原则，即当工件的待加工表面较多时，先安排用大直径刀具加工表面，后安排小直径刀具加工表面。这与"先粗后精"是一致的，大直径刀具切削用量大，适合粗加工，小直径刀具适于精加工。同时，某些机床工作台的回转时间比换刀时间短，按使用刀具不同划分工步，可以减少换刀次数，减少辅助时间，提高加工效率。

6.3.3　进给路线的确定

数控铣削加工中进给路线对零件的加工精度和表面质量有直接的影响。进给路线的确定与被加工工件的材料、余量、刚度、加工精度要求、表面粗糙度要求；机床的类型、刚度、精度；夹具的刚度；刀具的状态、刚度、耐用度等因素有关。合理的走刀路线，是指能保证零件加工精度、表面粗糙度要求；数值计算简单，程序段少，编程量小；走刀路线最短，空程最少的高效率路线。下面针对铣削方式和常见的几种轮廓形式来分析进给路线。

1. 顺铣和逆铣的选择

铣削有顺铣（铣刀与工件接触部分的旋转方向与工件的进给方向相同）和逆选（铣刀与工件接触部分的旋转方向与工件的进给方向相反）两种方式，见图 6.21 所示。逆铣时，刀刃沿已加工表面切入，不会崩刀；每个刀齿的切削厚度由零增至最大，开始时，刀齿不能立刻切入工件，而是在已加工表面滑行一段距离，刀具磨损加剧，工件表面产生冷硬现象，影响表面质量。同时，刀齿垂直方向的切削分力向上，不仅会使工作台与导轨间形成间隙，引起振动，而且对工件有一个上抬作用，因此需要较大的夹紧力，铣薄壁和刚度差工件时影响更大。但逆铣时工件受到水平合力 F_x 与进给运动方向相反，丝杆与螺母的传动工作而始终接触，不会受丝杆和螺母副间隙的影响，铣削较平稳，适合粗加工。顺铣时，刀刃从工件外表面切入，工件表层硬皮和杂质易使刀具磨损和损坏；铣刀刀刃的切削厚度由最大到零，不存在滑行现象，刀具磨损较小，表面质量好，适合精加工。垂直合力 F_z 向下，对工件有一个压紧作用，有利于工件的装夹。但其水平合力 F_x 方向与工件进给方向相同，会出现工作台在丝杆与螺母的间隙范围内来回窜动，影响加工质量及损坏刀具。

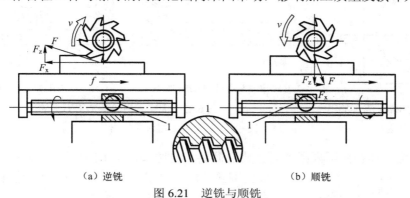

（a）逆铣　　　　　　　　　　　　（b）顺铣

图 6.21　逆铣与顺铣

2．铣削外轮廓的进给路线

（1）铣削平面零件外轮廓时，一般采用立铣刀侧刃切削。刀具切入工件时，应避免沿零件外轮廓的法向切入，而应沿切削起始点的延伸线逐渐切入工件，保证零件曲线的平滑过渡。同理，在切离工件时，也应避免在切削终点处直接抬刀，要沿着切削终点延伸线逐渐切离工件，如图 6.22 所示。

（2）当用圆弧插补方式铣削外整圆时，如图 6.23 所示，要安排刀具从切向进入圆周铣削加工，当整圆加工完毕后，不要在切点处直接退刀，而应让刀具沿切线方向多运动一段距离，以免取消刀补时，刀具与工件表面相碰，造成工件报废。

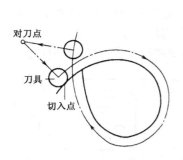

图 6.22　外轮廓加工刀具的切入和切出

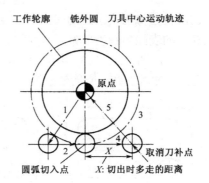

图 6.23　外圆铣削

3．铣削内轮廓的进给路线

（1）铣削封闭的内轮廓表面，同铣削外轮廓一样，刀具同样不能沿轮廓曲线的法向切入和切出。此时若内轮廓曲线允许外延，则应沿延伸线或切线方向切入、切出。若内轮廓曲线不允许外延（图 6.24 所示），刀具只能沿内轮廓曲线的法向切入、切出，此时刀具的切入、切出点应尽量选在内轮廓曲线两几何元素的交点处。当内部几何元素相切无交点时（图 6.25 所示），为防止刀补取消时在轮廓拐角处留下凹口（图 6.25（a）），刀具切入、切出点应远离拐角（图 6.25（b）所示）。

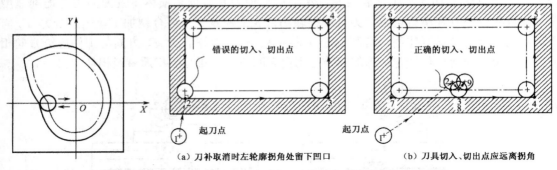

图 6.24　内轮廓加工刀具的
　　　　　切入和切出

图 6.25　无交点内轮廓加工刀具的
　　　　　切入和切出

（2）当用圆弧插补铣削内圆弧时也要遵循从切向切入、切出的原则，最好安排从圆弧过渡到圆弧的加工路线，如图 6.26 所示，这样可以提高内孔表面的加工精度和加工质量。

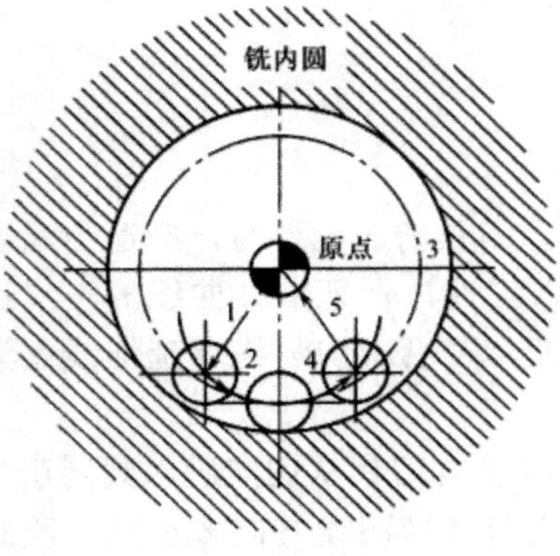

4．铣削内槽的进给路线

　　所谓内槽是指以封闭曲线为边界的平底凹槽。这种凹槽在飞机零件上常见，一律用平底立铣刀加工，刀具圆角半径应符合内槽的图纸要求。图 6.27 所示为加工内槽的三种进给路线，图 6.27（a）和图 6.27（b）分别为用行切法和环切法加工内槽。两种进给路线的共同点是都能切净内腔中的全部面积，不留死角，不伤轮廓，同时尽量减少重复进给的搭接量。不同点是行切法的进给路线比环切法

图 6.26　内圆铣削

短，但行切法将在每两次进给的起点与终点间留下残留面积，而达不到所要求的表面粗糙度。用环切法获得的表面粗糙度要好于行切法，但环切法需要逐次向外扩展轮廓线，刀位点计算稍微复杂一些。采用图 6.27（c）所示的进给路线，即先用行切法切去中间部分余量，最后用环切法环切一刀光整轮廓表面，既能使总的进给路线较短，又能获得较好的表面粗糙度。

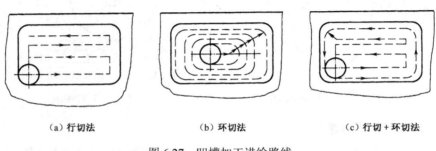

（a）行切法　　　　　　　　（b）环切法　　　　　　（c）行切＋环切法

图 6.27　凹槽加工进给路线

5. 铣削曲面轮廓的进给路线

铣削曲面时，常用球头刀采用"行切法"进行加工。所谓行切法是指刀具与零件轮廓的切点轨迹是一行一行的，而行间的距离是按零件加工精度的要求确定的。

对于边界敞开的曲面加工，可采用两种加工路线，如图 6.28 所示发动机的叶片，当采用图 6.28（a）所示的加工方案时，每次沿直线加工，刀位点计算简单，程序少，加工过程符合直纹面的形成，可以准确保证母线的直线度。当采用图 6.28（b）所示的加工方案时，符合这类零件数据给出情况，便于加工后检验，叶形的准确度较高，但程序较多。由于曲面零件的边界是敞开的，没有其他表面限制，所以曲面边界可以延伸，球头刀应由边界外开始加工。当边界不敞开时，确定进给路线要另行处理。

此外，轮廓加工中应避免进给停顿，否则会在轮廓表面留下刀痕；若在被加工表面范围内垂直下刀和抬刀，也会划伤表面。

为提高工件表面的精度和减小粗糙度，可以采用多次走刀的方法，精加工余量一般以 0.2～0.5mm 为宜。

选择工件在加工后变形小的走刀路线。对横截面积小的细长零件或薄板零件，应采用多次走刀加工达到最后尺寸，或采用对称去余量法安排走刀路线。

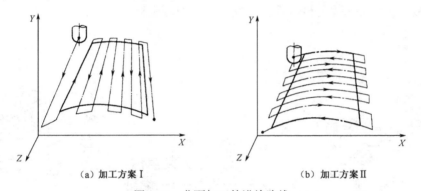

（a）加工方案Ⅰ   （b）加工方案Ⅱ

图 6.28　曲面加工的进给路线

6.3.4　夹具的选择

1. 对夹具的基本要求

数控铣床加工的工件形状虽然复杂，但实际上数控铣削加工时一般不要求很复杂的夹具，只要求有简单的定位，夹紧机构就可以了，其设计原理也与通用铣床夹具相同，结合数控铣削加工的特点，这里只提出基本要求：

（1）为保持工件在本工序中所有需要完成的待加工面充分暴露在外，夹具要做得尽可能开敞，因此夹紧机构元件与加工面之间应保持一定的安全距离，同时要求夹紧机构元件能低则低，以防止夹具与铣床主轴套筒或刀套、刀具在加工过程中发生碰撞。

（2）为保持零件安装方位与机床坐标系及编程坐标系方向的一致性，夹具应能保证在机床上实现定向安装，还要求能协调零件定位面与机床之间保持一定的坐标联系。

（3）夹具的刚性与稳定性要好。尽量不采用在加工过程中更换夹紧点的设计，当非要在加工过程中更换夹紧点不可时，要特别注意不能因更换夹紧点而破坏夹具或工件定位精度。

2．常用夹具种类

数控铣床常用的定位、夹紧机构是平口虎钳、分度头和三爪卡盘等通用夹具，或用压板、螺栓直接把工件装夹在铣床的工作台面上。精密机床用平口虎钳的钳口平行度很高，可用来定位，它往往长期被固定在数控铣床的工作台上。此外，铣削加工常用的夹具大致有下列几种，

（1）万能组合夹具。适合于小批量生产或研制时的中、小型工件在数控铣床上进行铣削加工。如图6.29所示的槽系组合夹具。

（2）专用铣削夹具。这是特别为某一项或类似的几项工件设计制造的夹具，一般在年产量较大或研制时非要不可时采用。其结构固定，仅适用于一个具体零件的具体工序，这类夹具设计时应力求简化，使制造时间尽可能缩短。

（3）多工位夹具。可以同时装夹多个工件，可减少换刀次数，也便于一面加工，一面装卸工件，有利于缩短辅助时间，提高生产率，较适宜于中批量生产。

（4）气动或液压夹具。适用于生产批量较大，采用其他夹具又特别费工、费力的工件，能减轻工人劳动强度和提高生产率，但此类夹具结构较复杂，造价往往较高，而且制造周期较长。图6.30所示为数控气动立卧式分度工作台，端齿盘为分度元件，靠气动转位分度，可完成以5°为基数的整倍垂直（或水平）回转坐标的分度。

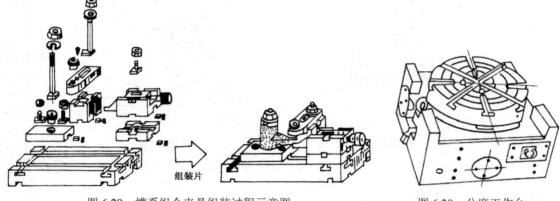

图6.29 槽系组合夹具组装过程示意图　　　　　图6.30 分度工作台

（5）通用铣削夹具。图6.31所示为数控回转座。它可一次安装工件，同时可从四面加工坯料，图6.31（a）所示可做四面加工；图6.31（b）、图6.31（c）所示可做圆柱凸轮的空间成形面和平面凸轮加工；图6.31（d）所示为双回转台，可用于加工在表面上成不同角度布置的孔，可作五

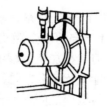

（a）四面加工　　（b）圆柱凸轮的空间成型面加工　　（c）平面凸轮加工　　（d）五个方向加工

图6.31 数控回转台（座）

个方向的加工。图 6.32 所示为数控铣床上通用可调夹具系统，该系统由图示基础件和另外一套定位夹紧调整件组成，基础件 1 为内装立式油缸 2 和卧式油缸 3 的平板，通过销 4 与销 5 和机床工作台的一个孔与槽对定，夹紧元件可从上或侧面把双头螺杆或螺栓旋入油缸活塞杆，对不用的对定孔用螺塞封盖。

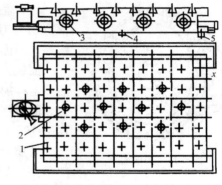

1—基础件；2—立式油缸；3—卧式油缸；4,5—销

图 6.32　通用可调夹具系统

3．数控铣削夹具的选用原则

在选用夹具时，通常需要考虑产品的生产批量、生产效率、质量保证及经济性，选用时可参照下列原则：

（1）在生产量小或研制时，应广泛采用万能组合夹具，只有在组合夹具无法解决工件装夹时才考虑采用其他夹具。

（2）小批量或成批生产时可考虑采用专用夹具，但应尽量简单。

（3）在生产批量较大时可考虑采用多工位夹具和气动、液压夹具。

6.3.5　刀具的选择

1．数控铣削刀具的基本要求

（1）铣刀刚性要好。目的有二：一是为提高生产率而采用大切削用量的需要；二是为适应数控铣床加工过程中难以调整切削用量的特点。例如，当工件各处的加工余量相差悬殊时，通用铣床遇到这种情况很容易采取分层铣削方法加以解决，而数控铣削就必须按程序规定的走刀路线前进，遇到余量大时无法像通用铣床那样"随机应变"，除非在编程时能够预先考虑到余量相差悬殊的问题，否则铣刀必须返回原点，用改变切削面高度或加大刀具半径补偿值的方法从头开始加工，多走几刀。这样势必造成余量少的地方经常走空刀，降低了生产效率，如刀具刚性好就不必这么办。再者，在通用铣床上加工时，若遇到刚性不强的刀具，也比较容易从振动、手感等方面及时发现并及时调整切削用量加以弥补，而数控铣削则很难办到。

（2）铣刀的耐用度要高。尤其是当一把铣刀加工的内容很多时，如刀具不耐用而磨损很快，就会影响工件的表面质量与加工精度，而且会增加换刀引起的调刀与对刀次数，也会使工件表面留下因对刀误差而形成的接刀台阶，降低了工件的表面质量。

除上述两点之外，铣刀切削刃的几何角度参数的选择及排屑性能等也非常重要，切屑粘刀形成积屑瘤在数控铣削中是十分忌讳的。总之，根据被加工工件材料的热处理状态、切削性能及加工余量选择刚性好、耐用度高的铣刀，是充分发挥数控铣床的生产效率和获得满意的加工质量的前提。

2．常用铣刀的种类

数控铣床上使用的刀具主要有铣削用刀具和孔加工用刀具两大类。铣削用刀种类很多，这里只介绍几种在数控机床上常用的铣刀。

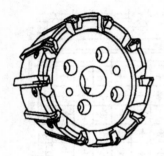

图 6.33 面铣刀

（1）面铣刀。如图 6.33 所示，面铣刀的圆周表面和端面上都有切削刃，端部切削刃为副切削刃。面铣刀多制成套式镶齿结构，刀齿为高速钢或硬质合金，刀体为 40Cr。

面铣刀主要用于面积较大的平面铣削和较平坦的立体轮廓的多坐标加工。

高速钢面铣刀按国家标准规定，直径 d=80～250mm，螺旋角 β=10°，刀齿数 z=10～26。

硬质合金面铣刀与高速钢铣刀相比，铣削速度较高，加工效率高，加工表面质量也较好，并可加工带有硬皮和淬硬层的工件，故得到广泛应用。合金面铣刀按刀片和刀齿的安装方式不同，可分为整体焊接式、机夹-焊接式和可转位式三种，见图 6.34 所示。

由于整体焊接式和机夹-焊接式面铣刀难以保证焊接质量，刀具耐用度低，重磨较费时，目前已逐渐被可转位式面铣刀所取代。

可转位式面铣刀是将可转位刀片通过夹紧元件夹固在刀体上，当刀片的一个切削刃用钝后，直接在机床上将刀片转位或更换新刀片。因此，这种铣刀在提高产品质量和加工效率，降低成本，操作使用方便等方面都具有明显的优势，在数控加工中已得到广泛应用。目前先进的可转位式数控面铣刀的刀体趋向于用轻质高强度铝、镁合金制造，切削刃采用大前角、负刃倾角，可转位刀片（多种几何形状）带有三维断屑槽形，便于排屑。

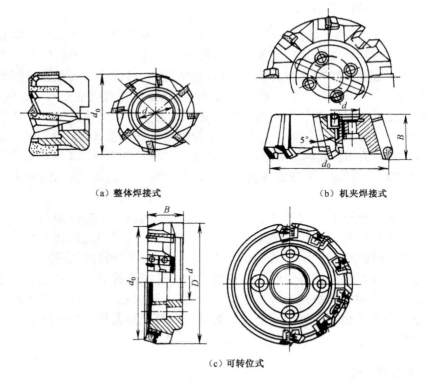

（a）整体焊接式　　　　　　　　　（b）机夹焊接式

（c）可转位式

图 6.34　硬质合金面铣刀

可转位式铣刀要求刀片定位精度高，夹紧可靠，排屑容易，更换刀片迅速等，同时各定位、夹紧元件通用性要好，制造要方便，并且应经久耐用。

（2）立铣刀。立铣刀也可称为圆柱铣刀，是数控铣加工中最常用的一种铣刀，如图 6.35 所示，主要用于加工沟槽、台阶面、平面和二维曲面（例如平面凸轮的轮廓）。立铣刀圆柱表面和端面上都有切削刃，它们可同时进行切削，也可单独进行切削。立铣刀圆柱表面的切削刃为主切削刃，端面上的切削刃为副切削刃。主切削刃一般为螺旋齿，如图 6.35（a）、（b）所示，这样可以增加切削平稳性，提高加工精度。一种先进的结构为切削刃是波形的，如图 6.35（c）、（d）所示，其特点是排屑更流畅，切削厚度更大，利于刀具散热并且提高了刀具寿命，刀具不易产生振动。

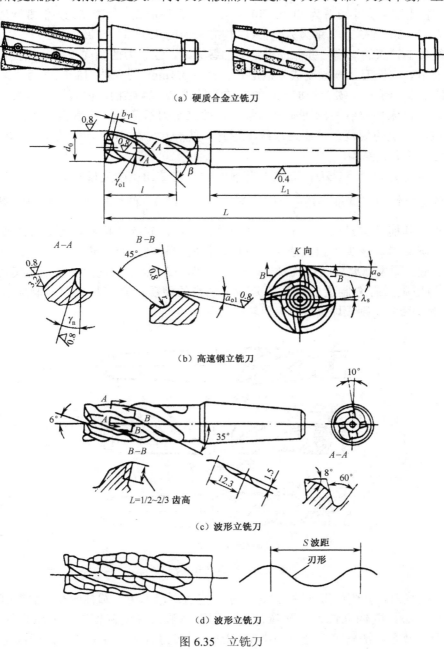

图 6.35　立铣刀

立铣刀按端部切削刃的不同可分为过中心刃和不过中心刃两种。过中心刃立铣刀可直接轴向进刀。由于不过中心刃立铣刀端面中心处无切削刃，所以它不能作轴向进给，端面刃主要用来加工与侧面相垂直的底平面。

立铣刀按齿数可分为粗齿、中齿、细齿三种。为了改善切屑卷曲情况，增大容屑空间，防止切屑堵塞，刀齿数比较少，容屑槽圆弧半径则较大。一般粗齿立铣刀齿数 $z=3\sim4$，细齿立铣刀齿数 $z=5\sim8$，套式结构 $z=10\sim20$，容屑槽圆弧半径 $r=2\sim5$mm。当立铣刀直径较大时，还可制成不等齿距结构，以增强抗振作用，使切削过程平稳。

立铣刀按螺旋角大小可分为 30°、40°、60° 等几种形式。标准立铣刀的螺旋角 $\beta=40°\sim45°$（粗齿）和 $30°\sim35°$（细齿），套式结构立铣刀的 β 为 $15°\sim25°$。

为了能加工较深的沟槽，并保证有足够的备磨量，立铣刀的轴向长度一般较长。

直径较小的立铣刀，一般制成带柄形式。$\phi2\sim\phi71$mm 的立铣刀制成直柄；$\phi6\sim\phi63$mm 的立铣刀制成莫氏锥柄；$\phi25\sim\phi80$mm 的立铣刀做成 7：24 锥柄，内有螺孔用来拉紧刀具。但是由于数控机床要求铣刀能快速自动装卸，故立铣刀柄部形式也有很大不同，一般是由专业厂家按照一定的规范设计制造成统一形式、统一尺寸的刀柄。直径大于 $\phi40\sim\phi160$mm 的立铣刀可做成套式结构。

（3）模具铣刀。模具铣刀由立铣刀发展而成，它是加工金属模具型面的铣刀的通称。可分为圆锥形立铣刀（圆锥半角 $\frac{\alpha}{2}=3°$、$5°$、$7°$、$10°$）、圆柱形球头立铣刀和圆锥形球头立铣刀三种，其柄部有直柄、削平型直柄和莫氏锥柄。它的结构特点是球头或端面上布满了切削刃，圆周刃与球头刃圆弧连接，可以作径向和轴向进给。铣刀工作部分用高速钢或硬质合金制造。国家标准规定直径 $d=4\sim63$mm。图 6.36 所示为高速钢制造的模具铣刀，图 6.37 所示为用硬质合金制造的模具铣刀。小规格的硬质合金模具铣刀多制成整体结构，$\phi16$mm 以上直径的，制成焊接或机夹可转位刀片结构。

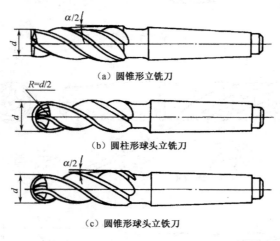

（a）圆锥形立铣刀

（b）圆柱形球头立铣刀

（c）圆锥形球头立铣刀

图 6.36　高速钢模具铣刀

（4）键槽铣刀。键槽铣刀如图 6.38 所示，它有两个刀齿，圆柱面和端面都有切削刃，端面刃延至中心，既像立铣刀，又像钻头。用键槽铣刀铣削键槽时，先轴向进给达到槽深，然后沿键槽方向铣出键槽全长。由于切削力引起刀具和工件的变形，一次走刀铣出的键槽形状误差较大，槽底一般不是直角。为此，通常采用两步法铣削键槽，即先用小号铣刀粗加工出键槽，然后以逆铣方式精加工四周，可得到真正的直角，能获得最佳的精度，如图 6.39 所示。

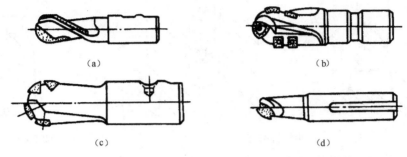

（a）、（c）、（d）焊接硬质合金刀片模具铣刀；（b）可转位硬质合金刀片模具铣刀

图 6.37　硬质合金模具铣刀

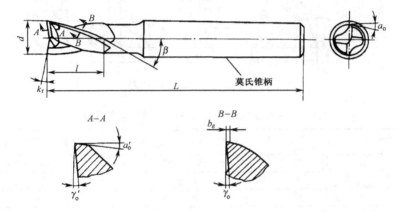

图 6.38　键槽铣刀

　　按国家标准规定，直柄键槽铣刀直径 d=2～22mm，锥柄键槽铣刀直径 d=14～50mm。键槽铣刀直径的偏差有 e8 和 d8 两种。键槽铣刀的圆周切削刃仅在靠近端面的一小段长度内发生磨损，重磨时，只需刃磨端面切削刃，因此重磨后铣刀直径不变。

　　（5）鼓形铣刀。图 6.40 所示的是一种典型的鼓形铣刀，它的切削刃分布在半径为 R 的圆弧面上，端面无切削刃。加工时控制刀具上下位置，相应改变刀刃的切削部位，可以在工件上切出从负到正的不同斜角。R 越小，鼓形刀所能加工的斜角范围越广，但所获得的表面质量也越差。这种刀具的缺点是刃磨困难，切削条件差，而且不适于加工有底的轮廓表面，主要用于对变斜角面的近似加工。

　　（6）成形铣刀。成形铣刀一般都是为特定的工件或加工内容专门设计制造的，适用于加工平面类零件的特定形状（如角度面、凹槽面等），也适用于特形孔或台，图 6.41 所示的是几种常用的成形铣刀。

　　（7）锯片铣刀。锯片铣刀可分为中小型规格的锯片铣刀和大规格锯片铣刀（GB6130—85），数控铣和加工中心主要用中小型规格的锯片铣刀，其分类及主要尺寸参数范围见表 6-2。目前国外有可转位锯片铣刀生产，如图 6.42 所示。锯片铣刀主要用于大多数材料的切槽、切断、内外槽铣削、组合铣削、缺口实验的槽加工、齿轮毛坯粗齿加工等。

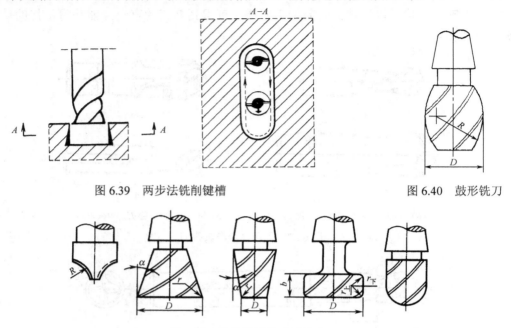

图 6.39 两步法铣削键槽　　　　　　　　　图 6.40 鼓形铣刀

图 6.41 几种常用的成形铣刀

表 6-2 中小型规格的锯片铣刀分类及适用范围

分类	范围	锯片铣刀外圆直径 d（mm）	锯片铣刀厚度 l（mm）
高速钢（GB/T6120—1996）	粗	$\phi 50 \sim \phi 315$	$0.80 \sim 6.0$
	中	$\phi 32 \sim \phi 315$	$0.30 \sim 6.0$
	细	$\phi 20 \sim \phi 315$	$0.20 \sim 6.0$
整体硬质合金（GB/T14301—93）		$\phi 8 \sim \phi 125$	$0.20 \sim 5.0$

除上述几种类型的铣刀外，数控铣床也可使用各种通用铣刀。但因不少数控铣床的主轴内有特殊的拉刀位置，或因主轴内孔锥度有别，须配置过渡套和拉钉。

3．铣削刀具的选择

（1）铣刀类型的选择。选取刀具时，要使刀具的尺寸与被加工工件的表面尺寸和形状相适应。加工较大的平面应选择面铣刀；加工平面零件周边轮廓、凹槽、较小的台阶面应选择立铣刀；加工空间曲面、模具型腔或凸模成形表面等多选用模具铣刀；加工封闭的键槽选用键槽铣刀；加工变斜角零件的变斜角面

图 6.42 可转位锯片铣刀

应选用鼓形铣刀；加工立体型面和变斜角轮廓外形常采用球头铣刀、鼓形；加工各种直的或圆弧形的凹槽、斜角面、特殊孔等应选用成形铣刀。

（2）铣刀主要参数的选择。选择铣刀时还要根据不同的加工材料和加工精度要求，选择不同参数的铣刀进行加工。数控铣床上使用最多的是可转位面铣刀和立铣刀，在此重点

介绍面铣刀和立铣刀参数的选择。

① 面铣刀主要参数的选择。标准可转位面铣刀直径为 $\phi16\sim630mm$，应根据侧吃刀量 a_e 选择适当的铣刀直径（一般比切宽大 20%～50%），尽量包容工件整个加工宽度，以提高加工精度和效率，减小相邻两次进给之间的接刀痕迹和保证铣刀的耐用度。粗铣时，铣刀直径要小些，因为粗铣切削力大，选小直径铣刀可减小切削扭矩。精铣时，铣刀直径要大些，尽量包容工件整个加工宽度，以提高加工精度和效率，并减小相邻两次进给之间的接刀痕迹。为了获得最佳的切削效果，推荐采用如图 6.43（a）所示的不对称铣削位置。另外，为提高刀具寿命宜采用顺铣。

可转位面铣刀有粗齿、中齿和密齿三种。粗齿铣刀容屑空间较大，常用于粗铣钢件；粗铣带断续表面的铸件和在平稳条件下铣削钢件时，可选用中齿铣刀。密齿铣刀的每齿进给量较小，主要用于加工薄壁铸件。

经过长期发展，用于铣削的切削刃槽形和性能得到很大的提高，很多最新刀片都有轻型、中型和重型加工的基本槽形，如图 6.44 所示。

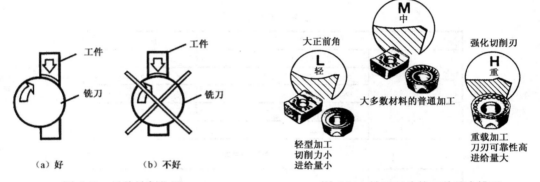

图 6.43　最佳铣削位置　　　　　　　　图 6.44　铣刀刀片的三种基本槽形

面铣刀几何角度的标注见图 6.45 所示。前角的选择原则与车刀基本相同，只是由于铣削时有冲击，故前角数值一般比车刀略小，尤其是硬质合金面铣刀，前角数值减小得更多些。铣削强度和硬度都高的材料可选用负前角。前角的数值主要根据工件材料和刀具材料来选择，参见表6-3。

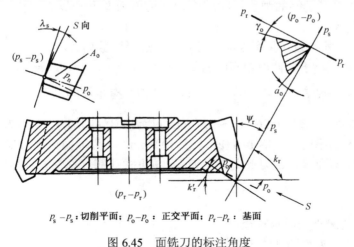

$p_s - p_s$：切削平面；$p_o - p_o$：正交平面；$p_r - p_r$：基面

图 6.45　面铣刀的标注角度

表6-3　面铣刀的前角

刀具材料＼工件材料	钢	铸铁	黄铜、青铜	铝合金
高速钢	10°～20°	5°～15°	10°	25°～30°
硬质合金	−15°～15°	−5°～5°	4°～6°	15°

铣刀的磨损主要发生在后刀面上，因此适当加大后角，可减少铣刀磨损。常取α_0=5°～12°，工件材料软取大值，工件材料硬取小值；粗齿铣刀取小值，细齿铣刀取大值。

铣削时冲击力大，为了保护刀尖，硬质合金面铣刀的刃倾角常取λ_s=−15°～15°。只有在铣削低强度材料时，取λ_s=5°。

主偏角κ_r在45°～90°范围内选取，铣削铸铁常用45°，铣削一般钢材常用75°，铣削带凸肩的平面或薄壁零件时要用90°。

② 立铣刀主要参数的选择。立铣刀主切削刃的前角、后角的标注如图6.35（b）所示，前、后角都为正值，分别根据工件材料和铣刀直径选取，参见表6-4和表6-5。

表6-4　立铣刀前角

工　件　材　料		前　　角
钢	σ_b<0.589GPa	20°
	σ_b<0.589～0.981GPa	15°
	σ_b<0.981GPa	10°
铸铁	≤150HBS	15°
	>150HBS	10°

表6-5　立铣刀后角

铣刀直径d_0（mm）	后　　角
≤10	25°
10～20	20°
>20	16°

为使端面切削刃有足够的强度，在端面切削刃前刀面上一般磨有棱边，其宽度b_{r1}为0.4～1.2 mm，前角为6°。

立铣刀的有关尺寸参数（见图6.46）推荐按下述经验数据选取：

a. 刀具半径R应小于零件内轮廓面的最小曲率半径ρ，一般取R=（0.8～0.9）ρ。

b. 零件的加工高度H≤（$\frac{1}{4}$～$\frac{1}{6}$）R，以保证刀具有足够的刚度。

c. 不通孔（深槽），选取l=H+（5～10）mm（l为刀具切削部分长度，H为零件高度）。

d. 加工外形及通槽时，选取l=H+r+（5～10）mm（r为端面刃圆角半径）。

e. 粗加工内轮廓面时，铣刀最大直径$D_粗$可按下式计算（见图6.47）：

$$D_粗 = \frac{2(\delta \sin \varphi/2 - \delta_1)}{1 - \sin(\varphi/2)} + D$$

式中，D——轮廓的最小凹圆角直径；

δ——圆角邻边夹角等分线上的槽加工余量；

δ_1——精加工余量;

φ——回角两邻边的夹角。

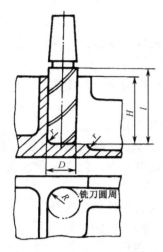

图 6.46　立铣刀尺寸选择

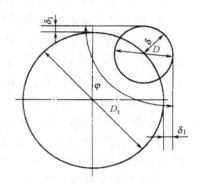

图 6.47　粗加工立铣刀直径估算

f. 加工肋时,刀具直径为 $D=(5\sim10)\ b$,其中 b 为肋的厚度。

一般情况下,为减少走刀次数和保证铣刀有足够的刚度,应选择直径较大的铣刀。但由于工件内腔尺寸、工件内廓形连接凹圆弧 r_{min} 较小等因素的限制,会将刀具限制为细长形,使其刚度很低,为解决这一问题,通常采用直径大小不同的两把铣刀分别进行粗、精加工,这时因粗铣铣刀直径过大,粗铣后在连接凹圆处 r_{min} 的值过大,精铣时用直径等于 $2r_{min}$ 的铣刀铣去留下的死角。

立铣刀端面刃圆弧半径 r 一般应与零件图样底面圆角相等,但 r 值越大,铣刀端面刃铣削平面的能力越差,效率越低,如果 r 等于立铣刀圆柱半径 R 时,就变成了球头铣刀。为提高切削效率,采用与上述类似的方法,用两把 r 值不同的铣刀,粗铣用 r 值较小的铣刀,粗铣后留下清根用的余量,最后再用 r 等于零件图样底面圆角的精铣刀精铣。

6.3.6　切削用量的选择

切削用量包括:切削速度、进给速度、背吃刀量和侧吃刀量,如图 6.48 所示。

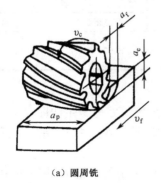

(a) 圆周铣　　　　　　　　　　　　　　　(b) 端铣

图 6.48　铣削切削用量

对铣削加工而言，从刀具耐用度出发，切削用量的选择方法是：先选取背吃刀量或侧吃刀量，其次确定进给速度，最后确定切削速度。

1．背吃刀量（端铣）或侧吃刀量（圆周铣）

背吃刀量 a_p 为平行于铣刀轴线测量的切削层尺寸，单位为 mm。端铣时，a_p 为切削层深度；而圆周铣削时，a_p 为被加工表面的宽度。

侧吃刀量 a_e 为垂直于铣刀轴线测量的切削层尺寸，单位为 mm。端铣时，a_e 为被加工表面宽度；而圆周铣削时，a_e 为切削层深度。

背吃刀量或侧吃刀量的选取主要由加工余量和对表面质量的要求决定。

（1）在工件表面粗糙度值要求为 $R_a12.5\sim25\mu m$ 时，如果圆周铣削的加工余量小于 5mm，端铣的加工余量小于 6mm，粗铣一次进给就可以达到要求。但在余量较大、工艺系统刚性较差或机床动力不足时，可分两次进给完成。

（2）在工件表面粗糙度值要求为 $R_a3.2\sim12.5\mu m$ 时，可分粗铣和半精铣两步进行，粗铣时背吃刀量或侧吃刀量选取同前，粗铣后留 0.5～1.0mm 余量，在半精铣时切除。

（3）在工件表面粗糙度值要求为 $R_a0.8\sim3.2\mu m$ 时，可分粗铣、半精铣、精铣三步进行。半精铣时背吃刀量或侧吃刀量取 1.5～2mm，精铣时圆周铣侧吃刀量取 0.3～0.5mm，面铣刀背吃刀量取 0.5～1mm。

2．进给速度

进给速度 v_f 是单位时间内工件与铣刀沿进给方向的相对位移，单位为 mm/min。它与铣刀转速 n、铣刀齿数 z 及每齿进给量 f_z（单位为 mm/z）的关系为：

$$v_f=f_zzn$$

每齿进给量 f_z 的选取主要取决于工件材料的力学性能、刀具材料、工件表面粗糙度等因素。工件材料的强度和硬度越高，f_z 越小；反之则越大。硬质合金铣刀的每齿进给量高于同类高速钢铣刀。工件表面粗糙度要求越高，f_z 就越小。每齿进给量的确定可参考表 6-6 选取。工件刚性差或刀具强度低时，应取小值。

表 6-6　铣刀每齿进给量 f_z

工件材料	每齿进给量 f_z（mm/z）			
	粗　　铣		精　　铣	
	高速钢铣刀	硬质合金铣刀	高速钢铣刀	硬质合金铣刀
钢	0.10～0.15	0.10～0.25	0.02～0.05	0.10～0.15
铸铁	0.12～0.20	0.15～0.30		0.10～0.15

在确定工作进给速度时，要注意一些特殊情况：

（1）高速进给轮廓加工时，由于工艺系统的惯性在拐角处易产生如图 6.49 所示的"超程"和"过切"现象，因此，在拐角处应选择变化的进给速度，接近拐角时减速，过拐角后加速。

（2）当加工圆弧段时，切削点的实际进给速度 v_T 并不等于选定的刀具中心进给速度 v_f。由图 6.50 可知，加工外圆弧时，切削点实际进给速度为：

$$v_T = \frac{R}{R+r}v_f, \quad 即\ v_T < v_f$$

而加工内圆弧时，

$$v_T = \frac{R}{R-r}v_f, \quad 即\ v_T > v_f$$

若 $R \approx r$ 时，则铣削内圆弧时切削点的实际进给速度将变得很大，有可能损伤刀具或工件，所以要考虑圆弧半径对工作进给速度的影响。

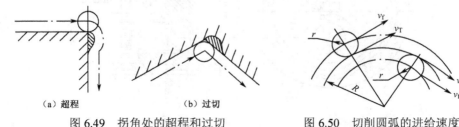

（a）超程 （b）过切

图 6.49　拐角处的超程和过切　　　　图 6.50　切削圆弧的进给速度

3. 切削速度

铣削的切削速度计算公式为：

$$v_c = \frac{C_v d^q}{T^m f_z^{y_v} a_p^{x_v} a_e^{p_v} Z^{x_v} 60^{1-m}} K_v$$

由上式可知铣削的切削速度与刀具耐用度 T、每齿进给量 f_z、背吃刀量 a_p 侧吃刀量 a_e 以及铣刀齿数 z 成反比，而与铣刀直径 d 成正比。其原因为 f_z、a_p、a_e 和 z 增大时，刀刃负荷增加，而且同时工作齿数也增多，使切削热增加，刀具磨损加快，从而限制了切削速度的提高。刀具耐用度的提高使允许使用的切削速度降低。但是加大铣刀直径 d 则可改善散热条件，因而可提高切削速度。

上式中的系数及指数是经过试验求出的，可参考有关切削用量手册选用。

此外，铣削的切削速度也可简单地参考表 6-7 选取。

表 6-7　铣削时的切削速度

工件材料	硬度（HBS）	切削速度 v_c（mm/min）	
		高速钢铣刀	硬质合金铣刀
钢	<225	18～42	66～150
	225～325	12～36	54～120
	325～425	6～21	36～75
铸铁	<190	21～36	66～150
	190～260	9～18	45～90
	160～320	4.5～10	21～30

6.4　典型零件的数控铣削加工工艺分析

6.4.1　平面槽形凸轮零件加工工艺分析

图 6.51 所示为平面槽形凸轮零件，其外部轮廓尺寸已经由前道工序加工完成，本工序

的任务是在铣床上加工槽与孔。零件材料为 HT200，其数控铣床加工工艺分析如下。

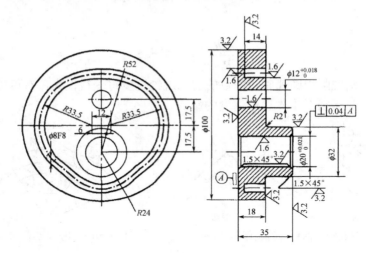

图 6.51 平面槽形凸轮零件图

1. 零件图工艺分析

凸轮槽形内、外轮廓由直线和圆弧组成，几何元素之间关系描述清楚完整，凸轮槽侧面与 $\phi 20_0^{+0.021}$、$\phi 12_0^{+0.018}$ 两个内孔表面粗糙度要求较高，为 $R_a 1.6$。凸轮槽内、外轮廓面和 $\phi 20_0^{+0.021}$ 孔与底面有垂直度要求，零件材料为 HT200，切削加工性能较好。

根据上述分析，凸轮槽内、外轮廓及 $\phi 20_0^{+0.021}$、$\phi 12_0^{+0.018}$ 两个孔的加工应分粗、精加工两个阶段进行，以保证表面粗糙度要求。同时以底面 A 定位，提高装夹刚度以满足垂直度要求。

2. 确定装夹方案

根据零件的结构特点，加工 $\phi 20_0^{+0.021}$、$\phi 12_0^{+0.018}$ 两个孔时，以底面 A 定位（必要时可设工艺孔），采用螺旋压板机构夹紧。加工凸轮槽内外轮廓时，采用"一面两孔"方式定位，即以底面 A 和 $\phi 20_0^{+0.021}$、$\phi 12_0^{+0.018}$ 两个孔为定位基准。为此，设计一"一面两销"专用夹具，在一垫块上分别精镗 $\phi 20$、$\phi 12$ 两个定位销安装孔，孔距为 35mm，垫块平面度为 0.04mm，装夹示意如图 6.52 所示。采用双螺母夹紧，提高装夹刚性，防止铣削时振动。

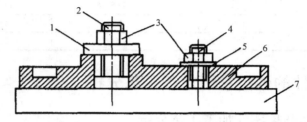

1—开口垫圈；2—带螺纹圆柱销；3—压紧螺母；4—带螺纹削边销；5—垫圈；6—工件；7—垫块

图 6.52 凸轮槽加工装夹示意图

3．确定加工顺序及走刀路线

加工顺序的拟定按照基面先行、先粗后精的原则确定。因此应先加工用作定位基准的 $\phi 20^{+0.021}_{0}$、$\phi 12^{+0.018}_{0}$ 两个孔，然后再加工凸轮槽内外轮廓表面。为保证加工精度，粗、精加工应分开，其中 $\phi 20^{+0.021}_{0}$、$\phi 12^{+0.018}_{0}$ 两个孔的加工采用钻孔-粗铰-精铰方案。

进给路线包括平面进给和深度进给两部分。平面进给时，外凸轮廓从切线方向切入，内凹轮廓从过渡圆弧切入。为使凸轮槽表面具有较好的表面质量，采用顺铣方式铣削，对外凸轮廓，按顺时针方向铣削，对内凹轮廓逆时针方向铣削，图 6.53 所示即为铣刀在水平面内的切入进给路线。深度进给有两种方法：一种是在 *XOY* 平面（或 *YOZ* 平面）来回铣削逐渐进刀到既定深度；另一种方法是先打一个工艺孔，然后从工艺孔进刀到既定深度。

4．刀具的选择

根据零件的结构特点，铣削凸轮槽内、外轮廓时，铣刀直径受槽宽限制，取为 $\phi 6mm$。粗加工选用 $\phi 6$ 高速钢立铣刀，精加工选用 $\phi 6$ 硬质合金立铣刀。所选刀具及其加工表面见表 6-8 平面槽形凸轮数控加工刀具卡片。

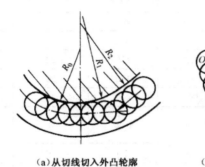

（a）从切线切入外凸轮廓　　　（b）从过渡圆弧切入内凹轮廓

图 6.53　平面槽形凸轮的切入进给路线

表 6-8　平面槽形凸轮数控加工刀具卡片

产品名称或代号		×××	零 件 名 称	平面槽形凸轮	零 件 图 号	×××
序号	刀具号	刀 具			加工表面	备　注
		规 格 名 称	数量	刀长（mm）		
1	T01	$\phi 5$ 中心钻			钻 $\phi 5mm$ 中心孔	
2	T02	内 19.6 钻头	1	45	$\phi 20$ 孔粗加工	
3	T03	$\phi 11.6$ 钻头	1	30	$\phi 12$ 孔粗加工	
4	T04	$\phi 20$ 铰刀	1	45	$\phi 20$ 孔精加工	
5	T05	$\phi 12$ 铰刀	1	30	$\phi 12$ 孔精加工	
6	T06	90° 倒角铣刀	1		$\phi 20$ 孔倒角 $1.5 \times 45°$	
7	T07	$\phi 6$ 高速钢立铣刀	1	20	粗加工凸轮槽内、外轮廓	底圆角 *R0.5*
8	T08	$\phi 6$ 硬质合金立铣刀	1	20	精加工凸化槽内、外轮廓	
编制	×××	审核	×××	批推	×××　　年 月 日　共 页	第　页

5．切削用量的选择

凸轮槽内、外轮廓精加工时留 0.1mm 铣削余量，精铰 $\phi20_0^{+0.021}$、$\phi12_0^{+0.018}$ 两个孔时留 0.1mm 铰削余量。选择主轴转速与进给速度时，先查切削用量手册，确定切削速度与每齿进给量，然后按式 $v_c=\pi\,dn/1000$，$v_f=nzf_z$ 计算主轴转速与进给速度（计算过程从略）。

6．填写数控加工工序卡片

将各工步的加工内容、所用刀具和切削用量填入表 6-9 平面槽形凸轮数控加工工序卡片中。

表 6-9　平面槽形凸轮数控加工工序卡片

单位名称		×××	产品名称或代号		零件名称		零件图号	
			×××		卡子		×××	
工序号		程序编号	夹具名称		使用设备		车间	
×××		×××	螺旋压板		XK5025/4		数控中心	
工步号	工步内容		刀具号	刀具规格 （mm）	主轴转速 （r/min）	进给速度 （mm/min）	背吃刀量 （mm）	备注
1	A 面定位钻 $\phi5$ 中心孔（2 处）		T01	$\phi5$	755			手动
2	钻 $\phi19.6$ 孔		T02	$\phi19.6$	402	40		自动
3	钻 $\phi11.6$ 孔		T03	$\phi11.6$	402	40		自动
4	铰 $\phi20$ 孔		T04	$\phi20$	130	20	0.2	自动
5	铰 $\phi12$ 孔		T05	$\phi12$	130	20	0.2	自动
6	$\phi20$ 孔倒角 1.5×45°		T06	90°	402	20		手动
7	一面两孔定位，粗铣凸轮槽内轮廓		T07	$\phi6$	1100	40	4	自动
8	粗铣凸轮槽外轮廓		T07	$\phi6$	1100	40	4	自动
9	精铣凸轮槽内轮廓		T08	$\phi6$	1495	20	14	自动
10	精铣凸轮槽外轮廓		T08	$\phi6$	1495	20	14	自动
11	翻面装夹，铣 $\phi20$ 孔另一侧倒角 1.5×45°		T06	90°	402	20		手动
编制	×××	审核	×××	批准	×××	年 月 日	共　页	第　页

6.4.2　箱盖类零件

图 6.54 所示的泵盖零件，材料为 HT200，毛坯尺寸（长×宽×高）为 170mm×110mm×30mm，小批量生产，试分析其数控铣床加工工艺过程。

1．零件图工艺分析

该零件主要由平面、外轮廓以及孔系组成。其中 $\phi32H7$ 和 2-$\phi6H8$ 三个内孔的表面粗糙度要求较高，为 $R_a1.6$；而 $\phi12H7$ 内孔的表面粗糙度要求更高，为 $R_a0.8$；$\phi32H7$ 内孔表面对 A 面有垂直度要求，上表面对 A 面有平行度要求。该零件材料为铸铁，切削加工性能较好。

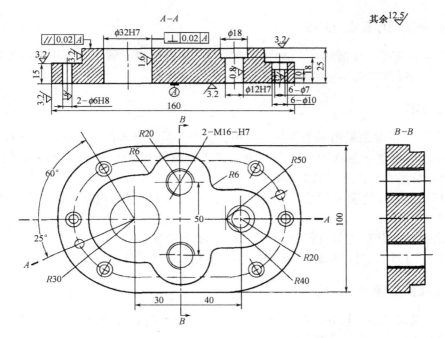

图 6.54　泵盖零件图

　　根据上述分析，$\phi32H7$ 孔、$2\text{-}\phi6H8$ 孔与 $\phi12H7$ 孔的粗、精加工应分开进行，以保证表面粗糙度要求。同时以底面 A 定位，提高装夹刚度以满足 $\phi32H7$ 内孔表面的垂直度要求。

2．选择加工方法

　　（1）上、下表面及台阶面的粗糙度要求为 $R_a3.2$，可选择"粗铣-精铣"方案。

　　（2）孔加工方法的选择。孔加工前，为便于钻头引正，先用中心钻加工中心孔，然后再钻孔。内孔表面的加工方案在很大程度上取决于内孔表面本身的尺寸精度和粗糙度。对于精度较高、粗糙度 R_a 值较小的表面，一般不能一次加工到规定的尺寸，而要划分加工阶段逐步进行。该零件孔系加工方案的选择如下：

　　① 孔 $\phi32H7$，表面粗糙度为 $R_a1.6$，选择"钻-粗镗-半精镗-精镗"方案。

　　② 孔 $\phi12H7$，表面粗糙度为 $R_a0.8$，选择"钻-粗铰-精铰"方案。

　　③ 孔 $6\text{-}\phi7$，表面粗糙度为 $R_a3.2$，无尺寸公差要求，选择"钻-铰"方案。

　　④ 孔 $2\text{-}\phi6H8$，表面粗糙度为 $R_a1.6$，选择"钻-铰"方案。

　　⑤ 孔 $\phi18$ 和 $6\text{-}\phi10$，表面粗糙度为 $R_a12.5$，无尺寸公差要求，选择"钻孔-锪孔"方案。

　　⑥ 螺纹孔 $2\text{-}M16\text{-}H7$，采用先钻底孔，后攻螺纹的加工方法。

3．确定装夹方案

　　该零件毛坯的外形比较规则，因此在加工上下表面、台阶面及孔系时，选用平口虎钳夹紧；在铣削外轮廓时，采用"一面两孔"定位方式，即以底面 A、$\phi32H7$ 孔和 $\phi12H7$ 孔定位。

4．确定加工顺序及走刀路线

按照"基面先行、先面后孔、先粗后精"的原则确定加工顺序。外轮廓加工采用顺铣方式，刀具沿切线方向切入与切出。

5．刀具选择

（1）零件上、下表面采用端铣刀加工，根据侧吃刀量选择端铣刀直径，使铣刀工作时有合理的切入、切出角，且铣刀直径应尽量包容工件整个加工宽度，以提高加工精度和效率，并减小相邻两次进给之间的接刀痕迹。

（2）台阶面及其轮廓采用立铣刀加工，铣刀半径只受轮廓最小曲率半径限制，取 R=6mm。

（3）孔加工各工步的刀具直径根据加工余量和孔径确定。

该零件加工所选刀具详见表 6-10 泵盖零件数控加工刀具卡片。

6．切削用量选择

该零件材料切削性能较好，铣削平面、台阶面及轮廓时，留 0.5mm 精加工余量；孔加工精镗余量留 0.2mm，精铰余量留 0.1mm。

选择主轴转速与进给速度时，先查切削用量手册，确定切削速度与每齿进给量，然后利用式 $v_c=\pi dn/1000$，$v_f=nzf_z$ 计算主轴转速与进给速度（计算过程从略）。

表 6-10　泵盖零件数控加工刀具卡片

产品名称或代号	×　×　×	零　件　名　称		泵　盖	零　件　图　号	×　×　×
序号	刀具编号	刀具规格名称	数量	加工表面		备注
1	T01	ϕ125 硬质合金端面铣刀	1	铣削上、下表面		
2	T02	ϕ12 硬质合金立铣刀	1	铣削台阶面及其轮廓		
3	T03	ϕ3 中心钻	1	钻中心孔		
4	T04	ϕ27 钻头	1	钻 ϕ32H7 底孔		
5	T05	内孔镗刀	1	粗镗、半精镗和精镗 ϕ32H7 孔		
6	T06	ϕ11.8 钻头	1	钻 ϕ12H7 底孔		
7	T07	ϕ8×11 锪钻	1	锪 ϕ18 孔		
8	T08	ϕ12 铰刀	1	铰 ϕ12H7 孔		
9	T09	ϕ14 钻头	1	钻 2-M16 螺纹底孔		
10	T10	90° 倒角铣刀	1	2-M16 螺孔倒角		
11	T11	M16 机用丝锥	1	攻 2-M16 螺纹孔		
12	T12	ϕ6.8 钻头	1	钻 6-ϕ7 底孔		
13	T13	ϕ10×5.5 锪钻	1	锪 6-ϕ10 孔		
14	T14	ϕ7 铰刀	1	铰 6-ϕ7 孔		
15	T15	ϕ5.8 钻头	1	钻 2-ϕ6H8 底孔		
16	T16	ϕ6 铰刀	1	铰 2-ϕ6H8 孔		
17	T17	ϕ35 硬质合金立铣刀	1	铣削外轮廓		
编制	×　×　×	审核	×　×　×	批准	×　×　×	年　月　日	共　页	第　页

7．拟定数控铣削加工工序卡片

为更好地指导编程和加工操作，把该零件的加工顺序、所用刀具和切削用量等参数编入表 6-11 所示的泵盖零件数控加工工序卡片中。

表 6-11　泵盖零件数控加工工序卡片

单 位 名 称	×××	产品名称或代号		零件名称	零件图号
		×××		泵盖	×××
工序号	程序编号	夹具名称		使用设备	车间
×××	×××	平口虎钳和一面两销自制夹具		XK5025	数控中心

工步号	工步内容	刀具号	刀具规格 （mm）	主轴转速 （r/min）	进给速度 （mm/min）	背吃刀量 （mm）	备注
1	粗铣定位基准面 A	T01	$\phi125$	180	40	2	自动
2	精铣定位基准面 A	T01	$\phi125$	180	25	0.5	自动
3	粗铣上表面	T01	$\phi125$	180	40	2	自动
4	精铣上表面	T01	$\phi125$	180	25	O.5	自动
5	粗铣台阶面及其轮廓	T02	$\phi12$	900	40	4	自动
6	精铣台阶面及其轮廓	T02	$\phi12$	900	25	0.5	自动
7	钻所有孔的中心孔	T03	$\phi3$	1000			自动
8	钻 $\phi32H7$ 底孔至 $\phi27$	T04	$\phi27$	200	40		自动
9	粗镗 $\phi32H7$ 孔至 $\phi30$	T05		500	80	1.5	自动
10	半精镗 $\phi32H7$ 孔至 $\phi31.6$	T05		700	70	0.8	自动
11	精镗 $\phi32H7$	T05		800	60	0.2	自动
12	钻 $\phi12H7$ 底孔至 $\phi11.8$	T06	$\phi11.8$	600	60		自动
13	锪 $\phi18$ 孔	T07	$\phi18\times11$	150	30		自动
14	粗铰 $\phi12H7$	T08	$\phi12$	100	40	0.1	自动
15	精铰 $\phi12H7$	T08	$\phi12$	100	40		自动
16	钻 2-M16 底孔至 $\phi14$	T09	$\phi14$	450	60		自动
17	2-M16 底孔倒角	T10	90°倒角铣刀	300	40		手动
18	攻 2-M16 螺纹孔	T11	M16	100	200		自动
19	钻 6-$\phi7$ 底孔至 $\phi6.8$	T12	$\phi6.8$	700	70		自动
20	锪 6-$\phi10$ 孔	T13	$\phi10\times5.5$	150	30		自动
21	铰 6-$\phi7$ 孔	T14	$\phi7$	100	25	0.1	自动
22	钻 2-$\phi6H8$ 底孔至 45.8	T15	$\phi5.8$	900	80		自动
23	铰 2-$\phi6H8$ 孔	T16	$\phi6$	100	25	0.1	自动
24	一面两孔定位粗铣外轮廓	T17	$\phi35$	600	40	2	自动
25	精铣外轮廓	T17	$\phi35$	600	25	0.5	自动

编制	×××	审核	×××	批准	×××	年 月 日	共　页	第　页

习 题 6

一、单选题

6.1 数控精铣时，一般应选用（   ）。

    A．较大的吃刀量、较低的主轴转速、较高的进给速度

    B．较小的吃刀量、较低的主轴转速、较高的进给速度

    C．较小的吃刀量、较高的主轴转速、较低的进给速度

6.2 曲面加工过程中，球头铣刀的球半径通常应（   ）加工曲面的曲率半径。

    A．小于   B．大于   C．等于   D．A、B、C都可以

6.3 在铣削一个凹槽的拐角时，很容易产生过切。为避免这种现象的产生，通常采取的（   ）。

    A．降低进给速度   B．提高主轴转速   C．更换直径大的铣刀

6.4 下列（   ）会产生过切现象。

    A．加工半径小于刀具半径的内圆弧   B．被铣削槽底宽小于刀具直径

    C．加工比刀具半径小的台阶   D．以上均正确

6.5 用数控铣床加工较大平面时，应选择（   ）。

    A．立铣刀   B．面铣刀   C．球头铣刀   D．鼓形铣刀

6.6 在用立铣刀加工曲线外形时，立铣刀半径必须（   ）工件的凹圆弧半径。

    A．<=   B．=   C．>=   D．不等于

6.7 有一平面轮廓的数学表达式为 $(x-2)^2+(y-5)^2=100$ 的圆，欲加工其内轮廓，请在下列刀中选一把（   ）。

    A．$\phi16$ 立铣刀   B．$\phi25$ 立铣刀   C．$\phi32$ 立铣刀   D．密齿端铣刀

6.8 下列刀具中，（   ）不能作大量的轴向切削进给。

    A．立铣刀   B．键槽铣刀   C．球头铣刀   D．镗刀

6.9 当铣削一整圆外形时，为保证不产生切入、切出的刀痕，刀具切入、切出时应采用（   ）。

    A．法向切入、切出方式   B．切向切入、切出方式

    C．任意方向切入、切出方式   D．切入、切出时应降低进给速度

6.10 球头铣刀与铣削特定曲率半径的成形曲面铣刀的主要区别在于：球头铣刀的半径通常（   ）加工曲面的曲率半径，成形曲面铣刀的曲率半径（   ）加工曲面的曲率半径。

    A．小于，等于   B．等于，小于   C．大于，等于   D．等于，大于

6.11 数控铣床对铣刀的基本要求是（   ）。

    A．铣刀的刚性要好   B．铣刀的耐用度要高   C．根据切削用量选择铣刀   D．A和B

6.12 铣削封闭的内轮廓表面时，进刀方向应选择（   ）切入。

    A．圆弧   B．法向   C．根据需要选择A或B   D．无正确答案

6.13 在铣削内槽时，刀具的进给路线采用（   ）较为合理。

    A．行切法   B．环切法   C．行切法和环切法   D．都不对

6.14 铣刀在一次进给中所切掉的工件表层的厚度称为（   ）。

    A．铣削宽度   B．铣削深度   C．进给量   D．切削量

6.15 铣床上用的分度头和各种虎钳都是（   ）夹具。

    A．专用   B．通用   C．组合   D．以上都对

6.16 主刀刃与铣刀轴线之间的夹角称为（　　）。

    A. 螺旋角　　　　B. 前角　　　　C. 后角　　　　D. 主偏角

6.17 键槽铣刀用钝后，为了能保持其外径尺寸不变，应修磨（　　）。

    A. 周刃　　　　B. 端刃　　　　C. 周刃和端刃　　　　D. 侧刃

6.18 周铣时用（　　）方式进行铣削，铣刀的耐用度较高，获得加工面的表面粗糙度值也较小。

    A. 对称铣　　　　B. 逆铣　　　　C. 顺铣　　　　D. 立铣

6.19 加工空间曲面、模具型腔或凸模成形表面常选用（　　）。

    A. 立铣刀　　　　B. 面铣刀　　　　C. 模具铣刀　　　　D. 成形铣刀

6.20 曲率变化不大，精度要求不高的曲面轮廓，宜采用（　　）。

    A. 2 轴联动加工　　B. 两轴半加工　　C. 3 轴联动加工　　D. 4 轴联动加工

二、判断题（正确的打√，错误的打×）

6.21 若被铣削槽底宽度小于刀具直径，则不会产生过切削现象。（　　）

6.22 端铣刀不仅能加工表面，还能加工台阶。（　　）

6.23 在铣床上可以用键槽铣刀或立铣刀铣孔。（　　）

6.24 同一零件上的过渡圆弧应尽量一致，以避免换刀。（　　）

6.25 铣削时，铣刀的切削速度方向和工件的进给运动方向相同，这种铣削方式称为逆铣。（　　）

6.26 采用立铣刀加工内轮廓时，铣刀直径应小于或等于工件内轮廓最小曲率半径的 2 倍。（　　）

6.27 铣削零件轮廓时进给路线对加工精度和表面质量无直接影响。（　　）

6.28 在立式铣床上加工封闭式键槽时，通常采用立铣刀铣削，而且不必钻落刀孔。（　　）

6.29 端部切削刃不过中心刃的立铣刀不允许作轴向进给加工。（　　）

6.30 在卧式铣床上用圆柱铣刀铣削表面有硬皮的毛坯工件平面时应采用顺铣切削。（　　）

6.31 粗铣平面应该采用多刃端铣刀，以得到较理想的加工表面。（　　）

6.32 按主轴在加工时空间位置来分类，数控铣床可分为立式、卧式两种。（　　）

6.33 与普通铣床相比，数控铣床的加工精度高，精度稳定性好，适应性强，操作劳动强度低，特别适合大批量零件的加工。（　　）

三、简答题

6.34 立铣刀和键槽铣刀有什么区别？

6.35 数控铣削薄壁件时，刀具和切削用量的选择应注意哪些问题？

6.36 数控铣削一个长 250mm、宽 100mm 的槽，铣刀直径为 ϕ25mm，交叠量为 6mm，加工时，以槽的左下角为坐标原点，刀具从点（500，250）开始移动，试绘出刀具的最短加工路线，并列出刀具中心轨迹各段始点和终点的坐标。

6.37 图 6.55 所示是要铣削零件的外形，为确保加工质量，应合理地选用铣刀直径，试根据给出的条件，确定出最大铣刀直径是多少？

6.38 试制订图 6.56 所示法兰外轮廓面 A 的数控铣削加工工艺（其余表面已加工）。

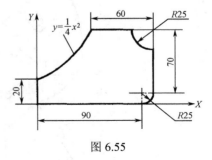

图 6.55

6.39 加工图 6.57 所示的具有三个台阶的槽腔零件。试编制槽腔的数控铣削加工工艺（其余表面已加工）。

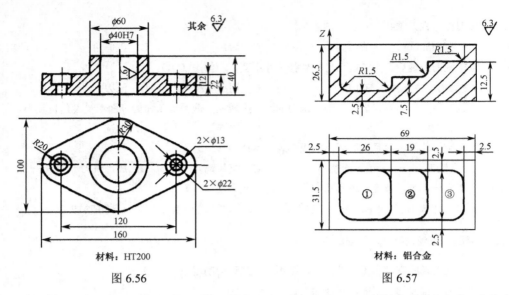

材料：HT200

图 6.56

材料：铝合金

图 6.57

6.40 铣削加工如图 6.58 所示零件，毛坯尺寸为 68mm×40mm×6mm，试确定其装夹方式及夹具选择。

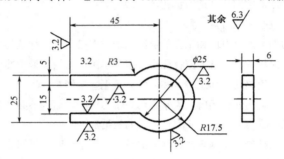

图 6.58

6.41 加工图 6.59 所示偏心轮。先制订出该零件的整个加工工艺过程（毛坯为锻件），然后再制订轮廓及圆弧槽的数控铣削加工工艺。各圆心坐标见表 6-12。

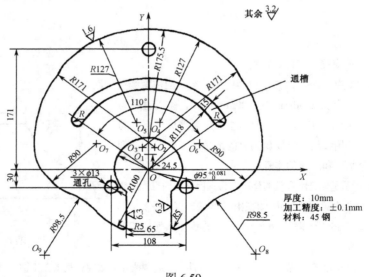

厚度：10mm
加工精度：±0.1mm
材料：45 钢

图 6.59

表 6-12

坐标 圆心	Z	Y	坐标 圆心	X	Y
O_1	0	24.5	O_6	72.5	41
O_2	9	34.5	O_7	−72.5	41
O_3	−9	34.5	O_8	150	−130
O_4	17	70	O_9	−150	−130
O_5	−17	70			

第7章 加工中心及其加工工艺

内容提要及学习要求

加工中心（MC，Machine Center）是典型的集高新技术于一体的一种自动化机械加工设备，世界上第一台加工中心于 1958 年在美国诞生。加工中心和数控铣床有很多相似之处，但主要区别在于刀具库和自动刀具交换装置（ATC, Autmatic Tools Changer），加工中心是一种备有刀库并能通过程序或手动控制自动更换刀具对工件进行多工序加工的数控机床。加工中心的加工范围广，柔性、加工精度和加工效率高，目前已成为现代机床发展的主流方向，在工业发达国家的应用日益广泛，主要应用于航空航天零件、模具、汽车、摩托车零件的加工。

本章主要介绍加工中心的主要特点及功能，加工中心加工时的工艺原则和方法，加工中心上使用工装、刀具的特点。本章所涉及的加工中心主要指镗、铣类加工中心（以下简称加工中心）。

7.1 加工中心加工原理及设备

7.1.1 加工中心的主要特点及功能

加工中心是一种功能比较齐全的数控加工机床。它把铣削、镗削、钻削、攻螺纹等功能集中在一台设备上，使其具有多种工艺手段。与普通数控机床相比，它具有以下几个突出特点：

（1）加工中心是在数控镗床或数控铣床的基础上增加有存放着不同数量的各种刀具或检具的刀库和自动换刀装置，在加工过程中能够由程序或手动控制自动选择和更换刀具，工件在一次装夹中，可以连续进行钻孔、扩孔、铰孔、镗孔、攻螺纹以及铣削等多工步的加工，工序高度集中。图 7.1 所示为常见刀库种类。

（2）加工中心通常具有多个进给轴（三轴以上），甚至多个主轴，联动的轴数也较多，最少可实现三轴联动控制，实现刀具运动直线插补和圆弧插补，多的可实现五轴联动、六轴联动、七轴联动以及螺旋线插补，因此可使工件在一次装夹后，自动完成多个平面和多个角度位置的多工序加工，实现复杂零件的高精度定位和精确加工。

（3）加工中心上如果带有自动交换工作台，一个工件在工作位置的工作台上进行加工的同时，另一工件在装卸位置的工作台上进行装卸，可大大缩短辅助时间，提高加工效率。

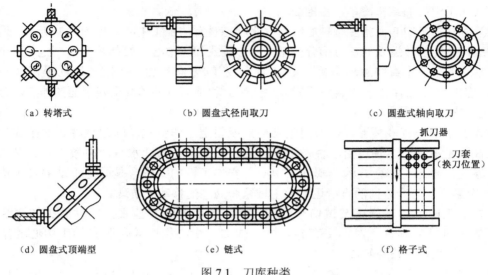

（a）转塔式 （b）圆盘式径向取刀 （c）圆盘式轴向取刀

（d）圆盘式顶端型 （e）链式 （f）格子式

图 7.1 刀库种类

7.1.2 加工中心的分类

1．按照机床主要结构分类

（1）立式加工中心。指主轴轴心线为垂直状态设置的加工中心，如图 7.2 所示。其结构形式多为固定立柱式，工作台为长方形，无分度回转功能，适合加工盘、套、板类零件。一般具有三个直线运动坐标，并可在工作台上安装一个水平轴的数控回转台，用以加工螺旋线类零件。对于五轴联动的立式加工中心，可以加工汽轮机叶片、模具等复杂零件。

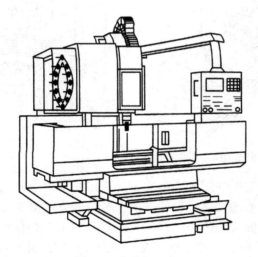

图 7.2 立式加工中心

立式加工中心装夹工件方便，便于操作，易于观察加工情况，调试程序容易，应用广泛。但受立柱高度及换刀装置的限制，不能加工太高的零件。在加工型腔或下凹的型面时切屑不易排除，严重时会损坏刀具，破坏已加工表面，影响加工的顺利进行。

立式加工中心的结构简单，占地面积小，价格相对较低。

（2）卧式加工中心。指主轴轴心线为水平状态设置的加工中心，如图 7.3 所示。通常都带有可进行分度回转运动的正方形分度工作台。卧式加工中心一般都具有 3 个至 5 个运动坐标，常见的是三个直线运动坐标（沿 X、Y、Z 轴方向）加一个回转运动坐标（回转工作台），它能够使工件在一次装夹后完成除安装面和顶面以外的其余四个面的加工，最适合加工复杂的箱体类零件。

卧式加工中心有多种形式，如固定立柱式或固定工作台式。固定立柱式的卧式加工中心的立柱固定不动，主轴箱沿立柱做上下运动，而工作台可在水平面内做前后、左右两个方向的移动；固定工作台式的卧式加工中心，安装工件的工作台是固定不动的（不作直线运动），沿坐标轴三个方向的直线运动由主轴箱和立柱的移动来实现。

卧式加工中心调试程序及试切时不宜观察，加工时不宜监视，零件装夹和测量不方便。但加工时排屑容易，对加工有利。同立式加工中心相比较，卧式加工中心的结构复杂，占地面积大，价格也较高。

（3）龙门式加工中心。如图 7.4 所示，龙门式加工中心的形状与龙门铣床相似，主轴多为垂直设置，除自动换刀装置以外，还带有可更换的主轴头附件，数控装置的软件功能也较齐全，能够一机多用，尤其适用于大型或形状复杂的工件，如飞机上的梁、框、壁板等。

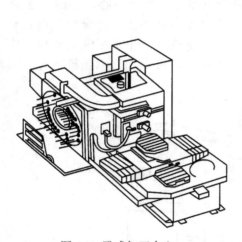

图 7.3 卧式加工中心

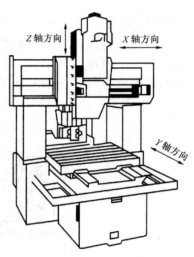

图 7.4 龙门式加工中心

（4）五面加工中心。这类加工中心指立、卧两用加工中心，它既具有立式加工中心的功能，又具有卧式加工中心的功能，工件一次安装后能完成除安装面外的所有侧面和顶面等五个面的加工，又称立卧式加工中心。常见的复合加工中心有两种形式，一种是主轴可以旋转 90° 作垂直和水平转换，可以进行立式和卧式加工；另一种是主轴不改变方向，而由工作台带着工件旋转 90°，完成对工件五个表面的加工。如图 7.5 所示。

五面加工中心控制系统先进，其加工方式可以使工件的形位误差降到最低，省去了二次装夹的工装，从而提高生产效率，降低加工成本。但是由于五面加工中心存在着结构复杂、造价高、占地面积大等缺点，所以它的使用远不如其他类型的加工中心。

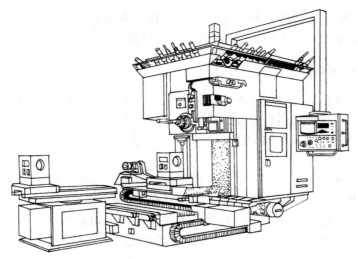

图 7.5　复合加工中心

（5）虚轴加工中心。虚轴加工中心改变了以往传统机床的结构，通过连杆的运动，实现主轴多自由度的运动，完成对工件复杂曲面的加工。如图 7.6 所示。

2．按照换刀形式分类

（1）带刀库、机械手的加工中心。加工中心的换刀装置由刀库和机械手组成，换刀机械手完成换刀工作。这是加工中心普遍采用的形式。JCS-018A 型立式加工中心就属此类。

（2）无机械手的加工中心。这种加工中心的换刀是通过刀库和主轴箱的配合动作来完成。一般是采用把刀库放在主轴箱可以运动到的位置，或整个刀库或某一刀位能移动到主轴箱可以到达的位置。刀库中刀具的存放位置方向与主

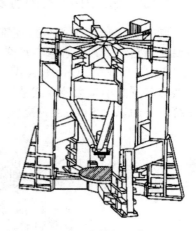

图 7.6　虚轴加工中心

轴装刀方向一致。换刀时，主轴运动到刀位上的换刀位置，由主轴直接取走或放回刀具。多用于采用 40 号以下刀柄的中小型加工中心。如 XH754 型卧式加工中心。

（3）转塔刀库加工中心。一般在小型立式加工中心上采用转塔刀库形式，直接由转塔刀库旋转完成换刀。这类加工中心主要以孔加工为主。ZH5120 型立式钻削加工中心就是转塔刀库式加工中心。

无论哪种换刀形式，在进行工艺设计和刀具轨迹设计时，都需要考虑换刀时的动作空间大小，并避免相关部件发生干涉。

3．按照加工精度分类

（1）普通加工中心。这类加工中心分辨率为 1μm，最大进给速度为 15m/min～25m/min，定位精度为 10μm 左右。

（2）高精度加工中心。这类加工中心分辨率为 0.1μm。最大进给速度为 15m/min～100m/min，定位精度为 2μm 左右。

（3）精密加工中心。指定位精度介于 2μm～10μm 之间的加工中心。

对于不同加工精度要求的工件，应选用与之相适应的加工中心。考虑机床加工精度的预留量，零件实际加工出的精度数值一般为机床定位精度的 1.5～2 倍。

3．按照功能特征分类

（1）镗铣加工中心。镗铣加工中心以镗、铣加工为主，主要用于镗削、铣削、钻孔、扩孔及攻螺纹等工序，特别适合于加工箱体类、壳体及形状复杂、工序集中的特殊曲线和曲面轮廓零件。"加工中心"一般就是指镗铣加工中心，而其他功能的加工中心需加定语，如钻削加工中心、电加工中心等。

（2）车削加工中心。车削加工中心除用于加工轴类零件外，还进行铣（如铣槽、铣六角等）、钻（如钻横向孔等）等工序加工，并能实现 C 轴功能。

（3）复合加工中心。复合加工中心除用各种刀具进行切削外，还可使用激光头进行打孔、清角，用磨头磨削内孔，用智能化在线测量装置检测、仿型等。

7.1.3 加工中心的传动系统和主要结构

同类型的加工中心与数控铣床的布局相似，主要在刀库的结构和位置上有区别。这里主要介绍自动换刀装置和自动交换工作台的结构。

图 7.7 所示为 JCS-018A 型立式加工中心的外观图。JCS-018A 型加工中心是一台具有自动换刀装置的小型数控立式镗铣床，采用软件固定型计算机控制的 FANUC-BESK 6ME 数控系统。下面以 JCS-018A 型立式加工中心为例介绍加工中心的主要结构。

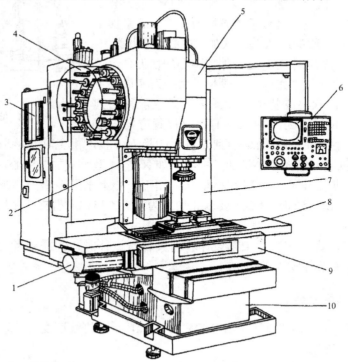

1—X 轴的直流伺服电动机；2—换刀机械手；3—数控柜；4—盘式刀库；
5—主轴箱；6—操作面板；7—驱动电源柜；8—工作台；9—滑座；10—床身

图 7.7　JCS-018A 型立式加工中心外观图

1. 机床传动系统

（1）主运动传动系统。主轴电动机采用 FANUC AC12 型交流伺服电动机，通过一对同步带轮将运动传给主轴，使主轴在（22.5～2250）r/min 转速范围内可以实现无级调速。

（2）进给系统传动系统。JCS-018A 机床的 X、Y、Z 三个坐标轴的进给运动分别由三台功率为 1.4kW 的 FANUC-BESK DC15 型直流伺服电动机直接带动滚珠丝杠旋转。为了保证各轴的进给传动系统有较高的传动精度，电动机轴和滚珠丝杠之间均采用了锥环无键连接和高精度十字联轴器的连接结构。以 Z 轴进给装置为例，分析其连接结构。图7.8 为 Z 轴进给装置中电动机与丝杠连接的局部视图，1 为电动机，电动机轴 2 与轴套 3 之间采用的锥环无键连接结构，4 即为相互配合的锥环。该连接

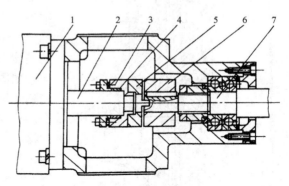

1—直流伺服电动机；2—电动机轴；3—轴套；
4—锥环；5—联轴节；6—轴套；7—丝杠

图7.8　电动机与滚珠丝杠的连接结构

结构可以实现无间隙传动，使两连接件的同心性好，传递动力平稳，而且加工工艺性好，安装与维修方便。

高精度十字联轴器由三件组成，其中与电动机轴连接的轴套 3 的端面有与中心对称的凸键，与丝杠 7 连接的轴套 6 上开有与中心对称的端面键槽，中间一件联轴节 5 的两端面上分别有与中心对称且互相垂直的凸键和键槽，它们分别与件 3 和件 6 相配合，用来传递运动和扭矩。为了保证十字联轴节的传动精度，在装配时凸键与凹键的径向配合面要经过配研，以便消除反向间隙，使传递动力平稳。

由于主轴箱垂直运动，为防止滚珠丝杠因不能自锁而使主轴箱下滑，所以 Z 轴电动机带有制动器。

2. 主轴箱

（1）主轴结构。图7.9 是 JCS-018A 主轴箱结构简图。主轴 1 的前支承 4 配置了三个高精度的角接触球轴承，用以承受径向载荷和轴向载荷，前两个轴承大口朝下，后面一个轴承大口朝上。前支承按预加载荷计算的预紧量由螺母 5 来调整。后支承 6 为一对小口相对配置的角接触球轴承，它们只承受径向载荷，因此轴承外圈不需要定位。该主轴选择的轴承类型和配置形式能满足主轴高转速和承受较大轴向载荷的要求，主轴受热变形向后伸长，不影响加工精度。

（2）刀具的自动夹紧机构。刀具的自动夹紧机构如图7.9 所示，主轴内部和后端安装的是刀具自动夹紧机构。它主要由拉杆 7、拉杆端部的四个钢球 3、碟形弹簧 8、活塞 10、液压缸 11 等组成。机床执行换刀指令，机械手要从主轴拔刀时，主轴需松开刀具。这时液压缸上腔通压力油，活塞推动拉杆向下移动，使碟形弹簧压缩，钢球进入主轴孔上端的槽内，刀柄尾部的拉钉（拉紧刀具用）2 被拉开，机械手即可拔刀。之后，压缩空气进入活塞和拉杆的中孔，吹净主轴锥孔，为装入新刀具做好准备。当机械手将下一把刀具插入主轴后，液压缸上腔无油压，在碟形弹簧和弹簧 9 的恢复力作用下，使拉杆、钢球和活塞退回

到图示的位置，即碟形弹簧通过拉杆扣钢球拉紧刀柄尾部的拉钉，使刀具被夹紧。

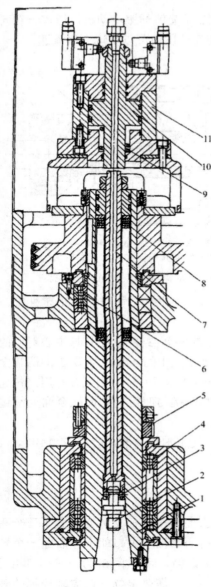

1—主轴；2—拉钉；3—钢球；
4、6—角接触球轴承；5—螺母；
7—拉杆；8—碟形弹簧；9—弹簧；
10—活塞；11—液压缸

图 7.9　JCS-018A 主轴箱结构简图

（3）主轴准停装置。机床的切削扭矩由主轴上的端面键来传递，每次机械手自动装取刀具时必须保证刀柄上的键槽对准主轴的端面键，这就要求主轴具有准确定位的功能。为满足主轴这一功能而设计的装置称为主轴准停装置或称为主轴定向装置。本机床采用的是电气式主轴准停装置，即用磁力传感器检测定向。如图 7.10 所示，主轴 8 的尾部安装有发磁体 9，它随主轴转动，在距发磁体外缘 1～2mm 处固定了一个磁传感器 10，它经过放大器 11 与主轴伺服单元 3 连接。主轴定向的指令 1 发出后，主轴便处于定向状态，当发磁体上的判别孔转到对准磁传感器上的基准槽时，主轴立即停止。

3．刀库结构

（1）自动换刀过程。上一工序加工完毕，主轴在“准停”位置，由自动换刀装置换刀，其过程（图 7.11 所示）如下：

① 刀套下转 90°：本机床的刀库位于立柱左侧，刀具在刀库中的安装方向与主轴垂直。换刀之前，刀库 2 转动将待换刀具 5 送到换刀位置，之后把带有刀具 5 的刀套 4 向下翻转 90°，使得刀具轴线与主轴轴线平行。

② 机械手转 75°：如 K 向视图所示，在机床切削加工时，机械手 1 的手臂与主轴中心到换刀位置的刀具中心线的连线成 75°，该位置为机械手的原始位置。机械手换刀的第一个动作是顺时针转 75°，两手爪分别抓住刀库上和主轴 3 上的刀柄。

③ 刀具松开：机械手抓住主轴刀具的刀柄后，刀具的自动夹紧机构松开刀具。

④ 机械手拔刀：机械手下降，同时拔出两把刀具。

⑤ 交换两刀具位置：机械手带着两把刀具逆时针转 180°（从 K 向观察），使主轴刀具与刀库刀具交换位置。

⑥ 机械手插刀：机械手上升，分别把刀具插入主轴锥孔和刀套中。

⑦ 刀具夹紧：刀具插入主轴锥孔后，刀具的自动夹紧机构夹紧刀具。

⑧ 机械手转 180°：液压缸复位驱动机械手逆时针转 180° 的液压缸复位，机械手无动作。

⑨ 机械手反转 75°：机械手反转 75°，回到原始位置。

⑩ 刀套上转 90°：刀套带着刀具向上翻转 90°，为下一次选刀做准备。

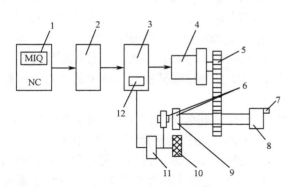

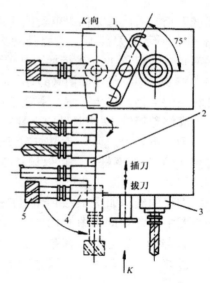

1—主轴定向的指令；2—强电时序电路；3—主轴伺服单元；
4—主轴电动机；5—同步齿形带；6—位置控制回路；7—主轴端面键；
8—主轴；9—发磁体；10—磁传感器；11—放大器；12—定向电路

图 7.10　主轴准停装置原理图

1—机械手；2—刀库；3—主轴；
4—刀套；5—待换刀具

图 7.11　自动换刀过程示意图

（2）刀库结构。图 7.12 是本机床盘式刀库的结构简图。如图（a）所示，当数控系统发

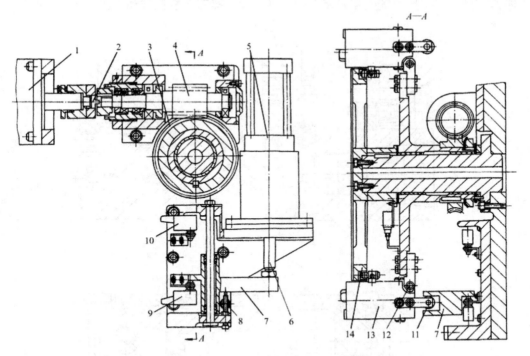

1—直流伺服电动机；2—十字联轴节；3—蜗轮；4—蜗杆；5—汽缸；6—活塞杆；7—拨叉；
8—螺杆；9—位置开关；10—定位开关；11—滚子；12—销轴；13—刀套；14—刀盘

（a）主视图　　　　　　　　　　　　　　　　（b）A—A 剖视图

图 7.12　JCS-018A 刀库结构简图

出换刀指令后，直流伺服电动机 1 接通，其运动经过十字联轴节 2、蜗杆 4、蜗轮 3 传到如图（b）所示的刀盘 14，刀盘带动其上面的 16 个刀套 13 转动，完成选刀的工作。每个刀套尾部有一个滚子 11，当待换刀具转到换刀位置时，滚子 11 进入拨叉 7 的槽内。同时汽缸 5 的下腔通压缩空气（如图（a）所示），活塞杆 6 带动拨叉 7 上升，放开位置开关 9，用以断开相关的电路，防止刀库、主轴等有误动作。如图（b）所示，拨叉 7 在上升的过程中，带动刀套绕着销轴 12 逆时针向下翻转 90°，从而使刀具轴线与主轴轴线平行。

刀套下转 90° 后，拨叉 7 上升到终点，压住定位开关 10，发出信号使机械手抓刀。通过图（a）中的螺杆 8，可以调整拨叉的行程，而拨叉的行程又决定刀具轴线相对主轴轴线的位置。

刀套的结构如图 7.13 所示，F—F 剖视图中的件 7 即为图 7.12（b）中的滚子 11，E—E 剖视图中的件 6 即为图 7.12（b）中的销轴 12。刀套 4 的锥孔尾部有两个球头销钉 3。在螺纹套 2 与球头销之间装有弹簧 1，当刀具插入刀套后，由于弹簧力的作用，使刀柄被夹紧。拧动螺纹套，可以调整夹紧力的大小，当刀套在刀库中处于水平位置时，靠刀套上部的滚子 5 来支承。

4．机械手结构

本机床上使用的换刀机械手为回转式单臂双手机械手。在自动换刀过程中，机械手要完成抓刀、拔刀、交换主轴上和刀库上的刀具位置、插刀、复位等动作。

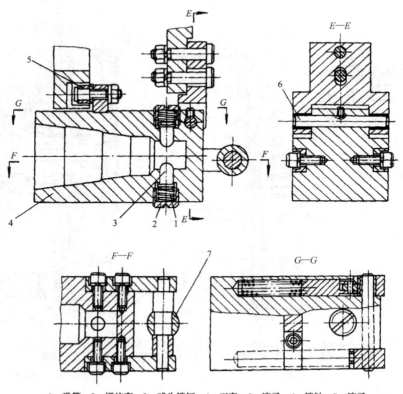

1—弹簧；2—螺纹套；3—球头销钉；4—刀套；5—滚子；6—销轴；7—滚子

图 7.13　JCS-018A 刀套结构图

（1）机械手的结构及动作过程。图 7.14 为机械手传动结构示意图，如前面介绍刀库结构时所述，刀套向下转 90°后，压下上行程位置开关，发出机械手抓刀信号，此时，机械手 21 正处在图中所示的上面位置，液压缸 18 右腔通压力油，活塞杆推着齿条 17 向左移动，使得齿轮 11 转动。如图 7.15 所示，8 为液压缸 15 的活塞杆，齿轮 1、齿条 7 和轴 2 即为图 7.13 中的齿轮 11、齿条 17 和轴 16。盘 3 与齿轮 1 用螺钉连接，它们空套在机械手臂轴 2 上，传动盘 5 与机械手臂轴 2 用花键连接，它上端的销子 4 插入连接盘 3 的销孔中，因此齿轮转动时带动机械手臂轴转动，如图 7.14 所示，使机械手回转 75°抓刀。抓刀动作结束时，齿条 17 上的挡环 12 压下位置开关 14，发出拔刀信号，于是液压缸 15 的上腔通压力油，活塞杆推动机械手臂轴 16 下降拔刀。在轴 16 下降时，传动盘 10 随之下降，其下端的销子 8（图 7.15 中的销子 6）插入连接盘 5 的销孔中，连接盘 5 和其下面的齿轮 4 也是用螺钉连接的，它们空套在轴 16 上。当拔刀动作完成后，轴 16 上的挡环 2 压下位置开关 1，发出换刀信号，这时液压缸 20 的右腔通压力油，活塞杆推着齿条 19 向左移动，使齿轮 4 和连接盘 5 转动，通过销子 8，由传动盘带动机械手转 180°，交换主轴上和刀库上的刀具位置。换刀动作完成后，齿条 19 上的挡环 6 压下位置开关 9，发出插刀信号，使油缸 15 下腔通压力油，活塞杆带着机械手臂轴上升插刀，同时传动盘下面的销子 8 从连接盘 5 的销孔中移出。插刀动作完成后，轴 16 上的挡环压下位置开关 3，使液压缸 20 的左腔通压力油，活塞杆带着齿条 19 向右移动复位，而齿轮 4 空转，机械手无动作。齿条 19 复位后，

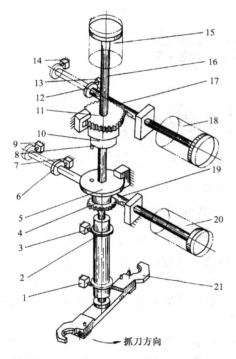

1、3、7、9、13、14—位置开关；2、6、12—挡环；
4、11—齿轮；3—连接盘；8—销子；10—传动盘；
15、18、20—液压缸；16—机械手臂轴；17、19—齿条；
21—机械手

图 7.14　JCS-018A 机械手传动结构示意图

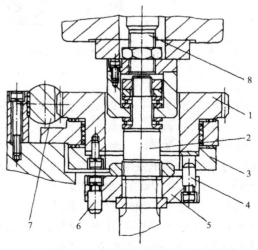

1—齿轮；2—机械手臂轴；3—连接盘；4、6—销子；
5—传动盘；7—齿条；8—活塞杆

图 7.15　机械手传动结构局部视图

其上挡环压下位置开关 7，使液压缸 18 的左腔通压力油，活塞杆带着齿条 17 向右移动，通过齿轮 11 使机械手反转 75° 复位。机械手复位后，齿条 17 上的挡环压下位置开关 13，发出换刀完成信号，使刀套向上翻转 90°，为下次选刀做好准备。同时机床继续执行后面的操作。

（2）机械手抓刀部分的结构。图 7.16 所示为机械手抓刀部分的结构，它主要由手臂 1 和固定其两端的结构完全相同的两个手爪 7 组成。手爪上握刀的圆弧部分有一个锥销 6，机械手抓刀时，该锥销插入刀柄的键槽中。当机械手由原位转 75° 抓住刀具时，两手爪上的长销 8 分别被主轴前端面和刀库上的挡块压下，使轴向开有长槽的活动销 5 在弹簧 2 的作用下右移顶住刀具。机械手拔刀时，长销 8 与挡块脱离接触，锁紧销 3 被弹簧 4 弹起，使活动销顶住刀具不能后退，这样机械手在回转 180° 时，刀具不会被甩出。当机械手上升插刀时，两长销 8 又分别被两挡块压下，锁紧销从活动销的孔中退出，松开刀具，机械手便可反转 75° 复位。

7.1.4　加工中心的工艺特点

加工中心是一种功能较全的数控机床，它集铣削、钻削、铰削、镗削、攻螺纹和切螺纹于一身，使其具有多种工艺手段，综合加工能力较强。与普通机床加工相比，加工中心具有许多显著的工艺特点。

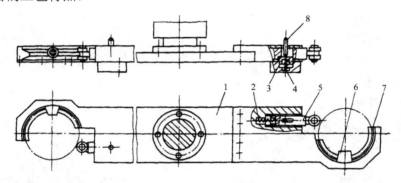

1—手臂；2、4—弹簧；3—锁紧销；5—活动销；6—锥销；7—手爪；8—长销

图 7.16　机械手抓刀部分的结构

（1）加工精度高。在加工中心上加工，其工序高度集中，一次装夹即可加工出零件上大部分甚至全部表面，避免了工件多次装夹所产生的装夹误差，因此，加工表面之间能获得较高的相互位置精度。同时，加工中心多采用半闭环，甚至全闭环的位置补偿功能，有较高的定位精度和重复定位精度，在加工过程中产生的尺寸误差能及时得到补偿，与普通机床相比，能获得较高的尺寸精度。

（2）精度稳定。整个加工过程由程序自动控制，不受操作者人为因素的影响，同时，没有凸轮、靠模等硬件，省去了制造和使用中磨损等所造成的误差，加上机床的位置补偿功能和较高的定位精度和重复定位精度，加工出的零件尺寸一致性好。

（3）效率高。一次装夹能完成较多表面的加工，减少了多次装夹工件所需的辅助时间。同时，减少了工件在机床与机床之间、车间与车间之间的周转次数和运输工作量。在制品数量少，简化生产调度和管理。

（4）表面质量好。加工中心主轴转速和各轴进给量均是无级调速，有的甚至具有自适应控制功能，能随刀具和工件材质及刀具参数的变化，把切削参数调整到最佳数值，从而提高了各加工表面的质量。

使用各种刀具进行多工序集中加工，在进行工艺设计时要处理好刀具在换刀及加工时与工件、夹具甚至机床相关部位的干涉问题。若在加工中心上连续进行粗加工和精加工，夹具既要能适应粗加工时切削力大、高刚度、夹紧力大的要求，又须适应精加工时定位精度高、零件夹紧变形尽可能小的要求。

（5）软件适应性大。加工中心对零件各个工序的加工内容、切削用量、工艺参数都可以编入程序，可以随时修改，这给新产品试制，实行新的工艺流程和试验提供了方便。

但在加工中心上加工与在普通机床上加工相比，还有一些不足之处。例如，刀具应具有更高的强度、硬度和耐磨性；悬臂切削孔时，无辅助支承，刀具还应具备很好的刚性；在加工过程中，切屑易堆积，会缠绕在工件和刀具上，影响加工顺利进行，需要采取断屑措施和及时清理切屑；一次装夹完成从毛坯到成品的加工，无时效工序，工件的内应力难以消除；使用、维修管理要求较高，要求操作者应具有较高的技术水平；加于中心的价格一般都在几十万元到几百万元，一次性投入较大，零件的加工成本高。

7.2 加工中心加工工艺分析

7.2.1 加工中心的主要加工对象

针对加工中心的工艺特点，加工中心适宜加工形状复杂、加工内容多、精度要求较高、需用多种类型的普通机床和众多的工艺装备，且经多次装夹和调整才能完成加工的零件。主要的加工对象有下列几种。

1．既有平面又有孔系的零件

加工中心具有自动换刀装置，在一次安装中，可以完成零件上平面的铣削、孔系的钻削、镗削、铰削、铣削及攻螺纹等多工步加工。加工的部位可以在一个平面上，也可以在不同的平面上。五面体加工中心一次安装可以完成除装夹面以外的五个面的加工。因此，既有平面又有孔系的零件是加工中心的首选加工对象，这类零件常见的有箱体类零件和盘、套、板类零件。

（1）箱体类零件。箱体类零件是指具有一个以上孔系，内部有一定型腔，在长、宽、高方向有一定比例的零件。箱体类零件很多（如图 7.17 所示），箱体类零件一般都要进行多工位孔系及平面加工，精度要求较高，特别是形状精度和位置精度要求较严格，通常要经过铣、钻、扩、镗、铰、锪、攻螺纹等工步，需要刀具较多，工装套数多，需多次装夹找正，手工测量次数多，因此，导致工艺复杂，加工周期长，成本高，在普通机床上加工难度大，精度不易保证。这类零件在加工中心上加工，一次安装可完成普通机床的 60%～95% 的工序内容，零件各项精度一致性好，质量稳定，生产周期短，成本低。

对于加工工位较多，工作台需多次旋转角度才能完成的零件，一般选用卧式加工中心；当加工的工位较少，且跨距不大时，可选立式加工中心，从一端进行加工。

（2）盘、套、板类零件。这类零件带有键槽，端面上有平面、曲面和孔系，径向也常分布一些径向孔，如图 7.18 所示的典型零件。加工部位集中在单一端面上的盘、套、板类零件宜选择立式加工中心，加工部位不是位于同一方向表面上的零件宜选择卧式加工中心。

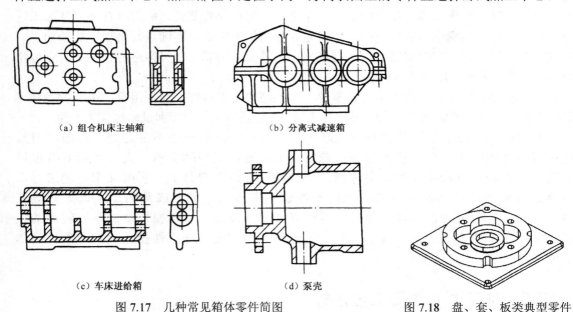

(a) 组合机床主轴箱   (b) 分离式减速箱

(c) 车床进给箱   (d) 泵壳

图 7.17 几种常见箱体零件简图   图 7.18 盘、套、板类典型零件

2. 结构形状复杂、普通机床难加工的零件

主要表面是由复杂曲线、曲面组成的零件，加工时需要多坐标联动加工，这在普通机床上是难以甚至无法完成的，加工中心是加工这类零件的最有效的设备。常见的典型零件有以下几类。

（1）凸轮类。这类零件有各种曲线的盘形凸轮、圆柱凸轮、圆锥凸轮和端面凸轮等，加工时，可根据凸轮表面的复杂程度，选用三轴、四轴或五轴联动的加工中心。

（2）整体叶轮类。整体叶轮常见于航空发动机的压气机、空气压缩机、船舶水下推进器等，它除具有一般曲面加工的特点外，还存在许多特殊的加工难点，如通道狭窄，刀具很容易与加工表面和邻近曲面产生干涉。图 7.19 所示是轴向压缩机涡轮，它的叶面是一个典型的三维空间曲面，加工这样的型面，可采用四轴以上联动的加工中心。

（3）模具类。常见的模具有锻压模具、铸造模具、注塑模具及橡胶模具等。图 7.20 所

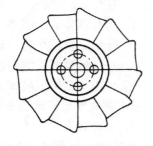

图 7.19 轴向压缩机涡轮

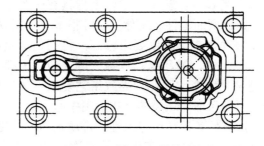

图 7.20 连杆锻压模简图

示为连杆锻压模具。采用加工中心加工模具，由于工序高度集中，动模、静模等关键件的精加工基本上是在一次安装中完成全部机加工内容，尺寸累积误差及修配工作量小。同时，模具的可复制性强，互换性好。

3. 外形不规则的异形零件

异形零件是外形不规则的零件，大多要点、线、面多工位混合加工，如支架、基座、样板、靠模等（如图 7.21 所示的支架及拨叉）。异形零件的刚性一般较差，夹压及切削变形难以控制，加工精度也难以保证。这类零件由于外形不规则，在普通机床上只能采取工序分散的原则加工，需用工装较多，周期较长。利用加工中心多工位点、线、面混合加工的特点，可以完成大部分甚至全部工序内容。实践证明，利用加工中心加工异形零件时，形状越复杂，精度要求越高，越能显示其优越性。

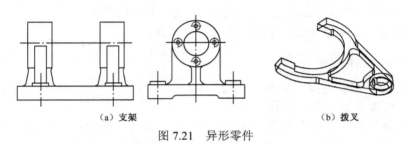

（a）支架 　　　　　　　　　　（b）拨叉

图 7.21　异形零件

4. 特殊加工

在熟练掌握了加工中心的功能之后，配合一定的工装和专用工具，利用加工中心可完成一些特殊的工艺内容，例如，在金属表面上刻字、刻线、刻图案（如图 7.22 所示）。在加工中心的主轴上装上高频电火花电源，可对金属表面进行线扫描，表面淬火；在加工中心装上高速磨头，可进行各种曲线、曲面的磨削等。

图 7.22　利用加工中心刻的字

上述是根据零件特征选择的适合加工中心加工的几类零件，此外，还有以下一些适合加工中心加工的零件：周期性投产的零件、加工精度要求较高的中小批量零件、新产品试制中的零件。

7.2.2　加工中心加工内容的选择

加工内容选择是指在零件选定之后，选择零件上适合加工中心加工的表面。这种表面通常是：

（1）尺寸精度要求较高的表面。

（2）相互位置精度要求较高的表面。

（3）不便于普通机床加工的复杂曲线、曲面。

（4）能够集中加工的表面。

7.2.3　加工中心加工零件的工艺分析

零件的工艺分析的任务是分析零件图的完整性、正确性和技术要求，分析零件的结构工艺性和定位基准等。其中，零件图的完整性、正确性和技术要求分析与数控铣削加工类似，这里不再赘述。

1．加工中心零件结构的工艺性分析

从机械加工的角度考虑，在加工中心上加工的零件，其结构工艺性应具备以下几点要求。

（1）零件的切削加工量要小，以便减少加工中心的切削加工时间，降低零件的加工成本。

（2）零件上光孔和螺纹的尺寸规格尽可能少，减少加工时钻头、铰刀及丝锥等刀具的数量，以防刀库容量不够。

（3）零件尺寸规格尽量标准化，以便采用标准刀具。

（4）零件加工表面应具有加工的方便性和可能性。

（5）零件结构应具有足够的刚性，以减少夹紧变形和切削变形。

表 7-1 中列出了部分零件的孔加工工艺性对比实例。

2．加工中心定位基准的选择

加工中心定位基准的选择主要有以下几方面：

（1）尽量选择零件上的设计基准作为定位基准。

（2）一次装夹就能够完成全部关键精度部位的加工。为了避免精加工后的零件再经过多次非重要的尺寸加工，多次周转，造成零件变形、磕碰划伤，在考虑一次完成尽可能多的加工内容（如螺孔、自由孔、倒角、非重要表面等）的同时，一般将加工中心上完成的工序安排在最后。

（3）当在加工中心上既加工基准又完成各工位的加工时，其定位基准的选择需考虑完成尽可能多的加工内容。为此，要考虑便于各个表面都能被加工的定位方式，如对于箱体，最好采用一面两销的定位方式，以便刀具对其他表面进行加工。

（4）当零件的定位基准与设计基准难以重合时，应认真分析装配图纸，确定该零件设计基准的设计功能，通过尺寸链的计算，严格规定定位基准与设计基准间的公差范围，确保加工精度。对于带有自动测量功能的加工中心，可在工艺中安排坐标系测量检查工步，即每个零件加工前由程序自动控制用测头检测设计基准，系统自动计算并修正坐标系，从而确保各加工部位与设计基准间的几何关系。

表 7-1　零件的孔加工工艺性对比实例

序　号	A 工艺性差的结构	B 工艺性好的结构	说　明
1			A 结构不便引进刀具，难以实现孔的加工
2			B 结构可避免钻头钻入和钻出时因工件表面倾斜而造成引偏或断损

序　号	A 工艺性差的结构	B 工艺性好的结构	说　明
3			B 结构节省材料，减轻了质量，还避免了深孔加工
4	M17	M16	A 结构不能采用标准丝锥攻螺纹
5	0.8	0.8　12.5　0.8	B 结构减少配合孔的加工面积
6			B 结构孔径从一个方向递减或从两个方向递减，便于加工
7			B 结构可减少深孔的螺纹加工
8			B 结构刚性好

图 7.23 所示为铣头体，其中ϕ80H7、ϕ80K6、ϕ90K6、ϕ95H7、ϕ140H7 孔及 D～E

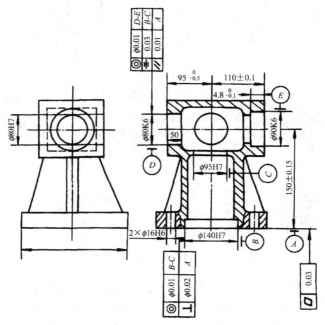

图 7.23　铣头体简图

孔两端面要在加工中心上加工。在卧式加工中心上须经两次装夹才能完成上述孔和面的加工。第一次装夹加工 ϕ80H7、ϕ80K6、ϕ90K6 孔及 D～E 孔两端面；第二次装夹加工 ϕ95H7 及 ϕ140H7 孔。为保证孔与孔之间、孔与面之间的相互位置精度，应有同一定位基准。为此，在前面工序中加工出 A 面，另外再专门设置两个定位用的工艺孔 2×ϕ16H6。这样两次装夹都以 A 面和 2×ϕ16H6 孔定位，可减少因定位基准转换而引起的定位误差。

图 7.24 所示为机床变速机构中的拨叉。选择在卧式加工中心上加工的表面为 ϕ16H8 孔、16A11 槽、14H11 槽及 8 处 R7 圆弧。其中 8 处 R7 圆弧位置精度要求较低。为在一次安装中能加工出上述表面，并保证 16A11 槽对 ϕ16H8 孔的对称度要求和 14H11 槽对 ϕ16H8 孔的垂直度要求，可用 R28 圆弧中心线及 B 面作为主要定位基准。因为 R28 圆弧中心线是 ϕ16H8 孔及 16A11 槽的设计基准，符合"基准重合"原则，B 面尽管不是 14H11 槽的设计基准（14H11 槽的设计基准是尺寸 $12_{-0.059}^{-0.016}$ 的对称中心面），但它能限制三个自由度，定位稳定，基准不重合误差只有 0.0215mm，比设计尺寸（67.5±0.15）mm 的允差小得多，加工中心精度完全能保证。因此，在前道工序中先加工好 R28 圆弧（加工至 ϕ56H7）和 B 面。

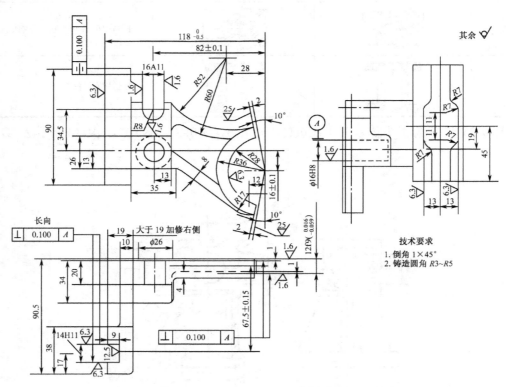

图 7.24　拨叉简图

又如图 7.25（a）所示的电动机端盖，在加工中心上一次安装可完成所有加工端面及孔的加工。但表面上无合适的定位基准，因此，在分析零件图时，可向设计部门提出，改成图 7.25（b）所示的结构，增加三个工艺凸台，以此作为定位基准。

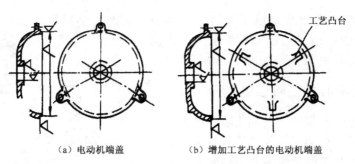

（a）电动机端盖　　　　　　　（b）增加工艺凸台的电动机端盖

图 7.25　电动机端盖简图

7.3　加工中心加工工艺路线的拟订

制订加工中心加工零件的工艺主要从精度和效率两方面考虑。在保证零件质量的前提下，要充分发挥数控加工中心的加工效率。工艺路线拟订的内容主要包括以下几个方面。

7.3.1　加工中心加工方案的选择

加工中心加工零件的表面主要有平面、平面轮廓、曲面、孔和螺纹等。所选加工方法要与零件的表面特征、所要求达到的精度及表面粗糙度相适应。

1．平面、平面轮廓及曲面加工

平面、平面轮廓及曲面加工在镗铣类加工中心上惟一的加工方法是铣削。经粗铣的平面，尺寸精度可达 IT12～IT14 级（指两平面之间的尺寸），表面组糙度 R_a 值可达 12.5～50μm。经粗、精铣的平面，尺寸精度可达 IT7～IT9 级，表面粗糙度 R_a 值可达 1.6～3.2μm。

2．孔加工

孔加工方法比较多，有钻削、扩削、铰削和镗削等。大直径孔还可采用圆弧插补方式进行铣削加工。有关钻削、扩削、铰削及镗削所能达到的精度和表面组糙度内容见第 4 章。

（1）对于直径大于 $\phi30mm$ 的已铸出或锻出毛坯孔的孔加工，一般采用粗镗→半精镗→孔口倒角→精镗加工方案，孔径较大的可采用立铣刀粗铣→精铣加工方案。有退刀槽时可用锯片铣刀在半精镗之后、精镗之前铣削完成，也可用镗刀进行单刀镗削，但单刀镗削效率低。

（2）对于直径小于 $\phi30mm$ 的无毛坯孔的孔加工，通常采用锪平端面→打中心孔→钻→扩→孔口倒角→铰加工方案，有同轴度要求的小孔，须采用锪平端面→打中心孔→钻→半精镗→孔口倒角→精镗（或铰）加工方案。为提高孔的位置精度，在钻孔工步前须安排锪平端面和打中心孔工步。孔口倒角安排在半精加工之后、精加工之前，以防孔内产生毛刺。

3．螺纹的加工

螺纹的加工根据孔径大小，一般情况下直径在 M6～M20 之间的螺纹，通常采用攻螺纹方法加工。直径在 M6 以下的螺纹，可在加工中心上完成底孔加工，再通过其他手段攻螺纹，因为在加工中心上攻螺纹不能随机控制加工状态，小直径丝锥容易折断。直径在 M20 以上的内螺纹，可采用镗刀片镗削加工或铣削加工。另外，还可铣外螺纹，如图 7.26 所示。

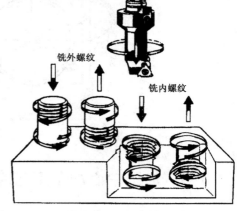

铣外螺纹
铣内螺纹

图 7.26　铣螺纹

7.3.2　加工中心加工阶段的划分

加工中心上加工的零件。其加工阶段的划分主要根据零件是否已经过粗加工、加工质量要求的高低、毛坯质量的高低以及零件批量的大小等因素确定。

若零件已在其他机床上经过粗加工，加工中心只是完成最后的精加工，则不必划分加工阶段。

1．加工质量要求较高的零件

对加工质量要求较高的零件，若其主要表面在上加工中心加工之前没有经过粗加工，则应尽量将粗、精加工分开进行。使零件粗加工后有一段自然时效过程，以消除残余应力和恢复切削力、夹紧力引起的弹性变形、切削热引起的热变形，必要时还可以安排人工时效处理，最后通过精加工消除各种变形。

2．加工精度要求不高的零件

对加工精度要求不高、而毛坯质量较高、加工余量不大、生产批量很小的零件或新产品试制中的零件，利用加工中心的良好的冷却系统，可把粗、精加工合并进行。但粗、精加工应划分成两道工序分别完成。粗加工用较大的夹紧力，精加工用较小的夹紧力。

7.3.3　加工中心加工顺序的安排

在加工中心上加工零件，一般都有多个工步，使用多把刀具，因此加工顺序安排是否合理，直接影响到加工精度、加工效率、刀具数量和经济效益。在安排加工顺序时同样要遵循"基面先行，先粗后精，先主后次，先面后孔，先内后外。"的一般工艺原则。此外还应考虑：

（1）刀具集中，减少换刀次数，节省辅助时间。一般情况下，每换一把新的刀具后，应通过移动坐标，回转工作台等将由该刀具切削的所有表面全部完成。

（2）每道工序尽量减少刀具的空行程移动量，按最短路线安排加工表面的加工顺序。安排加工顺序时可参照采用粗铣大平面→粗镗孔、半精镗孔→立铣刀加工→加工中心孔→钻孔→攻螺纹→平面和孔精加工（精铣、铰、镗等）的加工顺序。

7.3.4　进给路线的确定

加工中心上刀具的进给路线可分为孔加工进给路线和铣削加工进给路线。进给路线的确定应遵循前面提出的几条原则。

1．孔加工时进给路线的确定

孔加工时，一般是首先将刀具在 XY 平面内快速定位运动到孔中心线的位置上，然后刀具再沿 Z 向（轴向）运动进行加工。所以孔加工进给路线的确定包括以下几部分。

（1）确定 XY 平面内的进给路线。孔加工时，刀具在 XY 平面内的运动属于点位运动，确定进给路线时，主要考虑：

① 定位要迅速。对于圆周均布孔系的加工路线，要求定位精度高，定位过程尽可能快，则需在刀具不与工件、夹具和机床碰撞的前提下，应使进给路线最短，减少刀具空行程时间或切削进给时间，提高加工效率。例如，加工图 7.27（a）所示零件。按图 7.27（b）所示进给路线进给比按图 7.27（c）所示进给路线进给节省定位时间近一半。这是因为在点位运动情况下，刀具由一点运动到另一点时，通常是沿 X、Y 坐标轴方向同时快速移动，当 X、Y 轴各自移距不同时，短移距方向的运动先停，待长移距方向的运动停止后刀具才达到目标位置。图 7.27（b）方案使沿两轴方向的移距接近，所以定位过程迅速。

② 定位要准确。对于位置精度要求高的孔系加工的零件，安排进给路线时，一定要注意孔的加工顺序的安排和定位方向的一致，即采用单向趋近定位点的方法，要避免机械进给系统反向间隙对孔位精度的影响。如图 7.28（a）所示的孔系镗削加工零件图，当按图 7.28（b）所示路线加工时，由于 5、6 孔与 1、2、3、4 孔定位方向相反，在 Y 方向反向间隙会使定位误差增加，从而影响 5、6 孔与其他孔的位置精度。按图 7.28（c）所示路线，加工完 4 孔后，往上移动一段距离到 P 点，然后再折回来加工 5、6 孔，这样可使孔的定位方向一致，避免反向间隙的引入，提高 5、6 孔与其他孔的位置精度。

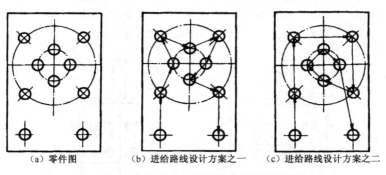

（a）零件图　　　（b）进给路线设计方案之一　　　（c）进给路线设计方案之二

图 7.27　圆周均布孔的最短进给路线设计示例

定位迅速和定位准确有时两者难以同时满足，在上述例子中，图 7.27（b）是按最短路线进给，但不是从同一方向趋近目标位置，影响了刀具定位精度，图 7.28（c）是从同一方

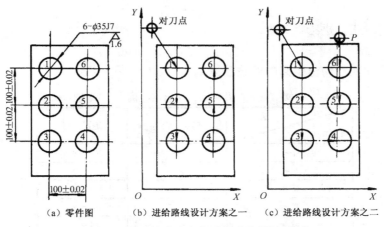

（a）零件图　　　（b）进给路线设计方案之一　　　（c）进给路线设计方案之二

图 7.28　孔系的准确定位进给路线设计示例

向趋近目标位置，但不是最短路线，增加了刀具的空行程。这时应抓主要矛盾，若按最短路线进给能保证定位精度，则取最短路线，反之，应取能保证定位准确的路线。

（2）确定 Z 向（轴向）的进给路线。刀具在 Z 向的进给路线分为快速移动进给路线和工作进给路线。刀具先从初始平面快速运动到距工件加工表面一定距离的 R 平面（距工件加工表面一切入距离的平面）上，然后按工作进给速度运动进行加工。图 7.29（a）所示为加工单个孔时刀具的进给路线。对多孔加工，为减少刀具空行程进给时间，加工中间孔时，刀具不必退回到初始平面，只要退到 R 平面上即可，其进给路线如图 7.29（b）所示。

在工作进给路线中，工作进给距离 Z_F 包括被加工孔的深度 H、刀具的切入距离 Z_a 和切出距离 Z_o（加工通孔），如图 7.30 所示。

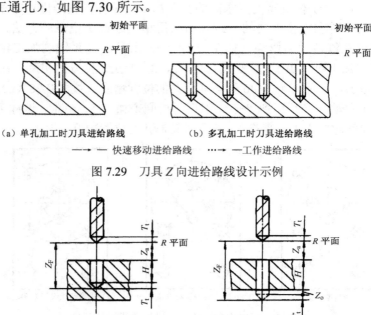

（a）单孔加工时刀具进给路线　　　　　（b）多孔加工时刀具进给路线

——→ — 快速移动进给路线　　···→ —工作进给路线

图 7.29　刀具 Z 向进给路线设计示例

（a）加工不通孔时的工作进给距离　　　（b）加工通孔时的工作进给距离

图 7.30　工作进给距离计算图

加工不通孔时，工作进给距离为：

$$Z_F = Z_a + H + T_t$$

加工通孔时，工作进给距离为：

$$Z_F = Z_a + H + T_t + Z_o$$

上两式中，刀具切入、切出距离的经验数据见表 7-2。

表 7-2　刀具切入、切出点距离　　　单位：mm

加工方式 ＼ 表面状态	已加工表面	毛坯表面
钻孔	2～3	5～8
扩孔	3～5	5～8
镗孔	3～5	5～8
铰孔	3～5	5～8
铣削	3～5	5～10
攻螺纹	5～10	5～10

2．铣削加工时进给路线的确定

铣削加工进给路线比孔加工进给路线要复杂些，因为铣削加工的表面有平面、平面轮廓、各种槽及空间曲面等，表面形状不同，进给路线也就不一样。但总的可分为切削进给和 Z 向快速移动进给两种路线。切削进给路线已在第 6 章中介绍过，铣削加工进给路线对加工中心铣削加工同样适用，不再重复。Z 向快速移动进给路线常见的有下列几种情况：

（1）铣削开口不通槽时，铣刀在 Z 向可直接快速移动到位，不需工作进给。

（2）铣削封闭槽（如键槽）时，铣刀需有一切入距离，先快速移动到距工件表面一切入距离的位置上，然后以工作进给速度进给至铣削深度。

（3）铣削轮廓及通槽时，铣刀需有一切出距离，可直接快速移动到距工件加工表面一切出距离的位置上。

图 7.31 所示即为上述三种情况的进给路线。有关铣削加工切入、切出距离的经验数据见表 7-2。

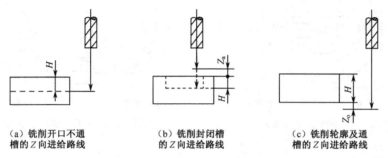

（a）铣削开口不通   （b）铣削封闭槽   （c）铣削轮廓及通
槽的 Z 向进给路线   的 Z 向进给路线   槽的 Z 向进给路线

图 7.31　铣刀在 Z 向的进给路线

7.3.5　加工中心装夹方案的确定和夹具的选择

在零件的工艺分析中，已确定了零件在加工中心上加工的部位和加工时用的定位基准，因此，在确定装夹方案时，只需根据已选定的加工表面和定位基准确定工件的定位夹紧方式，并选择合适的夹具。此时，主要考虑以下几点。

1．夹紧机构或其他元件不得影响进给，加工部位要敞开

要求夹持工件后夹具上一些组成件（如定位块、压块和螺栓等）不能与刀具运动轨迹发生干涉。如图 7.32 所示，用立铣刀铣削零件的六边形，若用压板机构压住工件的 A 面，则压板易与铣刀发生干涉，若夹压 B 面，就不影响刀具进给。对有些箱体零件加工可以利用内部空间来安排夹紧机构，将其加工表面敞开，如图 7.33 所示。当在卧式加工中心上对工件的四周进行加工时，若很难安排夹具的定位和夹紧装置，则可以通过减少加工表面来留出定位夹紧元件的空间。

2．必须保证最小的夹紧变形

工件在粗加工时，切削力大，需要夹紧力大，但又不能把工件夹压变形，否则松开夹具后零件发生变形。因此必须慎重选择夹具的支承点、定位点和夹紧点。有关夹紧点的选择原则见第 3 章。如果采用了相应措施仍不能控制工件变形，只能将粗、精加工分开，或者

· 223 ·

粗、精加工使用不同的夹紧力。

3. 装卸方便，辅助时间尽量短

由于加工中心效率高，装夹工件的辅助时间对加工效率影响较大，所以要求配套夹具在使用中也要装卸快而方便。

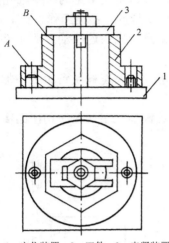
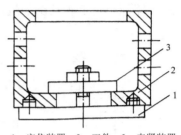

1—定位装置；2—工件；3—夹紧装置

图 7.32　不影响进给的装夹示例

1—定位装置；2—工件；3—夹紧装置

图 7.33　敞开加工表面的装夹示例

4. 多件加工

对小型零件或工序不长的零件，可以考虑在工作台上同时装夹几件进行加工，以提高加工效率。例如，在加工中心工作台上安装一块与工作台大小一样的平板，如图 7.34（a）所示。该平板既可作为大工件的基础板，也可作为多个小工件的公共基础板。又如，在卧式加工中心分度工作台上安装一块如图 7.34（b）所示的四周都可装夹一件或多件工件的立方基础板，可依次加工装夹在各面上的工件。当一面在加工位置进行加工的同时，另三面都可装卸工件，因此能显著减少换刀次数和停机时间。

5. 夹具结构应力求简单

由于零件在加工中心上加工大都采用工序集中原则，加工的部位较多，同时批量较小，零件更换周期短，夹具的标准化、通用化和自动化对加工效率的提高及加工费用的降低有很大影响。因此，对批量小的零件应优先选用组合夹具。对形状简单的单件小批量生产的零件，可选用通用夹具，如三爪卡盘、台钳等。只有对批量较大，且周期性投产，加工精度要求较高的关键工序才设计专用夹具，以保证加工精度和提高装夹效率。

6. 夹具应便于与机床工作台面及工件定位面间的定位连接

加工中心工作台面上一般都有基准 T 形槽，转台中心有定位圆，台面侧面有基准挡板等定位元件。固定方式一般用 T 形槽螺钉或工作台面上的紧固螺孔，用螺栓或压板压紧。夹具上用于紧固的孔和槽的位置必须与工作台上的 T 形槽和孔的位置相对应。

7.3.6 刀具的选择

加工中心使用的刀具由刃具和刀柄两部分组成。刃具有面加工用的各种铣刀和孔加工用的钻头、扩孔钻、镗刀、铰刀及丝锥等。各种铣刀及其选择已在第 6 章中叙述，这里只介绍刀柄和孔加工刀具及其选择。

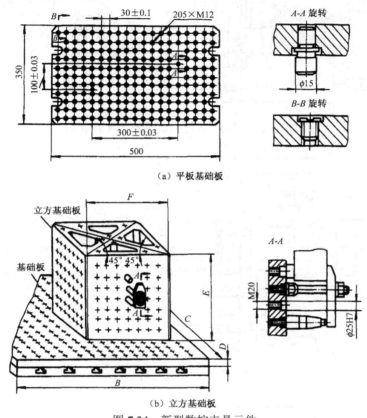

（a）平板基础板

（b）立方基础板

图 7.34　新型数控夹具元件

1．刀柄及其选择

（1）刀柄。刀柄是机床主轴和刀具之间的连接工具。刀柄除了能够准确地安装各种刀具外，还应满足机床主轴的自动松开和拉紧定位、刀库中的存储和识别以及换刀机械手的夹持和搬运等需要。刀柄的选用要和机床的主轴孔相对应，并且已经标准化和系列化。

加工中心上一般都采用 7：24 圆锥刀柄，如图 7.35 所示。这类刀柄不能自锁，换刀比较方便，比直柄有较高的定心精度和刚度。其锥柄部分和机械抓拿部分均有相应的国际和国家标准。《自动换刀机床用 7：24 圆锥工具柄部 40、45 和 50 号圆锥柄》（ISO7388/I 和 GB10944-89）对此作了统一规定。固定在刀柄尾部且与主轴内拉紧机构相适应的拉钉也已标准化。图 7.36 和图 7.37 所示分别是标准中规定的 A 型和 B 型两种拉钉。选用时，柄部和拉钉的有关尺寸查阅相应标准。

（2）工具系统。由于在加工中心上要适应多种形式零件不同部位的加工，故刀具装夹部分的结构、形式、尺寸也是多种多样的。把通用性较强的几种装夹工具（例如装夹铣刀、镗刀、扩铰刀、钻头和丝锥等）系列化、标准化就成为通常所说的工具系统。

工具系统分为整体式结构和模块式结构两大类。

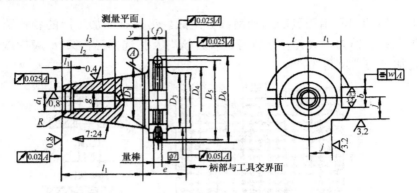

图 7.35　自动换刀机床用 7:24 圆锥工具柄部简图

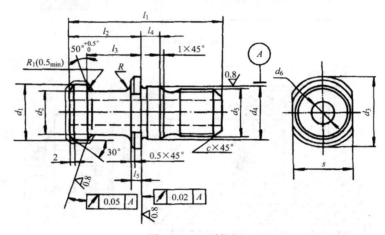

图 7.36　A 型拉钉

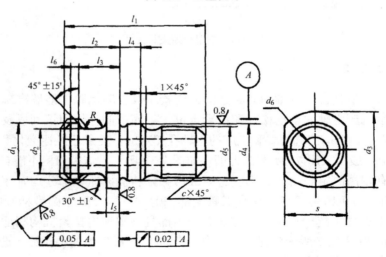

图 7.37　B 型拉钉

① 整体式结构。镗铣类工具系统把工具柄部和装夹刀具的工作部分连成一体。不同品种和规格的工作部分都必须带有与机床主轴相连接的柄部。其优点是结构简单，使用方

便、可靠，更换迅速等。缺点是所用的刀柄规格品种和数量较多。图 7.38 所示的 TSG82 工具系统就是这类系统，选用时一定要按图示进行配置。表 7-3 是 TSG82 工具系统的代码和意义。

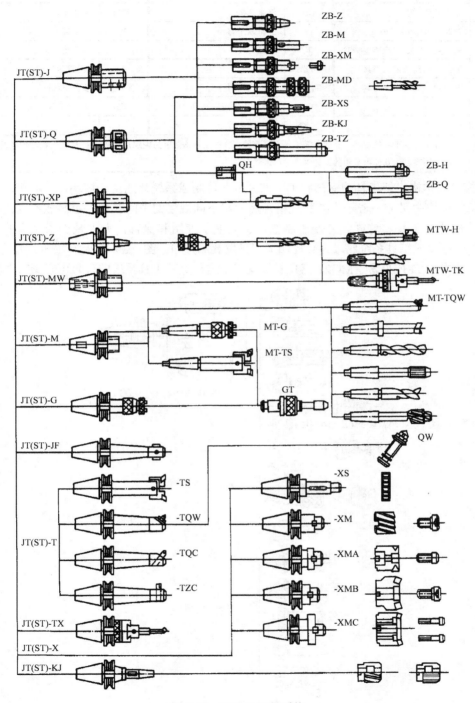

图 7.38　TSG82 工具系统

表 7-3　TSG82 工具系统的代码和意义

代码	代码的意义	代码	代码的意义	代码	代码的意义
J	装接长刀柄用锥柄	KJ	用于装扩、铰刀	TF	浮动镗刀
Q	弹簧夹头	BS	倍速夹头	TK	可调镗刀
KH	7:24锥柄快换夹头	H	倒锪端面刀	X	用于装铣削刀具
Z（J）	用于装钻夹头（莫氏锥度注J）	T	镗孔刀具	XS	装三面刃铣刀
MW	装无扁尾莫氏锥柄刀具	TZ	直角镗刀	XM	装面铣刀
M	装有扁尾莫氏锥柄刀具	TQW	倾斜式微调镗刀	XDZ	装直角端铣刀
G	攻螺纹夹头	TQC	倾斜式粗镗刀	XD	装端铣刀
C	切内槽工具	TZC	直角形粗镗刀		
规格	用数字表示工具的规格，其含义随工具不同而异。有些工具该数字为轮廓尺寸 D-L；有些工具该数字表示应用范围；还有表示其他参数值的，如锥度号等。				

② 模块式结构。把工具的柄部和工作部分分开，制成系统化的主柄模块、中间模块和工作模块，每类模块中又分为若干小类和规格，然后用不同规格的中间模块，组装成不同用途、不同规格的模块式工具。这样既方便了制造，也方便了使用和保管，大大减少了用户的工具储备。目前，模块式工具系统已成为数控加工刀具发展的方向。图 7.39 所示为 TMG 工具系统的示意图。国内的 TMG10 和 TMG21 工具系统就属于这一类。工具系统的代号可查阅有关手册。

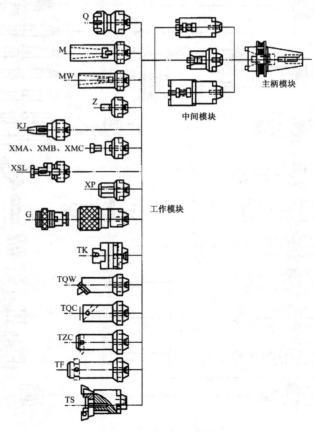

图 7.39　TMG 工具系统

（3）选择刀柄的注意事项

选择加工中心用刀柄需注意的问题较多，主要应注意以下几点：

① 刀柄结构形式的选择需要考虑多种因素。对一些长期反复使用，不需要拼装的简单刀柄，如在零件外轮廓上加工时用的面铣刀刀柄、弹簧夹头刀柄及钻夹头刀柄等以配备整体式刀柄为宜。这样，工具刚性好，价格便宜。当加工孔径、孔深经常变化的多品种、小批量零件时，以选用模块式工具为宜。这样可以取代大量整体式镗刀柄。当应用的加工中心较多时，应选用模块式工具。因为选用模块式工具各台机床所用的中间模块（接杆）和工作模块（装刀模块）都可以通用，能大大减少设备投资，提高工具利用率，同时也利于工具的管理与维护。

② 刀柄数量应根据要加工零件的规格、数量、复杂程度以及机床的负荷等配置。一般是所需刀柄的 2～3 倍。这是因为要考虑在机床工作的同时，还有一定数量的刀柄正在预调或刀具修理。只有当机床负荷不足时，才取 2 倍或不足 2 倍。一般加工中心刀库只用来装载正在加工零件所需的刀柄。典型零件的复杂程度与刀库容量有一定关系，所以配置数量也大约为刀库容量的 2～3 倍。

③ 刀柄的柄部应与机床相配。加工中心的主轴孔多选定为不自锁的 7:24 锥度。但是，与机床相配的刀柄柄部（除锥度角以外）并没有完全统一。尽管已经有了相应的国际标准，可是在有些国家并未得到贯彻。如有的柄部在 7:24 锥度的小端带有圆柱头，而另一些就没有。现在仍有与国际标准不同的国家标准。标准不同，机械手抓拿槽的形状、位置、拉钉的形状、尺寸或键槽尺寸也都不相同。我国近年来引进了许多国外的工具系统技术，现在国内也有多种标准刀柄。因此，在选择刀柄时，应弄清楚选用的机床应配用符合哪个标准的工具柄部，要求工具的柄部应与机床主轴孔的规格（40 号、45 号还是 50 号）相一致；工具柄部抓拿部位要能适应机械手的形态位置要求；拉钉的形状、尺寸要与主轴里的拉紧机构相匹配。

2．孔加工刀具及其选择

（1）对加工中心刀具的基本要求。除满足 4.5 节介绍的数控机床刀具的要求外，针对加工中心刀具的结构特点，有以下几点基本要求：

① 刀具的长度在满足使用要求的前提下尽可能短。因为在加工中心上加工时无辅助装置支承刀具，刀具本身应具有较高的刚性。

② 同一把刀具多次装入机床主轴锥孔时，刀刃的位置应重复不变。

③ 刀刃相对于主轴的一个固定点的轴向和径向位置应能准确调整。即刀具必须能够以快速简单的方法准确地预调到一个固定的几何尺寸。

（2）孔加工刀具的选择。

① 钻孔刀具及其选择。钻孔刀具较多，有普通麻花钻、可转位浅孔钻及扁钻、中心孔钻等。应根据工件材料、加工尺寸及加工质量要求等合理选用。在加工中心上钻孔，大多是采用普通麻花钻。麻花钻有高速钢和硬质合金两种。麻花钻的组成如图 7.40 所示，它主要由工作部分和柄部组成。

麻花钻工作部分包括切削部分和导向部分。麻花钻的切削部分有两个主切削刃、两个副切削刃和一个横刃。两个螺旋槽是切屑流经的表面，为前刀面；与工件过渡表面（即孔底）相对的端部两曲面为主后刀面；与工件已加工表面（即孔壁）相对的两条刃带为副后刀面。前刀面与主后刀面的交线为主切削刃，前刀面与副后刀面的交线为副切削刃，两个主后刀面的交线为横刃。横刃与主切削刃在端面上投影之间的夹角称为横刃斜角，横刃斜角 $\psi=50°\sim55°$；主切削刃上各点的前角、后角是变化的，外缘处前角约为 30°，钻心处前角接近 0°，甚至是负值；两条主切削刃在与其平行的平面内的投影之间的夹角为顶角，标准麻花钻的顶角 $2\varphi=118°$。麻花钻导向部分起导向、修光、排屑和输送切削液作用，也是钻头重磨的储备部分。

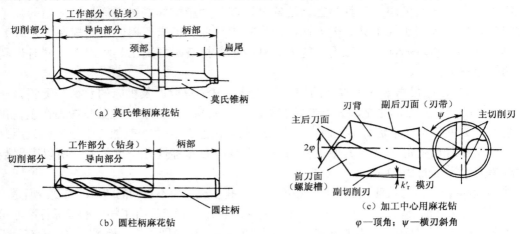

（a）莫氏锥柄麻花钻

（b）圆柱柄麻花钻

（c）加工中心用麻花钻

φ—顶角；ψ—横刃斜角

图 7.40 麻花钻的组成

根据柄部不同，麻花钻有莫氏锥孔和圆柱柄两种。直径为 $\phi8\sim\phi80\text{mm}$ 的麻花钻多为莫氏锥柄，可直接装在带有莫氏锥孔的刀柄内，刀具长度不能调节。直径为 $\phi0.1\sim\phi20\text{mm}$ 的麻花钻多为圆柱柄，可装在钻夹头刀柄上。中等尺寸麻花钻两种形式均可选用。

麻花钻有标准型和短、长、加长、超长型，为了提高钻头刚性，应尽量选用较短的钻头，但麻花钻的工作部分应大于孔深，以便排屑和输送切削液。

在加工中心上钻孔，因刀具的定位是由数控程序控制的，无夹具钻模导向，受两切削刃上切削力不对称的影响，容易引起钻孔偏斜，故要求钻头的两切削刃必须有较高的刃磨精度（两刃长度一致，顶角 2φ 对称于钻头中心线）。同时，为保证加工孔的位置精度，应该在用麻花钻钻孔前，用中心孔钻划窝，或用刚性较好的短钻头划窝，以保证钻孔中的刀具引正，确保麻花钻的定位。

钻削直径在 $\phi20\sim\phi60\text{mm}$、孔的深径比小于等于 3 的中等浅孔时，可选用图 7.41 所示的可转位浅孔钻，其结构是在带排屑槽及内冷却通道钻体的头部装有一组刀片（多为凸多边形、菱形和四边形），多采用深孔刀片，通过该中心压紧刀片。靠近钻心的刀片用韧性较好的材料，靠近钻头外径的刀片选用较为耐磨的材料，这种钻头具有切削效率高、加工质量好的特点，最适用于箱体零件的钻孔加工。为了提高刀具的使用寿命，可以在刀片上涂镀碳化钛涂层。使用这种钻头钻箱体孔，比普通麻花钻提高效率 4～6 倍。

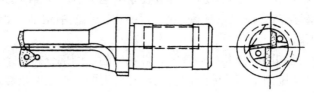

图 7.41 可转位浅孔钻

对深径比大于 5 而小于 100 的深孔，因其加工中散热差，排屑困难，钻杆刚性差，易使刀具损坏和引起孔的轴线偏斜，影响加工精度和生产率，故应选用深孔刀具加工。图 7.42 所示为用于深孔加工的喷吸钻。工作时，带压力的切削液从进液口流入连接套，其中三分之一从内管四周月牙形喷嘴喷入内管。由于月牙槽缝隙很窄，切削液喷入时产生喷射效应，能使内管里形成负压区。另外约三分之二切削液流入内、外管壁间隙到切削区，汇同切屑被吸入内管，并迅速向后排出，压力切削液流速快，到达切削区时雾状喷出，有利于冷却，经喷口流入内管的切削液流速增大，加强"吸"的作用，提高排屑效果。

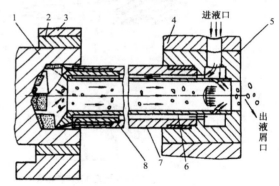

1—工件；2—夹爪；3—中心架；4—支持座；5—连接套；
6—内管；7—外管；8—钻头

图 7.42 喷吸钻

喷吸钻一般用于加工直径在 $\phi65\sim\phi180$mm 的深孔，孔的精度可达 IT7～IT10 级，表面粗糙度可达 $R_a0.8\sim1.6\mu$m。

钻削大直径孔时，可采用刚性较好的硬质合金扁钻。扁钻切削部分磨成一个扁平体，主切削刃磨出顶角、后角，并形成横刃，副切削刃磨出后角与副偏角并控制钻孔的直径。扁钻没有螺旋槽，制造简单，成本低，它的结构与参数如图 7.43 所示。

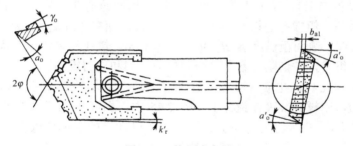

图 7.43 装配式扁钻

② 扩孔刀具及其选择。扩孔是对已钻出、铸（锻）出或冲出的孔进行进一步加工，数控机床上多采用扩孔钻加工，也有采用立铣刀或镗刀扩孔的。

标准扩孔钻一般有 3～4 条主切削刃，切削部分的材料为高速钢或硬质合金，结构形式有直柄式、锥柄式和套式等。图 7.44（a）、（b）、（c）所示分别为锥柄式高速钢扩孔钻、套式高速钢扩孔钻和套式硬质合金扩孔钻。在小批量生产时，常用麻花钻改制。

扩孔直径较小时，可选用直柄式扩孔钻，扩孔直径中等时，可选用锥柄式扩孔钻，扩孔直径较大时，可选用套式扩孔钻。

扩孔钻的加工余量较小，主切削刃较短，因而容屑槽浅、刀体的强度和刚度较好。它无麻花钻的横刃，加之刀齿多，所以导向性好，切削平稳，加工质量和生产率都比麻花钻高。扩孔对于预制孔的形状误差和轴线的歪斜有修正能力，它的加工精度可达 IT10，表面粗糙度值 R_a 为 6.3～3.2μm。可以用于孔的终加工也可作为铰孔或磨孔的预加工。

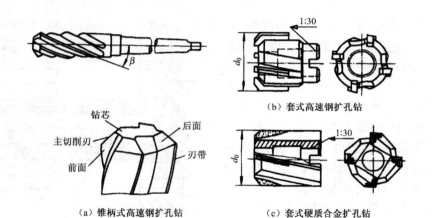

（b）套式高速钢扩孔钻

（a）锥柄式高速钢扩孔钻　　　（c）套式硬质合金扩孔钻

图 7.44　扩孔钻

扩孔直径在 $\phi20\sim\phi60$mm 之间时，且机床刚性好、功率大，可选用图 7.45 所示的可转位扩孔钻。这种扩孔钻的两个可转位刀片的外刃位于同一个外圆直径上，并且刀片径向可作微量（±0.1mm）调整，以控制扩孔直径。

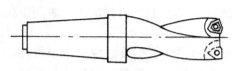

图 7.45　可转位扩孔钻

③ 镗孔刀具及其选择。镗孔是使用镗刀对已钻出的孔或毛坯孔进行进一步加工的方法。镗孔的通用性较强，可以粗加工、精加工不同尺寸的孔，以及镗通孔、盲孔、阶梯孔，镗加工同轴孔系、平行孔系等。粗镗孔的精度为 IT11～IT13，表面粗糙度值 R_a 为 6.3～12.5μm；精镗孔的精度可达 IT6，表面粗糙度值 R_a 为 0.4～0.1μm。镗孔具有修正形状误差和位置误差的能力。镗刀种类很多，按切削刃数量可分为单刃镗刀和双刃镗刀。

镗削通孔、阶梯孔和盲孔可分别选用图 7.46（a）、（b）、（c）所示的单刃镗刀。单刃镗刀头结构类似车刀，用螺钉装夹在镗杆上。图 7.45 中，螺钉 1 用于调整尺寸，螺钉 2 起锁紧作用。单刃镗刀刚性差，切削时易引起振动，所以镗刀的主偏角选得较大，以减小径向力。镗铸铁孔或精镗时，一般取 $k_r=90°$；粗镗钢件孔时，取 $k_r=60°\sim75°$，以提高刀具的耐用度。所镗孔径的大小要靠调整刀具的悬伸长度来保证，调整麻烦，效率低，只能用于单件小批量生产。但单刃镗刀结构简单，适应性较广，粗、精加工都适用。

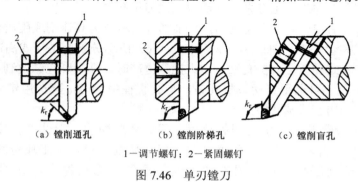

（a）镗削通孔　　　　（b）镗削阶梯孔　　　　（c）镗削盲孔

1—调节螺钉；2—紧固螺钉

图 7.46　单刃镗刀

在孔的精镗中，目前较多地选用精镗微调镗刀。这种镗刀的径向尺寸可以在一定范围内进行微调，调节方便，且精度高，其结构如图 7.47 所示。调整尺寸时，先松开拉紧螺钉

6，然后转动带刻度盘的调整螺母 3，待调至所需尺寸，再拧紧螺钉 6，使用时应保证锥面靠近大端接触（即镗杆 90° 锥孔的角度公差为负值），且与直孔部分同心。键与键槽配合间隙不能太大，否则微调时就不能达到较高的精度。

镗削大直径的孔可选用图 7.48 所示的双刃镗刀。这种镗刀头部可以在较大范围内进行调整，且调整方便，最大镗孔直径可达 1000mm。双刃镗刀的两端有一对对称的切削刃同时参加切削，与单刃镗刀相比，每转进给量可提高一倍左右，生产效率高。同时可以消除切削力对镗杆的影响，增加了系统的刚性。

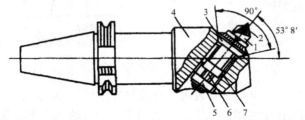

1—刀体；2—刀片；3—调整螺母；4—刀杆；5—螺母；6—拉紧螺钉；7—导向键

图 7.47　微调镗刀

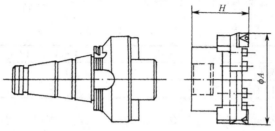

图 7.48　大直径不重磨可调镗刀系统

④ 铰孔刀具及其选择。铰孔是对已加工孔进行微量切削，其合理的切削用量是：背吃刀量取为铰削余量（粗加工余量为 0.15～0.35mm，精铰余量为 0.05～0.15mm），采用低速切削（粗铰钢件为 5m/min～7m/min，精铰为 2m/min～5m/min），进给量一般为 0.2mm/r～1.2mm/r，进给量太小会产生打滑和啃刮现象。同时铰孔时要合理选择冷却液，在钢材上铰孔宜选用乳化液；铸铁件上铰孔有时用煤油。

铰孔是一种对孔半精加工和精加工的加工方法，它的加工精度一般为 IT9～IT6，表面粗糙度值 R_a 为 1.6～0.4μm。但铰孔一般不能修正孔的位置误差，所以要求铰孔之前，孔的位置精度应该由上一道工序保证。

加工中心上使用的铰刀多是通用标准铰刀。此外，还有机夹硬质合金刀片单刃铰刀和浮动铰刀等。通用标准铰刀如图 7.49 所示，有直柄、锥柄和套式三种。锥柄铰刀直径为 $\phi10$～$\phi32$mm，直柄铰刀直径为 $\phi6$～$\phi20$mm，小孔直柄铰刀直径为 $\phi1$～$\phi6$mm，套式铰刀直径为 $\phi25$～$\phi80$mm。加工精度为 IT8～IT9 级、表面粗糙度 R_a 为 0.8～1.6μm 的孔时，多选用通用标准铰刀。

铰刀工作部分包括切削部分与校准部分。切削部分为锥形，担负主要切削工作。切削部分的主偏角为 5°～15°，前角一般为 0°，后角一般为 5°～8°。校准部分的作用是校正孔径、修光孔壁和导向。为此，这部分带有很窄的刃带（$\gamma_o=0°$，$\alpha_o=0°$）。校准部分包括圆柱部分和倒锥部分。圆柱部分保证铰刀直径和便于测量，倒锥部分可减少铰刀与孔壁的摩擦和减小孔径扩大量。

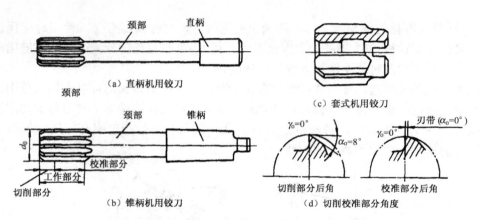

图 7.49　机用铰刀

标准铰刀有 4～12 齿。铰刀的齿数除了与铰刀直径有关外，主要根据加工精度的要求选择。齿数对加工表面粗糙度的影响并不大。齿数过多，刀具的制造重磨都比较麻烦，而且会因齿间容屑槽减小，而造成切屑堵塞和划伤孔壁以致使铰刀折断的后果。齿数过少，则铰削时的稳定性差，刀齿的切削负荷增大，且容易产生几何形状误差。铰刀齿数可参照表 7-4 选择。

表 7-4　铰刀齿数的选择

	铰刀直径（mm）	1.5～3	3～14	14～40	>40
齿数	一般加工精度	4	4	6	8
	高加工精度	4	6	8	10-12

加工 IT5～IT7 级、表面粗糙度 R_a 为 0.7μm 的孔时，可采用机夹硬质合金刀片的单刃铰刀。这种铰刀的结构如图 7.50 所示，刀片 3 通过楔套 4 用螺钉 1 固定在刀体上，通过螺钉 7、销子 6 可调节铰刀尺寸。导向块 2 可采用黏结和铜焊固定。机夹单刃铰刀应有很高的刃磨质量。因为精密铰削时，半径上的铰削余量是在 10μm 以下，所以刀片的切削刃口要磨得异常锋利。

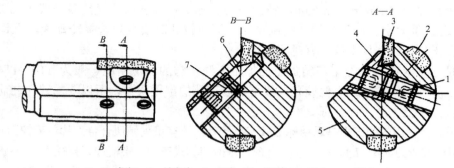

1、7—螺钉；2—导向块；3—刀片；4—楔套；5—刀体；6—销子

图 7.50　硬质合金单刃铰刀

铰削精度为 IT6～IT7 级、表面祖糙度 R_a 为 0.8～1.6μm 的大直径通孔时，可选用专为加工中心设计的浮动铰刀。图 7.51 所示的即为加工中心上使用的浮动铰刀。在装配时，先根据所要加工孔的大小调节好铰刀体 2，在铰刀体插入刀杆体 1 的长方孔后，在对刀仪上找正两切削刃与刀杆轴的对称度在 0.02～0.05mm 以内，然后移动定位滑块 5，使圆锥端螺钉

3 的锥端对准刀杆体上的定位窝，拧紧螺钉 6 后，调整圆锥端螺钉，使铰刀体有 0.04～0.08mm 的浮动量（用对刀仪观察），调整好后，将螺母 4 拧紧。

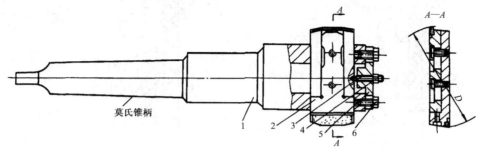

1—刀杆体；2—可调式浮动铰刀体；3—圆锥端螺钉；4—螺母；5—定位滑块；6—螺钉

图 7.51 加工中心上使用的浮动铰刀

浮动铰刀既能保证在换刀和进刀过程中刀片不会从刀杆的长方孔中滑出，又能较准确地定心。它有两个对称刃，能自动平衡切削力，在铰削过程中又能自动抵偿因刀具安装误差或刀杆的径向跳动而引起的加工误差，因而加工精度稳定。浮动铰刀的寿命比高速钢铰刀高 8～10 倍，且具有直径调整的连续性。

（3）刀具尺寸的确定。刀具尺寸包括直径尺寸和长度尺寸。孔加工刀具的直径尺寸根据被加工孔直径确定，特别是定尺寸刀具（如钻头、铰刀）的直径完全取决于被加工孔直径。面加工用铣刀直径的确定已在第 6 章中叙述，这里不再赘述。

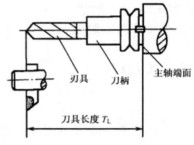

图 7.52　加工中心刀具长度

在加工中心上，刀具长度一般是指主轴端面至刀尖的距离，包括刀柄和刀具两部分，如图 7.52 所示。刀具长度的确定原则是：在满足各个部位加工要求的前提下，尽量减小刀具长度，以提高工艺系统刚性。

制订工艺时，一般不必准确确定刀具长度，只需初步估算出刀具长度范围，以方便刀具准备。刀具长度范围可根据工件尺寸、工件在机床工作台上的装夹位置以及机床主轴端面距工作台面或中心的最大、最小距离等确定。在卧式加工中心上，针对工件在工作台上的装夹位置不同，刀具长度范围有下列两种估算方法。

① 加工部位位于卧式加工中心工作台中心和机床主轴之间时，刀具长度范围估算方式（见图 7.53 所示）。

刀具最小长度为：

$$T_L = A - B - N + L + Z_o + T_t \tag{7-1}$$

式中，T_L——刀具长度；

A——主轴端面至工作台中心最大距离；

B——主轴在 Z 向的最大行程；

N——加工表面距工作台中心距离；

L——工件的加工深度尺寸；

T_t——钻头尖端锥度部分长度，一般 $T_t = 0.3d$（d 为钻头直径）；

Z_o——刀具切出工件长度，见表 7-2。

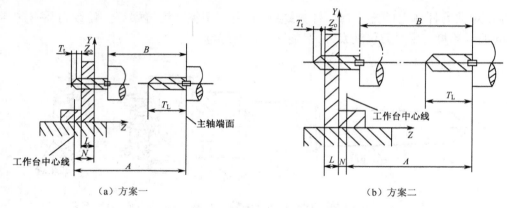

（a）方案一   （b）方案二

图 7.53   加工中心刀具长度的确定

刀具长度范围为：

$$\begin{cases} T_L > A - B - N + L + Z_o + T_t \\ T_L > A - N \end{cases} \qquad (7\text{-}2)$$

② 加工部位位于卧式加工中心工作台中心和机床主轴两者之外时，刀具长度估算方法（见图 7.53（b）所示）。

刀具最小长度为：

$$T_L = A - B + N + L + Z_o + T_t \qquad (7\text{-}3)$$

刀具长度范围为：

$$\begin{cases} T_L > A - B + N + L + Z_o + T_t \\ T_L > A + N \end{cases} \qquad (7\text{-}4)$$

满足式 $T_L > A-B-N+L+Z_o+T_t$ 或式 $T_L > A-B+N+L+Z_o+T_t$ 可避免机床负 Z 向超程，满足式 $T_L < A-N$ 或式 $T_L < A+N$ 可避免机床正 Z 向超程。

在确定刀具长度时，还应考虑工件其他凸出部分及夹具、螺钉对刀具运动轨迹的干涉。主轴端面至工作台中心的最大、最小距离由机床样本提供。

7.3.7 切削用量的选择

切削用量应根据第 2 章中所述的原则、方法和注意事项，在机床说明书允许的范围之内，查阅手册并结合经验确定。表 7-5～表 7-9 中列出了部分孔加工切削用量，供选择时参考。

表 7-5   高速钢钻头加工铸铁的切削用量

材料硬度 切削用量 钻头直径（mm）	160～200HBS		200～400HBS		300～400HBS	
	v_c （m/min）	f （mm/r）	v_c （m/min）	f （mm/r）	v_c （m/min）	f （mm/r）
1～6	16～24	0.07～0.12	10～18	0.05～0.1	5～12	0.03～0.08
6～12	16～24	0.12～0.2	10～18	0.1～0.18	5～12	0.08～0.15
12～22	16～24	0.2～0.4	10～18	0.18～0-25	5～12	0.15～0.2
22～50	16～24	0.4～0.8	10～18	0.25～0.4	5～12	O.2～0.3

注：采用硬质台金钻头加工铸铁时取 $v_c = (20～30)$ m/min。

表 7-6 高速钢钻头加工钢件的切削用量

材料强度\切削用量\钻头直径（mm）	σ_b=520～700Mpa（35、45 钢）		σ_b=700～900Mpa（15Cr、20Cr）		σ_b=900～1100Mpa（合金钢）	
	v_c（m/min）	f（mm/r）	v_c（m/min）	f（mm/r）	v_c（m/min）	f（mm/r）
1～6	8～25	0.05～0.1	12～30	0.05～0.1	8～15	0.03～0.08
6～12	8～25	0.1～0.2	12～30	0.1～0.2	8～15	0.08～0.15
12～22	8～25	0.2～0.3	12～30	0.2～0.3	8～15	0.15～0.25
22～50	8～25	0.3～0.45	12～30	0.3～0.45	8～15	O.25～0.35

表 7-7 高速钢铰刀铰孔的切削用量

工件材料\切削用量\钻头直径（mm）	铸铁		钢及合金钢		铝铜及其合金	
	v_c（m/min）	f（mm/r）	v_c（m/min）	f（mm/r）	v_c（m/min）	f（mm/r）
6～10	2～6	0.3～0.5	1.2～5	0.3～0.4	8～12	0.3～0.5
10～15	2～6	0.5～1	1.2～5	0.4～0.5	8～12	0.5～1
15～25	2～6	0.8～1.5	1.2～5	0.5～0.6	8～12	0.8～1.5
25～40	2～6	0.8～1.5	1.2～5	0.4～0.6	8～12	0.8～1.5
40～60	2～6	1.2～1.8	1.2～5	0.5～0.6	8～12	1.5～2

注：采用硬质合金铰刀铰铸铁时，v_c=（8～10）m/min；铰铝时 v_c=（12～15）m/min。

表 7-8 销孔切削用量

工件材料\切削用量\刀具材料\工序		铸铁		钢		铝及其合金	
		v_c（m/min）	f（mm/r）	v_c（m/min）	f（mm/r）	v_c（m/min）	f（mm/r）
粗镗	高速钢	20～25	0.4～1.5	15～30	0.35～0.7	100～150	0.5～1.5
	硬质合金	35～50		50～70		100～250	
半精镗	高速钢	20～35	0.15～0.45	15～50	0.15～0.45	100～200	0.2～0.5
	硬质合金	50～70		95～135			
精 镗	高速钢	70～90	D1 级＜0.08	100～135	0.12～0.15	150～400	0.06～0.1
	硬质合金		D 级 0.12～0.15				

注：当采用高精度的镗头镗孔时，由于余量较小，直径余量不大于 0.2mm，切削速度可提高一些，铸铁件为（100～150）m/min，钢件为（150～250）m/min，铝合金为（200～400）m/min，巴氏合金为（250～500）m/min。进给量可在（0.03～0.1）m/min 范围内。

表 7-9 攻螺纹切削用量

加工材料	铸铁	钢及其合金	铝及其合金
v_c（m/min）	2.5～5	1.5～5	5～15

（1）主轴转速。主轴转速 n（单位为 r/min）根据选定的切削速度 v_c（单位为 m/min）

和加工直径或刀具直径来计算：

$$n = \frac{1000v_c}{\pi d} \qquad (7\text{-}5)$$

式中，d——加工直径或刀具直径，单位为 mm。

（2）进给速度。孔加工工作进给速度根据选择的进给量和主轴转速按式 $v_f = nf$ 计算。铣削加工工作进给速度按式 $v_f = f_z zn$ 计算。

对于铰刀、铣刀等多齿刀具，常要规定出每齿进给量（f_z）（单位为 mm/z），其含义为多齿刀具每转或每行程中每齿相对于工件在进给运动方向上的位移量，即

$$f_z = \frac{f}{z} \qquad (7\text{-}6)$$

式中，z——刀齿数。

攻螺纹时进给量的选择决定于螺纹的导程，由于使用了带有浮动功能的攻螺纹夹头，攻螺纹时工作进给速度 v_f（单位为 m/min）可略小于理论计算值，即

$$v_f \leqslant Pn \qquad (7\text{-}7)$$

式中，P——加工螺孔的导程，单位为 mm。

7.4 典型零件的加工中心加工工艺分析

7.4.1 加工中心加工箱体类零件的加工工艺

图 7.54 所示为一座盒零件图，其立体图见图 7.55（a）所示，零件材料为 YLl2，毛坯尺寸（长×宽×高）为 190mm×110mm×35mm，采用 TH5660A 立式加工中心加工，单件生产，其加工工艺分析如下。

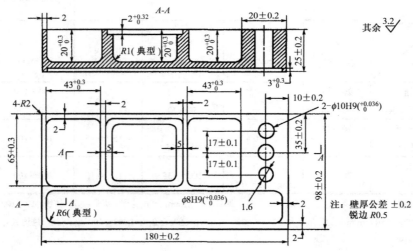

图 7.54 座盒零件图

1. 零件图工艺分析

该零件主要由平面、型腔以及孔系组成。零件尺寸较小，正面有 4 处大小不同的矩形槽，深度均为 20mm，在右侧有 2 个 $\phi10$，1 个 $\phi8$ 的通孔，反面是 1 个 176mm×94mm，深

度为 3mm 的矩形槽。该零件形状结构并不复杂，尺寸精度要求也不是很高，但有多处转接圆角，使用的刀具较多，要求保证壁厚均匀，中小批量加工零件的一致性高。

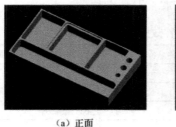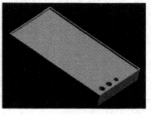

（a）正面　　　　　　　　　　　　（b）反面

图 7.55　座盒立体图

零件材料为 YL12，切削加工性较好，可以采用高速钢刀具。该零件比较适合采用加工中心加工。主要的加工内容有平面、四周外形、正面四个矩形槽、反面一个矩形槽以及三个通孔。该零件壁厚只有 2mm，加工时除了保证形状和尺寸要求外，主要是要控制加工中的变形，因此外形和矩形槽要采用依次分层铣削的方法，并控制每次的切削深度。孔加工采用钻、铰即可达到要求。

2．确定装夹方案

由于零件的长宽外形上有四处 R2 的圆角，最好一次连续铣削出来，同时为方便在正反面加工时零件的定位装夹，并保证正反面加工内容的位置关系，在毛坯的长度方向两侧设置 30mm 左右的工艺凸台和 2 个φ8 工艺孔，如图 7.56 所示。

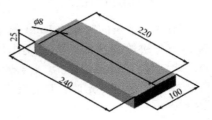

图 7.56　工艺凸台及工艺孔

3．确定加工顺序及走刀路线

根据先面后孔的原则，安排加工顺序为：铣上下表面→打工艺孔→铣反面矩形槽→钻、铰φ8、φ10 孔→依次分层铣正面矩形槽和外形→钳工去工艺凸台。由于是单件生产，铣削正、反面矩形槽（型腔）时，可采用环形走刀路线，见图 7.57 所示。

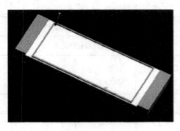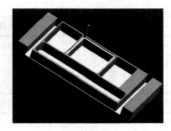

（a）反面加工　　　　　　　　　　（b）正面加工

图 7.57　座盒加工

4．刀具的选择

铣削上下平面时，为提高切削效率和加工精度，减少接刀刀痕，选用φ125 硬质合金可转位铣刀。根据零件的结构特点，铣削矩形槽时，铣刀直径受矩形槽拐角圆弧半径 R6 限制，选择 ϕ10mm 高速钢立铣刀，刀尖圆弧 r_ε 半径受矩形槽底圆弧半径 $R1$ 限制，取 r_ε=1mm。加工 ϕ8、ϕ10 孔时，先用 ϕ7.8、ϕ9.8 钻头钻削底孔，然后用 ϕ8、ϕ10 铰刀铰孔。所选刀具及其加工表面见表 7-10 座盒零件数控加工刀具卡片。

表 7-10　座盒零件数控加工刀具卡片

产品名称或代号		×××		零件名称	座盒	零件图号	×××
序号	刀具号	刀具			加工表面		备注
		规格名称	数量	刀长（mm）			
1	T01	ϕ125 可转位面铣刀	1		铣上下表面		
2	T02	ϕ4 中心钻	1		钻中心孔		
3	T03	ϕ7.8 钻头	1	50	钻ϕ8H9 孔和工艺孔底孔		
4	T04	ϕ9.8 钻头	1	50	钻 2-ϕ10H9 孔底孔		
5	T05	ϕ8 铰刀	1	50	铰ϕ8H9 孔和工艺孔		
6	T06	ϕ10 铰刀	1	50	铰 2-ϕ10H9 孔		
7	T07	ϕ10 高速钢立铣刀	1	50	铣削矩形槽、外形		r_ε=1mm
编制	×××	审核	×××	批准	×××	年 月 日	共 页 第 页

5. 切削用量的选择

精铣上下表面时留 0.1mm 铣削余量，铰 ϕ8、ϕ10 两个孔时留 0.1mm 铰削余量。选择主轴转速与进给速度时，先查切削用量手册，确定切削速度 v_c 与每齿进给量 f_z（或进给量 f），然后按式 $v_c=\pi dn/1000$、$v_f=nf$、$v_f=nzf_z$ 计算主轴转速与进给速度（计算过程从略）。

注意：铣削外形时，应使工件与工艺凸台之间留有 1mm 左右的材料连接，最后钳工去除工艺凸台。

6. 填写数控加工工序卡片

各工步的加工内容、所用刀具和切削用量见表 7-11 座盒零件数控加工工序卡片。

表 7-11　座盒零件数控加工工序卡片

单位名称		×××	产品名称或代号		零件名称		零件图号
			×××		座盒		×××
工序号		程序编号	夹具名称		使用设备		车间
×××		×××	螺旋压板		TH5660A		数控中心
工步号	工步内容		刀具号	刀具规格（mm）	主轴转速（r/min）	进给速度（mm/min）	背/侧吃刀量（mm）	备注
1	粗铣上表面		T01	ϕ125	200	100		自动
2	精铣上表面		T01	ϕ125	300	50	0.1	自动
3	粗铣下表面		T01	ϕ125	200	100		自动
4	精铣下表面，保证尺寸 25±0.2		T01	ϕ125	300	50	0.1	自动
5	钻工艺孔的中心孔（2 个）		T02	ϕ4	900	40		自动
6	钻工艺孔底孔至ϕ7.8		T03	ϕ7.8	400	60		自动
7	铰工艺孔		T05	ϕ8	100	40		自动
8	粗铣底面矩形槽		T07	ϕ10	800	100	0.5	自动

单位名称	×××	产品名称或代号		零件名称		零件图号	
		×××		座盒		×××	
工序号	程序编号	夹具名称		使用设备		车间	
×××	×××	螺旋压板		TH5660A		数控中心	
工步号	工步内容	刀具号	刀具规格 （mm）	主轴转速 （r/min）	进给速度 （mm/min）	背/侧吃 刀量 （mm）	备注
9	精铣底面矩形槽	T07	$\phi10$	1000	50	0.2	自动
10	底面及工艺孔定位，钻$\phi8$、$\phi10$ 中心孔	T02	$\phi4$	900	40		自动
11	钻$\phi8$H9 底孔至$\phi7.8$	T03	$\phi7.8$	400	60		自动
12	铰$\phi8$H9 孔	T05	$\phi8$	100	40		自动
13	钻 2-$\phi10$H9 底孔至$\phi9.8$	T04	$\phi9.8$	400	60		自动
14	铰 2-$\phi10$H9 孔	T06	$\phi10$	100	40		自动
15	粗铣正面矩形槽及外形（分层）	T07	$\phi10$	800	100	0.5	自动
16	精铣正面矩形槽及外形	T07	$\phi10$	1000	50	0.1	自动
编制	×××	审核	×××	批准	×××	年 月 日	共 页 第 页

7.4.2 加工中心加工支承套零件的加工工艺

图 7.58 所示为升降台铣床的支承套，在两个互相垂直的方向上有多个孔要加工，若在普通机床上加工，则需多次安装才能完成，且效率低，在加工中心上加工，只需一次安装即可完成，现将其工艺介绍如下。

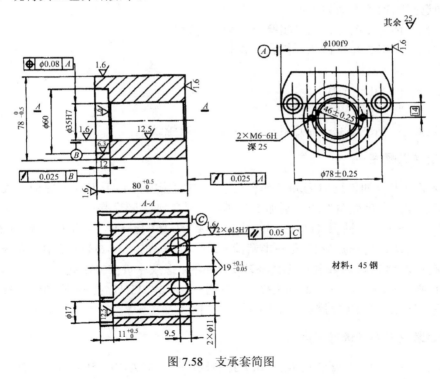

图 7.58 支承套简图

1．分析图样并选择加工内容

支承套的材料为 45 钢，毛坯选棒料。支承套 ϕ35H7 孔对 ϕ100f9 外圆、ϕ60mm 孔底平面对 ϕ35H7 孔、2×ϕ15H7 孔对端面 C 及端面 C 对 ϕ100f9 外圆均有各位置精度要求。为便于在加工中心上定位和夹紧，将 ϕ100f9 外圆、$80^{+0.5}_{0}$ mm 尺寸两端面、$78^{0}_{-0.5}$ mm 尺寸上平面均安排在前面工序中由普通机床完成。其余加工表面（2×ϕ15H7 孔、ϕ35H7 孔、ϕ60mm 孔、2×ϕ11mm 孔、2×V17mm 孔、2×M6-6H 螺孔）确定在加工中心上一次安装完成。

2．选择加工中心

因加工表面位于支承套互相垂直的两个表面（左侧面及上平面）上，需要两工位加工才能完成，故选择卧式加工中心。加工工步有钻孔、扩孔、镗孔、锪孔、铰孔及攻螺纹等，所需刀具不超过 20 把。国产 XH754 型卧式加工中心可满足上述要求。该机床工作台尺寸为 400mm×400mm，X 轴行程为 500mm，Z 轴行程为 400mm，Y 轴行程为 400mm，主轴中心线至工作台距离为 100～500mm，主轴端面至工作台中心线距离为 150～550mm，主轴锥孔为 ISO40，刀库容量 30 把，定位精度和重复定位精度分别为 0.02mm 和 0.011mm，工作台分度精度和重复分度精度分别为 7″ 和 4″。

3．选择加工方法

所有孔都是在实体上加工，为防钻偏，均先用中心钻钻引正孔，然后再钻孔。为保证 ϕ35H7 孔及 2×ϕ15H7 孔的精度，根据其尺寸，选择铰削为其最终加工方法。对 ϕ60 的孔，根据孔径精度，孔深尺寸和孔底平面要求，用铣削方法同时完成孔壁和孔底平面的加工。各加工表面选择的加工方案如下：

ϕ35H7 孔：钻中心孔→钻孔→粗镗→半精镗→铰孔。

ϕ15H7 孔：钻中心孔→钻孔→扩孔→铰孔。

ϕ60 孔：粗铣→精铣。

ϕ11 孔：钻中心孔→钻孔。

ϕ17 孔：锪孔（在 ϕ11 底孔上）。

M6-6H 螺孔：钻中心孔→钻底孔→孔端倒角→攻螺纹。

4．确定加工顺序

为减少变换工位的辅助时间和工作台分度误差的影响，各个工位上的加工表面在工作台一次分度下按"先粗后精"的原则加工完毕。具体的加工顺序是：

第一工位（B0°）：钻 ϕ35H7、2×ϕ11 中心孔-钻 ϕ35H7 孔→钻 2×ϕ11 孔→锪 2×ϕ17 孔→粗镗 ϕ35H7 孔→粗铣、精铣 ϕ60×12 孔→半精镗 ϕ35H7 孔→钻 2×M6-6H 螺纹中心孔→钻 2×M6-6H 螺纹底孔→2×M6-6H 螺纹孔端倒角→攻 2×M6-6H 螺纹→铰 ϕ35H7 孔；

第二工位（B90°）：钻 2×ϕ15H7 中心孔→钻 2×ϕ15H7 孔→扩 2×ϕ15H7 孔→铰 2×ϕ15H7 孔。详见表 7-12 数控加工工序卡片。

5．确定装夹方案和选择夹具

ϕ35H7 孔、ϕ60 孔、2×ϕ11 孔及 2×ϕ17 孔的设计基准均为 ϕ100f9 外圆中心线。遵循基准

重合原则，选择ϕ100f9 外圆中心线为主要定位基准。因ϕ100 外圆不是整圆，故用 V 形块作为定位元件。在支承套长度方向，若选右端面定位，则难以保证ϕ17 孔深尺寸 $11_{0}^{+0.5}$（因工序尺寸 80-11 无公差），故选左端面定位。所用夹具为专用夹具，工件的装夹简图如图 7.59 所示。在装夹时应使工件上平面在夹具中保持垂直，以消除转动自由度。

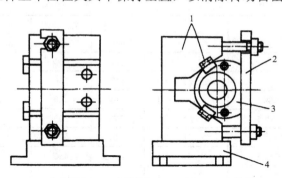

1—定位元件；2—夹紧机构；3—工件；4—夹具体

图 7.59　支承套装夹示意图

6．选择刀具

各工步刀具直径根据加工余量和孔径确定，详见表 7-13 数控加工刀具卡片。刀具长度与工件在机床工作台上的装夹位置有关，在装夹位置确定之后，再计算刀具长度。

下面只介绍ϕ35H7 孔钻孔刀具的长度计算。为减小刀具的悬伸长度，将工件装夹在工作台中心线与机床主轴之间，因此，刀具的长度用式 $T_L > A - B - N + L + Z_o + T_t$ 和式 $T_L < A - N$ 计算，计算式中

　　$A = 550$mm，$B = 150$mm，$N = 180$mm，$L = 80$mm，$Z_o = 3$mm，$T_t = 0.3d = 0.3 \times 31 = 9.3$mm

所以，$T_L > （550 - 150 - 180 + 80 + 3 + 9.3）$mm ≈ 312mm

　　　　$T_L < （550 - 180）$mm = 370mm

取 $T_L = 330$mm。其余刀具的长度参照上述算法可一一确定，见表 7-13。

7．选择切削用量

在机床说明书允许的切削用量范围内查表选取切削速度和进给量，然后计算出主轴转速和进给速度，其值见表 7-12。

表 7-12　数控加工工序卡片

（工厂）	数控加工工序卡片		产品名称成代号	零件名称		材料		零件图号
				支承套		45 钢		
工序号	程序编号	夹具名称	夹具编号		使用设备		车间	
		专用夹具			XH754			
工步号	工 步 内 容		加工面	刀具号	刀具规格（mm）	主轴转速（r/mm）	进给速度（mm/min）	背吃刀置（mm）	备注
	B0°								
1	钻ϕ35H7 孔、2×ϕ17×11 孔中心孔			T01	ϕ3	1200	40		
2	钻ϕ35H7 孔至ϕ31			T13	ϕ31	150	30		

（工厂）	数控加工工序卡片		产品名称成代号	零件名称	材料		零件图号
				支承套	45 钢		
工序号	程序编号	夹具名称	夹具编号	使用设备			车间
		专用夹具		XH754			
工步号	工 步 内 容		加工面	刀具号	刀具规格（mm）	主轴转速（r/mm）	进给速度（mm/min）	背吃刀置（mm）	备注

工步号	工 步 内 容	加工面	刀具号	刀具规格（mm）	主轴转速（r/mm）	进给速度（mm/min）	背吃刀置（mm）	备注
3	钻 ϕ11 孔		T02	ϕ11	500	70		
4	锪 2×ϕ17 孔		T03	ϕ17	150	15		
5	粗镗 ϕ35H7 孔至 ϕ34		T04	ϕ34	400	30		
6	粗铣 ϕ60×12 至 ϕ59×11.5		T05	ϕ32T	500	70		
7	精铣 ϕ60×12		T05	ϕ32T	600	45		
8	半精镗 ϕ35H7 至 ϕ34.85		T06	ϕ34.85	450	35		
9	钻 2×M6-6H 螺纹中心孔		T01		1200	40		
10	钻 2×M6-6H 底孔至 ϕ5		T07	ϕ5	650	35		
11	2×M6-6H 孔端倒角		T02		500	20		
12	攻 2×M6-6H 螺纹		T08	M6	100	100		
13	铰 ϕ35H7 孔		T09	ϕ35AH7	100	50		
	B90°							
14	钻 2×ϕ15H7 孔中心孔		T01		1200	40		
15	钻 2×ϕ15H7 孔至 ϕ14		T10	ϕ14	450	60		
16	扩 2×ϕ15H7 孔至 ϕ14.85		T11	ϕ14.85	200	40		
17	铰 2×ϕ15H7 孔		T12	ϕ15AH7	100	60		
编制		审核		批准			共1页	第1页

注："B0°"和"B90°"表示加工中心上两个互成90°的工位。

表 7-13 数控加工刀具卡片

产品名称或代号			零件名称	支承套	零件图号		程序编号	
工步号	刀具号	刀 具 名 称	刀 柄 型 号	刀具		补偿量（mm）	备注
				直径（mm）	长度（mm）		
1	T01	中心钻 ϕ3	JT40-Z6-45	ϕ3	280		
2	T13	锥柄麻花钻 ϕ31	JT40-M3-75	ϕ31	330		
3	T02	锥柄麻花钻 ϕ11	JT40-M1-35	ϕ11	330		
4	T03	锥柄埋头钻 ϕ17×11	JT40-M2-50	ϕ17	300		
5	T04	粗镗刀 ϕ34	JT40-TQC30-165	ϕ34	320		
6	T05	硬质合金立铣刀 ϕ32	JT40-MW4-85	ϕ32T	300		
7	T05						
8	T06	镗刀 ϕ34.85	JT40-TZC30-165	ϕ34.85	320		
9	T01						

产品名称或代号			零件名称	支承套	零件图号		程序编号	
工步号	刀具号	刀 具 名 称	刀 柄 型 号	刀具		补偿量（mm）	备 注
				直径（mm）	长度（mm）		
10	T07	直柄麻花钻 $\phi5$	JT40-Z6-45	$\phi5$	300		
11	T02						
12	T08	机用丝锥 M6	JT40-G1JT3	M6	280		
13	T09	套式铰刀 $\phi35AH7$	JT40-K19-140	$\phi35AH7$	330		
14	T01						
15	T10	锥柄麻花钻 $\phi14$	JT40-M1-35	$\phi14$	320		
16	T11	扩孔钻 $\phi14.85$	JT40-M2-50	$\phi14.85$	320		
17	T12	铰刀 $\phi15AH7$	JT40-M2-50	$\phi15AH7$	320		
编制		审核		批准			共 1 页	第 1 页

习　题　7

一、单选题

7.1　加工中心的刀柄，（　　）。

A．是加工中心可有可无的辅具　　　　　　B．与主机的主轴没有对应要求

C．其锥柄和机械手抓拿部分已有相应的国际和国家标准

7.2　为了便于换刀，镗铣类数控机床的主轴孔锥度是（　　）。

A．莫氏锥度　　　　B．自锁的 7：24 的锥度　　　　C．不自锁的 7：24 的锥度

7.3　加工中心刀具系统可分为整体式和（　　）两种。

A．分体式　　　　　B．组合式　　　　　C．模块式　　　　　D．通用式

7.4　在图 7.60 所示的孔系加工中，对加工路线描述正确的是（　　）。

A．图（a）满足加工路线最短的原则　　　B．图（b）满足加工精度最高的原则

C．图（a）易引入反向间隙误差　　　　　D．以上说法均正确

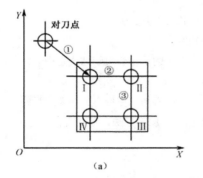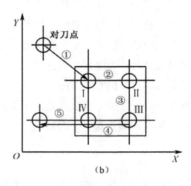

图 7.60　孔系加工路线方案比较

7.5 普通数控铣床加装（ ）后就成为数控加工中心。

    A．刀库和准停装置　　B．刀库和换刀装置　　C．换刀装置和准停装置　　D．上述答案均不正确

7.6 在铰孔和浮动镗孔等加工时都是遵循（ ）原则。

    A．互为基准　　　　　B．自为基准　　　　　C．基准统一

7.7 飞机大梁的直纹扭曲面的加工属于（ ）。

    A．二轴半联动加工　B．三轴联动加工　　C．四轴联动加工　　　D．五轴联动加工

7.8 加工中心的刀具可通过（ ）自动调用和更换。

    A．刀架　　　　　　　B．对刀仪　　　　　　C．刀库　　　　　　　D．换刀机构

7.9 麻花钻有 2 条主切削刃、2 条副切削刃和（ ）横刃。

    A．2 条　　　　　　　B．1 条　　　　　　　C．3 条　　　　　　　D．没有

7.10 加工中心按主轴的方向可分为（ ）两种。

    A．Z 坐标和 C 坐标　　B．经济性和多功能　　C．立式和卧式　　D．移动和转动

7.11 加工中心上加工的既有平面又有孔系的零件常见的是（ ）零件。

    A．支架类　　　　　　B．箱体类　　　　　　C．盘、套、板类　　　D．凸轮类

7.12 加工中心加工的外形不规则异形零件是指（ ）。

    A．支架类　　　　　　B．拨叉类　　　　　　C．模具类　　　　　　D．凸轮类

7.13 标准麻花钻的顶角 $2\varphi=$（ ）。

    A．90°　　　　　　　B．120°　　　　　　　C．160°　　　　　　　D．118°

7.14 在通常情况下，在加工中心上加工直径（ ）的孔可以不铸出毛坯孔，全部加工都在加工中心上完成。

    A．大于 30mm　　　　B．小于 30mm　　　　C．大于或等于 50mm

7.15 对于既要铣面又要镗孔的零件应（ ）。

    A．先镗孔后铣面　　B．先铣面后镗孔　　C．同时进行　　　　D．无所谓

7.16 数控机床主轴锥孔的锥度通常为 7：24。之所以采用这种锥度是为了（ ）。

    A．靠摩擦力传递扭矩　　B．自锁　　　　C．定位和便于装卸刀具　　D．以上 3 种情况都是

二、判断题（正确的打 √，错误的打 ×）

7.17 加工中心自动换刀需要主轴准停控制。（ ）

7.18 能够自动换刀的数控机床称为加工中心。（ ）

7.19 加工中心特别适宜加工轮廓形状复杂、加工时间长的模具。（ ）

7.20 立式加工中心与卧式加工中心相比，加工范围较宽。（ ）

7.21 刃磨麻花钻时，如磨得的两主切削刃长度不等，钻出的孔径会大于钻头直径。（ ）

7.22 铰孔是孔精加工的唯一方法。（ ）

7.23 用加工中心加工的零件必须先进行预加工，在加工中心加工完后有的还要进行终加工。（ ）

7.24 扩孔、镗孔和铰孔都是一种对孔半精加工和精加工的加工方法，且具有修正孔的位置误差的能力。（ ）

7.25 扩孔钻可以钻孔。（ ）

7.26 加工通孔时为了保证精度高，一般采用钻孔→镗孔→倒角→精镗孔。（ ）

7.27 整体式工具系统的缺点是刀柄数量多。（ ）

7.28 加工中心一般采用 7：25 锥柄，这是因为这种刀柄不自锁，并且与直柄相比有高的定心精度和刚性。（ ）

7.29 加工中心常用刀柄型号有 30、40、50、60 等。（ ）

三、简答题

7.30 在加工中心上钻孔，为什么通常要安排锪平面（对毛坯面）和钻中心孔工步？

7.31 加工中心的刀具主要有哪几种形式？

7.32 五轴加工的含义是什么？其中五轴可以是哪几个坐标轴？

7.33 加工中心有几种换刀方式？

7.34 在加工中心上钻孔与在普通机床上钻孔相比，对刀具有哪些更高的要求？

7.35 零件如图 7.61 所示，分别按"定位迅速"和"定位准确"的原则确定 XY 平面内的孔加工进给路线。

7.36 图 7.62 所示零件的 A、B 面已加工好，在加工中心上加工其余表面，试确定定位、夹紧方案。

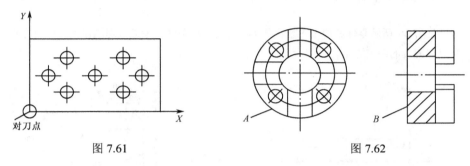

图 7.61　　　　　　　　　　　　图 7.62

7.37 图 7.63 所示支承板上的 A、B、C、D 及 E 面已在前道工序中加工好，现要在加工中心上加工所有孔及 R100 圆弧，其中 ϕ50H7 孔的铸出毛坯孔为 ϕ47，试制订该工件的加工中心加工工艺。

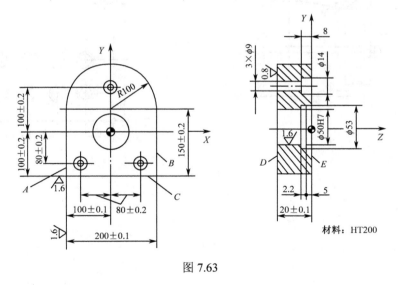

图 7.63

7.38 如图 7.64 所示零件，试对其进行工艺分析，编制数控加工工艺规程。

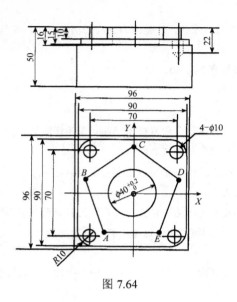

图 7.64

7.39 分析图 7.65 所示零件的加工工艺。要求：确定进给路线，考虑合理的切入、切出方式，并说明工件定位、装夹、刀具的确定方案。

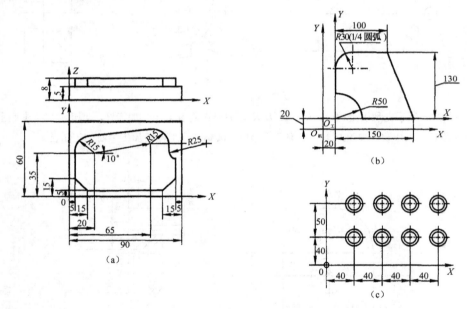

图 7.65

第8章 数控电火花线切割机床及线切割加工工艺

内容提要及学习要求

电火花加工（Electrical Discharge Machining，EDM）属于特种加工的一种方法，该项技术在 20 世纪 40 年代开始研究并逐步应用于生产，它是在加工过程中，使工具与工件之间不断产生脉冲性的火花放电，靠放电时局部、瞬间产生的高温去除工件多余材料，以及使材料改变性能或被镀覆等的放电加工，因放电过程可见到火花，故称之为电火花加工。

随着电火花加工技术的发展，在成形加工方面逐步形成两种主要加工方式：电火花成形加工和电火花线切割加工。

数控电火花线切割加工（Wire Cut EDM，简称 WEDM）也称数控线切割加工，它是在电火花成形加工基础上发展起来的一种新的工艺形式，因其由数控装置控制机床的运动，采用线状电极（铜丝或钼丝）靠火花放电对工件进行切割，故称为电火花线切割加工，有时简称线切割加工。线切割加工自 20 世纪 50 年代末诞生以来，获得了极其迅速的发展，已逐步成为一种高精度和高自动化的加工方法。在模具制造、成形刀具加工、难加工材料和精密复杂零件的加工等方面获得了广泛应用。目前线切割机床已占电加工机床的60%以上。

8.1 数控电火花线切割机床简介

8.1.1 数控电火花线切割加工原理、特点及应用

1. 数控电火花线切割加工原理

数控线切割加工的基本原理是利用连续移动的细金属导线（铜丝或钼丝等）作为工具电极（接高频脉冲电源的负极）对工件（接高频脉冲电源的正极）进行脉冲火花放电，切割成形。工件的形状是由数控系统控制工作台（工件）相对于电极丝的运动轨迹决定的，因此不需要制造专用的电极，就可以加工形状复杂的模具零件。

图 8.1 为电火花线切割工艺及装置原理图。图中，工件 2 接脉冲电源的正极，电极丝 4（钼丝或铜丝）接电源的负极，由脉冲电源 3 供给加工能量后，在工件与电极丝之间产生很强的脉冲电场，使其间的介质被电离击穿，产生脉冲放电。电极丝在储丝筒 7 的作用下作正反向交替（或单向）移动，在电极丝和工件之间浇注工作液介质，在机床数控系统的控制下，工作台在水平面两个坐标方向各自按预定的控制程序实现切割进给，切割出需要的工件形状。

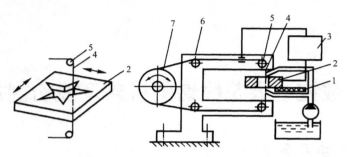

（a）工件及其运动方向　　　　（b）电火花线切割加工装置原理图

1—绝缘底板；2—工件；3—脉冲电源；4—电极丝（钼丝或铜丝）；5—导向轮；6—支架；7—储丝筒

图 8.1　电火花线切割原理

2．数控电火花线切割加工的特点

（1）直接利用线状的电极丝作为工具电极，不需要像电火花成形加工一样的成形工具电极，可节约电极制造时间和电极材料，降低制造成本，缩短生产周期。

（2）可以加工用一般切削加工方法难以加工或无法加工的微细异形孔、窄缝和形状复杂的零件，尺寸精度可达 0.01～0.02mm，表面粗糙度值 R_a 可达 1.25μm。

（3）传统的车、铣、钻加工中，刀具硬度必须比工件硬度大，而数控电火花线切割机床的电极丝不必比工件材料硬，所以可以加工硬度很高或很脆，用一般切削加工方法难以加工或无法加工的材料。在加工中作为刀具的电极丝无须刃磨，可节省辅助时间和刀具费用。

（4）利用电蚀原理加工，加工中工具电极和工件不直接接触，没有像机械加工那样的切削力，因而工件的变形很小，电极丝、夹具不需要太高的强度，适宜于加工低刚度工件及细小零件。

（5）由于电极丝比较细，切缝很窄仅达 0.005mm，只对工件材料进行"套料"加工，实际金属去除量很少，轮廓加工时所需余量也少，故材料的利用率很高，能有效地节约贵重材料。

（6）由于采用移动的长电极丝连续不断地进行加工，使单位长度电极丝的损耗较小，从而对加工精度的影响比较小，特别在低速走丝线切割加工时，电极丝一次使用，电极损耗对加工精度的影响更小。

（7）依靠数控系统的线径偏移补偿功能，使冲模加工的凹凸模间隙可以任意调节。依靠锥度切割功能，有可能实现凹凸模一次加工成形。

（8）对于粗、半精、精加工，只需调整电参数即可，操作方便，自动化程度高。

（9）采用乳化液或去离子水的工作液，不必担心发生火灾，可以昼夜无人值守连续加工。

3．数控线切割加工的应用

数控线切割加工已在生产中获得广泛应用，主要用于切割各种冲模和具有直纹面的零件，也可加工上下截面异形体、形状扭曲的曲面体和球形体等零件，以及进行下料、截割和窄缝加工。如图 8.2 所示为数控线切割加工出的多种表面和零件。数控线切割加工为新产品试制、精密零件及模具加工开辟了一条新的途径，主要应用于以下几个方面：

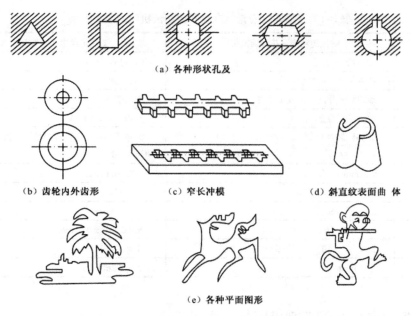

(a) 各种形状孔及

(b) 齿轮内外齿形　　(c) 窄长冲模　　(d) 斜直纹表面曲 体

(e) 各种平面图形

图 8.2　数控线切割加工的生产应用

（1）加工模具。适用于各种形状的冲裁模，调整不同的间隙补偿量，只需一次编程就可以切割出凸模、凸模固定板、凹模、凹模固定板、凹模卸料板等，模具配合间隙、加工精度一般都能达到要求。此外，还可加工挤压模、粉末冶金模、弯曲模、塑压模等各种类型的模具。

（2）加工电火花成形加工用的电极。一般穿孔加工的电极以及带锥度型腔加工的电极，若采用铜钨、银钨合金之类的材料，用线切割加工特别经济，同时也适用于加工微细、复杂形状的电极。

（3）加工新产品试制及难加工零件。在试制新产品时，用线切割在板料上直接割出零件，由于不需另行制造模具，可大大缩短制造周期，降低成本。同时修改设计、变更加工程序比较方便，加工薄件时还可多片叠在一起加工。在零件制造方面，可用于加工品种多、数量少的零件，特殊难加工材料的零件，材料试验样件，各种型孔、凸轮、样板、成形刀具，同时还可以进行微细加工和异形槽加工等。

8.1.2　数控电火花线切割机床的分类

根据电极丝的运行速度不同，电火花线切割机床通常分为两大类：一类是高速走丝电火花线切割机床（WEDM-HS），这类机床的电极丝作高速往复运动，一般走丝速度为（8～12）m/s，这是我国生产和使用的主要机种，也是我国独创的电火花线切割加工模式；另一类是低速走丝电火花线切割机床（WEDM-LS），这类机床的电极丝作低速单向运动，一般走丝速度为 0.2m/s，这是国外生产和使用的主要机种。这两种线切割机床的主要区别见表 8-1 所示。

从表中可以看出，在主要的加工参数指标上，无论是加工精度和加工表面粗糙度，还是加工效率，高速走丝电火花线切割机床与低速走丝电火花线切割机床相比均存在明显的差距。

表 8-1　高速与低速走丝电火花线切割机床的主要区别

项　目	高速走丝电火花线切割机床	低速走丝电火花线切割机床
走丝速度	（8～12）m/s	（1～15）m/min
电极丝工作状态	往复供丝，反复使用	单向运行，一次性使用
工作液	线切割乳化液、水基工作液	去离子水
电极丝材料	钼、钨钼合金	黄铜、铜、钨、钼
电源	晶体管脉冲电源，开路电压 80～100V，工作电流 1～5A	晶体管脉冲电源，开路电压 300V 左右，工作电流 1～32A
放电间隙	0.01mm	0.02～0.05mm
切割速度	（20～160）mm²/min	（20～240）mm²/min
表面粗糙度	3.2～1.6μm	1.6～0.8μm
加工精度	±0.01～±0.02 mm	±0.005～±0.01mm
电极丝损耗	加工（3～10）×10⁴mm² 时损耗 0.01 mm	不计
重复定位精度	±0.01mm	±0.002mm

8.1.3　数控电火花线切割机床的基本组成

数控电火花线切割机床本体由床身、坐标工作台、走丝机构、锥度切割装置、工作液循环系统、数控装置、脉冲电源、附件和夹具等几部分组成。

（1）床身。一般为铸件，是坐标工作台、绕丝机构及丝架的支承和固定基础，通常采用箱式结构，应有足够的强度和刚度。床身内部安置电源和工作液箱，考虑电源的发热和工作液泵的振动，有些机床将电源和工作液箱移出床身外另行安放。

（2）坐标工作台。由步进电动机、滚珠丝杠和导轨组成。将电动机的旋转运动变为工作台的直线运动，带动工件实现 x、y 两个坐标方向各自的进给运动，可合成获得各种平面图形曲线轨迹。

（3）走丝机构。通过与储丝筒同轴的走丝电机的正反旋转使电极丝往复运行并保持一定的张力，储丝筒在旋转的同时作轴向移动。

（4）锥度切割装置。电极丝由丝架支撑，通过两个导轮使电极丝工作部分与工作台面保持一定的几何角度。当直壁切割时，电极丝与工作台面垂直。需要锥度切割时，采用偏移上下导轮的方法，可使电极丝倾斜一定的几何角度，如图 8.3 所示，其加工锥度一般较小，可达 5°，最大甚至达 30°。

（5）脉冲电源。脉冲电源是产生脉冲电流的能源装置，它提供工件和电极丝之间的放电加工能量，对加工质量和加工效率有直接的影响，是影响线切割加工工艺指标最关键的设备之一。受加工表面粗糙度和电极丝允许承载电流的限制，线切割加工脉冲电源的脉宽较窄（2～60μs），单个脉冲能量、平均电流一般较小，所以线切割加工总是采用正极性加工。

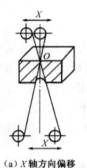

(a) X 轴方向偏移　　(b) Y 轴方向偏移

图 8.3　偏移上下导轮

（6）数控装置。主要作用是在电火花线切割加工过程中，按加工要求自动控制电极丝相对工件的运动轨迹和进给速度来实现对工件的形状和尺寸加工。

8.1.4 数控电火花线切割机床示例

如图 8.4 所示为苏州三光 DK7725 型数控线切割机床外形图，属于中型电火花线切割设备。它主要由机床、高频电源控制柜、PC-586 计算机、驱动电源组成。

本设备适用切割 120mm 厚以内的各种淬火金属材料制作的通孔模具，以及用其他手段无法加工的形状复杂的精密金属零件。可以自动割出任意角度的直线和半径在 9.999m 以内圆弧所组成的复杂平面图形。本节将以该机床为例，对其结构进行简要分析。

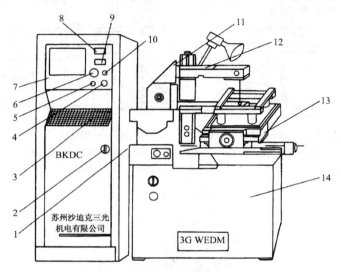

1—软盘驱动器；2—电源总开关；3—键盘；4—开机按钮；5—关机按钮；6—急停按钮；7—彩色显示器；
8—电压表；9—电流表；10—机床电器按钮；11—运丝机构；12—丝架；13—坐标工作台；14—床身

图 8.4　DK7725 型数控线切割机床

1．机床工作台结构

机床工作台结构如图 8.5 所示。工作台分上下拖板（上拖板代工作台面）均可独立运动，下拖板 21 移动表示横向运动（Y 坐标），上拖板 3 移动表示纵向运动（X 坐标），如同时运动可形成任意复杂图形。工作台移动由步进电机 16 带动无间隙齿轮 14 通过精密丝杆 7 转动而得到；为了保证工作台移动精度，本机床采用复合螺母自动消除丝杆与螺母间隙，使其失动量小于 0.004mm。工作台移动的灵敏度由中间放有高精度滚柱的 V 形平台导轨获得。

切割工件前需使手轮刻度盘对"0"，对"0"时可松开手轮端面前的滚花螺钉，转动刻度盘使"0"线对准定刻度盘的标记，再拧紧滚花螺钉即可。

2．储丝走丝部件的结构

DK7725 数控线切割机床的储丝走丝部件如图 8.6 所示，它由储丝筒组合件、上下拖板、齿轮副、丝杠副、换向装置和绝缘件等部分组成。储丝筒 7 由电动机 2 通过联轴器 4 带动以 1400r/min 的转速正反向转动，储丝筒另一端通过两对齿轮减速后带动丝杆 11，储丝筒、电机、齿轮都安装在两个支架上。支架及丝杠则安装在拖板 12 上，调整螺母 9 装在底座 10 上，拖板与底座采用装有滚珠的 V 形滚动导轨连接，拖板在底座上来回移动。螺母具有消除间隙的副螺母及弹簧，齿轮及丝杠螺距的搭配为滚筒每旋转一圈拖板移动 0.275mm。所以，该储丝筒适用于 $\phi0.25$ 以下的钼丝。

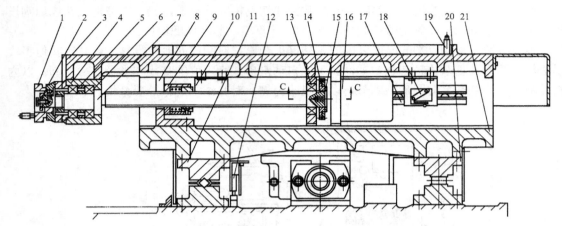

1—手轮；2—刻度盘；3—上拖板；4—轴承座；5—内外隔板；6—轴承；7—丝杠；8—螺母座；
9—调整螺母；10—限位开关挡块；11—V 形导轨；12—限位开关；13—轴承；14—精密双齿轮；
15—端盖；16—步进电机；17—上 V 形导轨；18—限位开关；19—接线柱；20—平导轨；21—下拖板

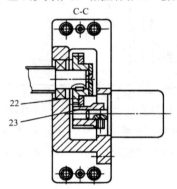

22—电机座；23—小齿轮

图 8.5　DK7725 工作台结构

3. 线架、导轮部件的结构

DK7725 数控线切割机床的线架、导轮部件如图 8.7 所示。上下线架与立柱连接，下线架固定不动，上线架可以转动立柱上方的手轮使其在 200mm 范围内自由调节，下线架有两个导轮，上下线架的两个导轮为蓝宝石导轮。导轮座用金属材料制作，内装精密型轴承用于支撑导轮，在线架上的两个前导轮座装配过程中，调整钼丝在 X 向的垂直，Y 向垂直只需平移下线架上的两个前导轮座即可。钼丝与工作台面的调整是否合适，可使用钼丝垂直度量具（随机附件——测量杯）采用透光法检查。

线架与走丝机构组成了电极丝的运动系统。线架的主要功用是在电极丝按给定线速度运动时，对电极丝起支撑作用，并使电极丝工作部分与工作台平面保持一定的几何角度。

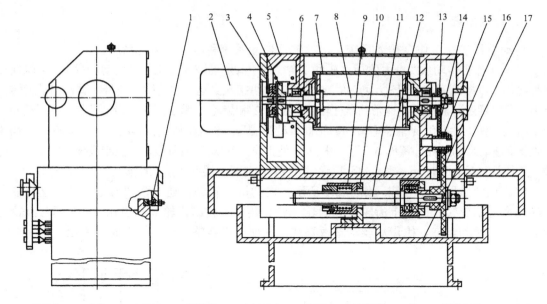

1—V形导轨；2—电机；3—电机架；4—联轴器；5—左轴承座；6—轴承；7—储丝筒；8—轴；9—调整螺母；10—底座；

11—丝杆；12—拖板；13—齿轮（Z=34）；14—大齿轮（Z=102）；15—小齿轮（Z=34）；16—齿轮（Z=95）；17—上底座

图 8.6　DK7725 机床的储丝走丝部件

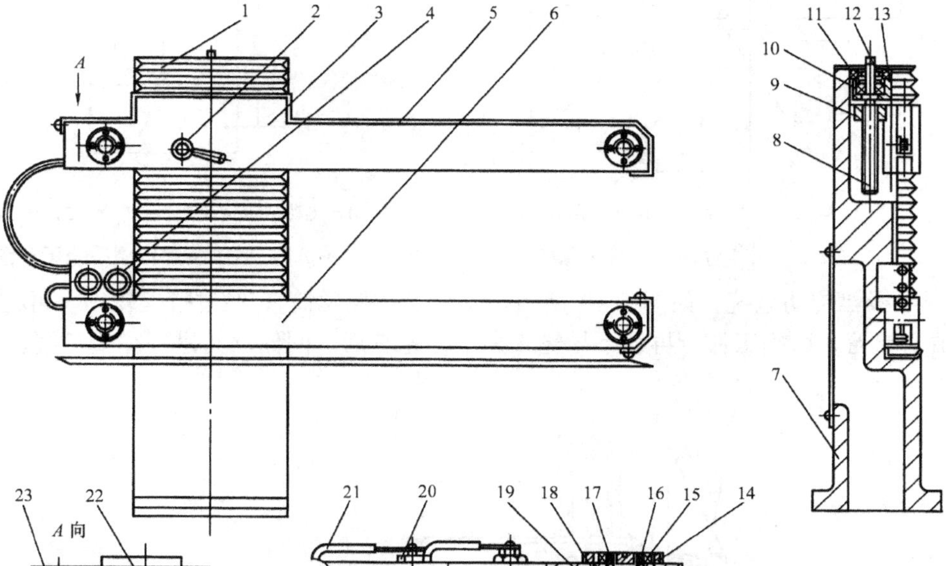

1—防护罩；2—锁紧手柄；3—上线架；4—冷却液调节阀；5—护板；6—下线架；7—立柱；8—丝杆；

9—螺母；10—轴承；11—法兰盖；12—螺帽；13—轴承座；14—圆螺母；15—压紧螺母；16—小圆螺母；

17—轴承；18—导轮座；19—前导轮；20—接线柱；21—高频进线；22—后导轮；23—过渡轮

图 8.7　DK7725 机床的线架、导轮部件

4．传动系统

传动系统包括工作台传动系统、运丝装置传动系统和电极丝运转系统。

（1）工作台传动系统。主要是 X 轴和 Y 轴方向传动，图 8.8 是工作台传动示意图。X 轴向传动路线如下：控制系统发出进给脉冲，X 轴步进电机接收到这个进给脉冲信号，其输出轴就转一个步距角，通过一对齿轮变速带动丝杠转动。齿轮 2 和齿轮 1 啮合变速后带动丝杠，通过螺母 5 带动拖板，使工件实现 X 轴向移动。Y 轴向传动路线为：Y 轴步进电机转动，通过齿轮 4 和齿轮 3 啮合变速后带动丝杠，螺母 6 再带动拖板，使工作台实现 Y 轴向移动。控制系统每发出一个脉冲，工件就移动 0.001mm。当然也可以通过 X、Y 轴向两个摇手柄使工件实现 X、Y 方向移动。

（2）运丝装置传动系统。如图 8.9 所示，电动机 1 转动，通过联轴器 2 带动储丝筒按一定的速度运动旋转。同轴上齿轮 3 和齿轮 4 啮合传动再传给齿轮 5 和齿轮 6。经两对齿轮的变速传动，带动丝杠、螺母后驱动拖板移动，并使电极丝整齐地盘绕在储丝筒上。

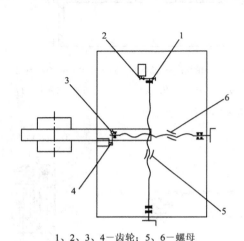

1、2、3、4—齿轮；5、6—螺母

图 8.8　工作台传动系统示意图

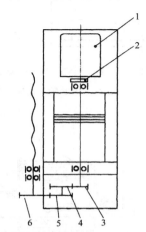

1—电动机；2—联轴器；3、4、5、6—齿轮

图 8.9　运丝装置传动系统示意图

（3）电极丝传动系统。如图 8.10 所示，电极丝由储丝筒 1 经过排丝轮 3，再经过导电轮 4，由上导轮 5 切割工件，再经下导轮 6 和下导轮 7 后，回储丝筒进行往复盘绕。

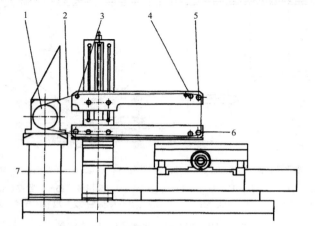

1—储丝筒；2—电极丝；3—排丝轮；4—导电轮；5—导轮；6、7—下导轮

图 8.10　电极丝传动系统示意图

5. 工作液系统

在电火花线切割加工过程中，需要稳定地供给有一定绝缘性能的工作介质——工作液，以冷却电极丝和工件，排除电蚀产物等，这样才能保证火花放电持续进行。一般线切割机床的工作液系统包括：工作液箱、工作液泵、流量控制阀、进液管、回液管及过滤网罩等，如图 8.11 所示。

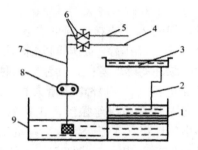

1—过渡器；2—回液管；3—工作台；4—下丝臂进液管；5—上丝臂进液管；
6—流量控制阀；7—进液管；8—工作液泵；9—工作液箱

图 8.11　线切割机床工作液系统图

8.2　数控电火花线切割加工工艺基础

8.2.1　线切割加工的主要工艺指标

1. 切割速度 v_{wi}

在保持一定表面粗糙度的切割加工过程中，单位时间内电极丝中心在工件上切过的面积总和称为切割速度，单位为 mm^2/min。切割速度是反映加工效率的一项重要指标，数值上等于电极丝中心沿图形加工轨迹的进给速度乘以工件厚度。通常高速走丝线切割速度为（40～80）mm^2/min，慢速走丝线切割速度可达 $350\ mm^2/min$。

2. 表面粗糙度

线切割加工中的工件表面粗糙度通常用轮廓算术平均值偏差 R_a 值表示。高速走丝线切割的 R_a 值一般为 $1.25～2.5\mu m$，最低可达 $0.63～1.25\mu m$；慢速走丝线切割的 R_a 值可达 $0.3\mu m$。

3. 切割精度

线切割加工后，工件的尺寸精度、形状精度和位置精度的总称为切割精度。快速走丝线切割精度可达 $0.01mm$，一般为±$0.015～0.02mm$；慢速走丝线切割精度可达±$0.001mm$ 左右。

8.2.2　影响线切割工艺指标的若干因素

影响线切割工艺指标的因素很多，也很复杂，主要包括以下几个方面。

1. 电参数对工艺指标的影响

（1）放电峰值电流 i_p。i_p 是决定单脉冲能量的主要因素之一。i_p 增大时，单个脉冲能量亦大，线切割速度迅速提高，但表面粗糙度变差，电极丝损耗比加大甚至容易断丝。粗加工及切割厚件时应取较大的放电峰值电流，精加工时取较小的放电峰值电流。

（2）脉冲宽度 t_w。t_w 主要影响切割速度 v_{wi} 和表面粗糙度 R_a 值。t_w 增大时，单个脉冲能量增多，切割速度提高，但表面粗糙度变差。粗加工时取较大的脉宽，精加工时取较小的脉宽，切割厚大工件时取较大的脉宽。

（3）脉冲间隔 t。t 直接影响平均电流。t 减小时平均电流增大，切割速度加快，但 t 过小，放电产物来不及排除，放电间隙来不及充分消电离，会引起电弧和断丝。粗加工及切割厚大工件时脉冲间隔取宽些，而精加工时取窄些。

（4）开路电压 u_o。开路电压增大时，放电间隙增大，排屑容易，提高了切割速度和加工稳定性，但易造成电极丝振动，工件表面粗糙度变差，加工精度有所降低。通常精加工时取的开路电压比粗加工低，切割大厚度工件时取较高的开路电压。一般 $u_o=60\sim150V$。

（5）放电波形。电火花线切割加工的脉冲电源主要有晶体管矩形波脉冲电源和高频分组脉冲电源。在相同的工艺条件下高频分组脉冲能获得较好的加工效果，其脉冲波形如图 8.12 所示，它是矩形波改造后得到的一种波形，即把较高频率的脉冲分组输出。矩形波脉冲电源在提高切割速度和降低表面粗糙度之间存在矛盾，二者不能兼顾，只适用于一般精度和表面粗糙度的加工。高频分组脉冲波形是解决这个矛盾的比较有效的电源形式，得到了越来越广泛的应用。

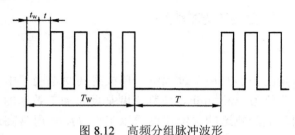

图 8.12　高频分组脉冲波形

2．非电参数对工艺指标的影响

（1）电极丝材料和直径的影响。线切割加工中使用的电极丝材料有钼丝、黄铜丝、钨丝和钨钼丝等。对于高速走丝，采用钨丝和钨钼丝加工可以获得较好的加工效果，单放电后丝质变脆，容易断丝，一般不采用，只在慢速走丝弱规准加工中尚有使用。黄铜丝切割速度高，加工稳定性好，但抗拉强度低，损耗大，不宜用于快速走丝线切割。采用钼丝，加工速度不如前几种，但它的抗拉强度高，不易变脆，断丝较少，因此在实际生产中快速走丝线切割广泛采用钼丝作为电极丝。

电极丝直径一般为 $\phi0.30\sim0.35mm$。电极丝直径大时能承受较大的电流，从而使切割速度提高，同时切缝宽，放电产生的腐蚀物排除条件得到改善而使加工稳定，但加工精度和表面粗糙度下降。当直径过大时，切缝过宽，需要蚀除的材料增多，导致切割速度下降，而且难于加工出内尖角的工件。故高速走丝时采用钼丝作为电极丝，其直径一般选用 $\phi0.08\sim0.20mm$；对于低速走丝，采用黄铜丝，直径一般选用 $\phi0.12\sim0.3mm$ 之间。

（2）走丝速度的影响。走丝速度影响加工速度。走丝速度提高，加工速度也提高。在一定的范围内，随着走丝速度的提高，有利于电极丝把工作液带入较大厚度的工件放电间隙中，有利于脉冲结束时放电通道的迅速消电离和电蚀产物的排除，保持放电加工的稳定，从而提高切割速度；但走丝速度过高，将加大机械振动，降低加工精度和切割速度，表面粗糙度也将恶化，并且易断丝。所以，高速走丝线切割加工时的走丝速度一般以小于10m/s 为宜。

在慢速走丝线切割加工中，电极丝材料和直径有较大的选择范围，因为电极丝张力均匀，振动较小，电极丝直径较小，因而加工稳定性、表面粗糙度及加工精度等均很好。

（3）变频、进给速度。即预置进给速度的调节，对切割速度、加工精度和表面质量的影响很大。因此，调节预置进给速度应紧密跟踪工件蚀除速度，以保持加工间隙恒定在最佳值上，这样可使有效放电状态的比例大，而开路和短路的比例小，使切割速度达到给定加工条件下的最大值，相应的加工精度和表面质量也好。如果预置进给速度调得太快，超过工件可能的蚀除速度，会出现频繁的短路现象，切割速度反而低，表面粗糙度也差，上下端面切缝呈焦黄色，甚至可能断丝；反之，进给速度调得太慢，大大落后于工件的蚀除速度，极间将偏于开路，有时会时而开路时而短路，上下端面切缝呈焦黄色。这两种情况都大大影响工艺指标。因此，只有进给速度适宜时，工件蚀除与进给速度相匹配，加工丝纹均匀，能得到表面粗糙度值小、精度高的加工效果，生产率也较高。

（4）工件材料及厚度的影响。在采用快速走丝方式和乳化液介质的情况下，通常切割铜、铝、淬火钢等材料比较稳定，切割速度也较快。而切割不锈钢、磁钢、硬质合金等材料时，加工不太稳定，切割速度较慢。对淬火后低温回火的工件用电火花线切割进行大面积去除金属和切断加工时，会因材料内部残余应力发生变化而产生很大变形，影响加工精度，甚至在切割过程中造成材料突然开裂。

工件材料薄，工作液容易进入并充满放电间隙，对排屑和消电离有利，灭弧条件好，加工稳定。但工件太薄，金属丝易产生抖动，对加工精度和表面粗糙度不利。工件厚，工作液难于进入和充满放电间隙，加工稳定性差，但电极丝不易振动，因此加工精度和表面粗糙度较好。但厚度过大时，排屑条件变差，导致切割速度下降。

（5）工作液的影响。在电火花线切割加工中，工作液为脉冲放电的介质，对加工工艺指标的影响很大。同时，工作液通过循环过滤装置连续地向加工区供给，对电极丝和工件进行冷却，并及时从加工区排除电蚀产物，以保持脉冲放电过程能稳定而顺利地进行。在电火花线切割加工中，可使用的工作液种类很多，有煤油、乳化液、去离子水、蒸馏水、洗涤剂、酒精溶液等，它们对工艺指标的影响各不相同，特别是对加工速度的影响较大。低速走丝线切割机床大都采用去离子水作为工作液，只有在特殊精加工时才采用绝缘性能较高的煤油。高速走丝线切割机床大都使用专用乳化液。乳化液的品种很多，各有特点，有的适合精加工，有的适合于大厚度切割，有的适合于高速切割等。因此，必须按照线切割加工的需要正确选用。此外，工艺条件相同时，改变工作液的种类、浓度，就会对加工效果产生较大影响。工作液的脏污程度对工艺指标也有较大影响。工作液太脏，会降低加工的工艺指标，纯净的工作液也并非加工效果最好，往往经过一段放电切割加工之后，脏污程度还不大的工作液可得到较好的加工效果。

8.3 数控线切割加工工艺的拟订

电火花线切割加工是实现工件尺寸加工的一种技术。在一定设备条件下，合理地制定加工工艺路线是保证工件加工质量的重要环节。数控线切割加工，一般作为工件加工的最后一道工序，要使工件达到图样规定的尺寸、形位精度和表面粗糙度，应合理控制线切割加工时的各种工艺参数（电参数、切割速度、工件装夹等），同时应安排好零件的工艺路线及线切割加工前的准备加工。图 8.13 所示为数控线切割加工工艺准备和工艺过程。

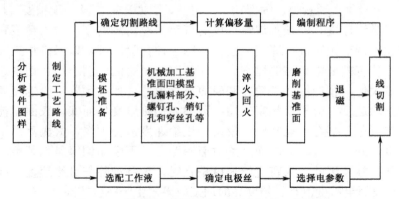

图 8.13　数控线切割加工的工艺准备和工艺过程

8.3.1　零件图的工艺性分析

分析图样对保证工件加工质量和工件的综合技术指标是有决定意义的第一步。对工件图纸进行分析主要包括下列内容。

1．凹角和尖角的尺寸分析

凹角和尖角的尺寸要符合线切割加工的特点。线切割加工是用电极丝作为工具电极来加工的，因为电极丝有一定的半径 d，加工时又有一加工间隙 δ，使电极丝中心运动轨迹与加工面相距 l，即 $l = d/2 + \delta$，如图 8.14 所示。这样，加工凸模类零件时，电极丝中心轨迹应放大；加工凹模类零件时，电极丝中心轨迹应缩小，如图 8.15 所示。

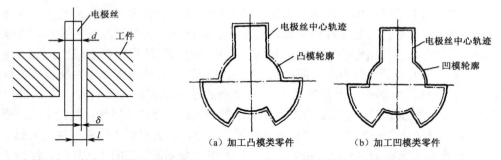

图 8.14　电极丝与工件加工面的位置关系　　图 8.15　电极丝中心轨迹的偏移

线切割加工在工件的凹角处不能得到"清角"，而是半径等于 l 的圆弧。对于形状复杂的精密冲模，在凸、凹模设计图样上应说明拐角处的过渡圆弧半径 R。同一副模具的凹、凸模中，R 值要符合下列条件，才能保证加工的实现和模具的正确配合。

对凹角，$R_1 \geqslant l = d/2 + \delta$

对尖角，$R_2 = d/2 - \Delta$

式中，R_1——凹角圆弧半径；

$\quad\quad R_2$——尖角圆弧半径；

$\quad\quad \Delta$——凹、凸模的配合间隙。

2．表面粗糙度及加工精度分析

电火花线切割加工表面和机械加工的表面不同，它是由无方向性的无数小坑和硬凸起所组成，粗细较均匀，特别有利于保存润滑油；而机械加工表面则存在着切削或磨削刀痕，具有方向性。两者相比，在相同的表面粗糙度和有润滑油的情况下，其表面润滑性能和耐磨损性能均比机械加工表面好。

合理确定线切割加工表面粗糙度 R_a 值是很重要的。采用线切割加工时，工件表面粗糙度的要求可以较机械加工法减低半级到一级；同时，线切割加工的表面粗糙度等级提高一级，加工速度将大幅度地下降。所以，图纸中要合理地给定表面粗糙度。线切割加工所能到达的最好粗糙度是有限的，如欲达到优于 $R_a0.32\mu m$ 的要求还较困难。因此，若无特殊需要，对表面粗糙度的要求不能太高。

同样，加工精度的给定也要合理，目前，绝大多数数控线切割机床的脉冲当量一般为每步 0.001mm，由于工作台传动精度所限，加上走丝系统和其他方面的影响，切割加工精度一般为 6 级左右，如果加工精度要求很高，是难于实现的。

8.3.2　工艺准备

工艺准备主要包括工件准备、工艺参数选择和工作液配制。

1．工件准备

（1）毛坯准备。毛坯的准备是指零件在线切割加工之前的全部加工工序。以线切割加工为主要工艺时，钢的加工路线是：下料→锻造→退火→机械粗加工→淬火与高温回火→磨削加工（退磁）→线切割加工→钳工修整。

这种工艺路线的特点之一是工件在加工的全过程中会出现两次较大的变形。经过机械粗加工的整块坯件先经过热处理，材料在该过程中会产生第一次较大变形，材料内部的残余应力显著地增加了。热处理后的坯件进行线切割加工时，由于大面积去除金属和切断加工，会使材料内部残余应力的相对平衡状态受到破坏，材料又会产生第二次较大变形，从而达不到加工尺寸精度要求，淬火不当的工件还会在加工过程中出现裂纹，因此，工件需经二次以上回火或高温回火。另外，加工前还要进行消磁处理及去除表面氧化皮和锈斑等。

（2）工件加工基准的选择。为了便于线切割加工，根据工件外形和加工要求，应准备相应的校正和加工基准，并且此基准应尽量与图纸的设计基准一致，常见的有以下两种形式：

① 以外形为校正和加工基准。外形是矩形状的工件，一般需要有两个相互垂直的基准面，并垂直于工件的上、下平面，如图 8.16 所示。

② 以外形为校正基准，内孔为加工基准。无论是矩形、圆形还是其他异形的工件，都应准备一个与工件的上、下平面保持垂直的校正基准，此时其中一个内孔可作为加工基准，如图 8.17 所示。在大多数情况下，外形基面在线切割加工前的机械加工中就已准备好了。工件淬硬后，若基面变形很小，可稍加打光便可用线切割加工；若变形较大，则应当重新修磨基面。

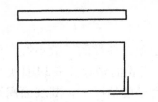

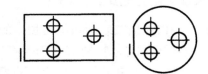

图 8.16 矩形工件的校正与加工基准　　　图 8.17 以工件外形为校正基准，内孔为加工基准

2. 工艺参数的选择

（1）电脉冲参数的选择。线切割加工时，可选择的脉冲参数主要有电流峰值、脉冲宽度、脉冲间隙、空载电压、放电电流。要求获得较好的表面粗糙度时，所选用的电参数要小；若要求获得较高的线切割速度，脉冲参数要选大一些，但加工电流的增大受排屑条件及电极丝截面积的限制，过大的电流易引起断丝。快速走丝线切割加工脉冲参数选择见表 8-2。

表 8-2　快速走走丝线切割加工脉冲参数的选择

应　用	脉冲宽度 t_w（μs）	电流峰值 i_p（A）	脉冲间隙 t（μs）	空载电压（V）
快速切割或加大厚度工件 $R_a > 2.5\mu m$	20～40	>12	为实现稳定加工，一般选择 $t/t_w \geqslant$ 3～4	一般为 70～90
半精加工 $R_a = (1.25 \sim 2.5)\mu m$	6～20	6～12		
精加工 $R_a < 1.25\mu m$	2～6	<4.8		

（2）电极丝准备。

① 电极丝材料的选择。目前线电极材料的种类很多，主要有纯铜丝、黄铜丝、专用黄铜丝、钼丝、钨丝、各种合金丝及镀层金属线等，其中以钼丝和黄铜丝用得较多。表 8-3 是常用电极丝材料的特点，可供选择时参考。

表 8-3　常用电极丝的特点

材　料	电极丝直径（mm）	特　点
纯铜	0.1～0.25	适用于线切割速度要求不高或精加工时用。丝不易卷曲，抗拉强度低，容易断丝
黄铜	0.1～0.30	适用于高速加工，加工面的蚀屑附着少。表面粗糙度和加工面的平直度也较好
专用黄铜	0.05～0.35	适用于高速、高精度和理想的表面粗糙度加工以及自动穿丝，但价格高
钼	0.06～0.25	由于它的抗拉强度高，一般用于快速走丝，在进行微细、窄缝加工时，也可用于慢速走丝
钨	0.03～0.01	由于抗拉强度高，可用于各种窄缝的微细加工，但价格昂贵

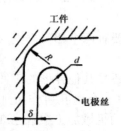

图 8.18　电极丝直径与拐角的关系

一般情况下，快速走丝机床常用钼丝作为电极丝，钨丝或其他昂贵金属丝因成本高而很少用，其他线材因抗拉强度低，在快速走丝机床上不能使用。慢速走丝机床上则可用各种铜丝、铁丝、专用合金丝以及镀层（如镀锌等）的电极丝。

② 电极丝直径的选择。电极丝直径 d 应根据工件加工的切缝宽窄、工件厚度及拐角尺寸大小等来选择。由图 8.18 可知，电极丝直径 d 与拐角半径 R 的关系为 $d \leqslant 2$ $(R-\delta)$。所以，在拐角要求小的微细线切割加工中，需要选用直径小的电极丝，但直径太

小，能够加工的工件厚度也将会受到限制。表 8-4 列出了电极丝直径与拐角和工件厚度的极限的关系。加工带尖角、窄缝的小型模具零件宜选用较细的电极丝；若加工大厚度工件或大电流切割时应选较粗的电极丝。

表 8-4　线径与拐角和工件厚度的极限（mm）

电极丝直径	拐角极限	切割工件厚度
钨 0.05	0.04～0.07	0～10
钨 0.07	0.05～0.10	0～20
钨 0.10	0.07～0.12	0～30
黄铜 0.15	0.10～0.16	0～50
黄铜 0.20	0.12～0.20	0～100 以上
黄铜 0.25	0.15～0.22	0～100 以上

3．工作液配制

根据线切割机床的类型和加工对象，选择工作液的种类、浓度及导电率等。对快速走丝线切割加工，一般常用质量分数为 10%左右的乳化液，此时可达到较高的线切割速度。对于慢速走丝线切割加工，普遍使用去离子水。适当添加某些导电液有利于提高切割速度。一般使用电阻率为 $2 \times 10^4 \Omega \cdot cm$ 左右的工作液，可达到较高的切割速度。工作液的电阻率过高或过低均有降低线切割速度的倾向。

8.3.3　电火花线切割加工工件的装夹和常用典型夹具及调整

工件装夹的形式对加工精度有直接影响。装夹工件时，必须保证工件的切割部位载机床工作台纵、横进给的范围之内，同时应考虑切割时电极丝的运动空间。

1．工件的支撑装夹方式

（1）悬臂支撑方式。如图 8.19 所示，悬臂支撑通用性强，装夹方便。但由于工件单端压紧，另一端悬空，使得工件不易与工作台平行，所以易出现上仰或倾斜的情况，致使切割表面与工件上下平面不垂直或达不到预定的精度。因此，只有在工件的技术要求不高或悬臂部分较小的情况下才能采用。

（2）两端支撑方式。如图 8.20 所示，两端支撑是把工件两端都固定在夹具上，这种方法装夹支撑稳定，平面定位精度高，工件底面与切割面垂直度好，但对较小的零件不适用。

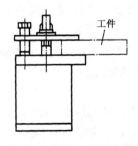

图 8.19　悬臂式支撑夹具

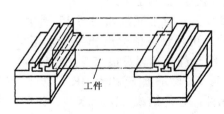

图 8.20　两端支撑夹具

（3）桥式支撑方式。如图 8.21 所示，桥式支撑是在双端夹具体下垫上两个支撑铁架。其特点是通用性强，装夹方便，对大、中、小工件装夹都比较方便。

（4）板式支撑方式。如图 8.22 所示，板式支撑夹具可以根据经常加工工件的形状尺寸，制成具有矩形或圆形孔的支撑板夹具，并可增加 X 和 Y 两方向的定位基准，装夹精度较高，适于常规生产和批量生产。

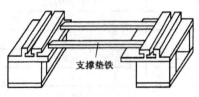

图 8.21　桥式支撑夹具

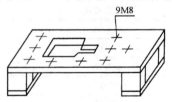

图 8.22　板式支撑夹具

（5）复式支撑方式。如图 8.23 所示，复式支撑夹具是在桥式夹具上，再装上专用夹具组合而成，它装夹方便，特别适用于成批零件加工，既可大大缩短装夹和校正时间，提高效率，又保证了工件加工的一致性。

2. 常用的典型夹具

（1）压板夹具。由于线切割机床主要用于切割冲模的型腔，因此机床出厂时通常只提供一对夹持板形工件的压板夹具（压板、紧固螺钉等）。压板夹具主要用于固定平板状的工件，对于稍大的工件要成对使用。

（2）磁性夹具。采用磁性工作台或磁性表座夹持工件，不需要压板和螺钉，操作快速方便，定位后不会因压紧而变动，如图 8.24 所示。

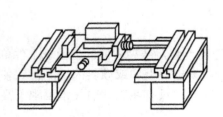

图 8.23　复式支撑夹具

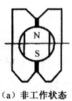

图 8.24　磁性夹具的基本原理

要注意保护上述两类夹具的基准面，避免工件将其划伤或拉毛。压板夹具应定期修磨基准面，保持两件夹具的等高性。夹具的绝缘性也应经常检查和测试，因有时绝缘体受损造成绝缘电阻减小，影响正常的切割。

（3）分度夹具。分度夹具如图 8.25 所示，是根据加工电机转子、定子等多型孔的旋转形工件设计的，可保证高的分度精度。近年来，因微机控制器及自动编程机对加工图形具有对称、旋转等功能，所以分度夹具用得较少。

（4）3R 夹具。即瑞典 System 3R 公司生产的 3R 夹具。3R 基准导轨是 3R 线切割新概念中的基本元件，它能给线切割机床的工作台提供 X、Y、Z 方向的固定基准。并且可以有不同的长度和不同位置的安装孔，以应用于不同的线切割机床，如图 8.26 所示。

为实现快速装夹和减小重复定位误差，加工中广泛采用统一基准定位装夹系统，只需极简单的操作，就可快速准确地完成工件的定位、找正和装夹，图 8.27～图 8.30 是 3R 基准导轨的应用实例。

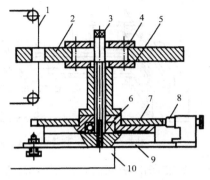

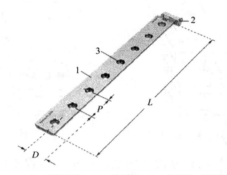

1—电极丝；2—工件；3—螺杆；4—压板；5—垫板；

6—轴承；7—定位盘；8—定位销；9—底座；10—工作台

图 8.25　专用分度夹具示意图

1—基准导轨；2—定位块；3—安装孔（沉孔）；

L—基准导轨长度；P—安装孔距；D—距台架边缘的尺寸

图 8.26　3R 基准导轨

图 8.27　用于夹持小型工件的 2D 系列

图 8.28　适用中小型工件的线切割横梁

图 8.29　夹持中、大型工件的 3P——三点式系列

图 8.30　可直接利用基准导轨装夹大型工件

3．工件的找正方法

（1）拉表法。如图 8.31 所示，拉表法是利用磁力表架，将百分表固定在线架或其他固定位置上，百分表触头与工件基面接触，然后旋转纵（或横）向丝杠手柄使拖板往复移动，根据百分表指示数值相应调整工件，校正应在三个坐标方向上进行。

（2）划线找正法。工件待切割图形与定位基准相互位置要求不高时，可采用划线法，如图 8.32 所示。固定在线架上的一个带有顶丝的零件将划针固定，划针尖指向工件图形的基准线或基准面，移动纵（或横）向拖板，依据目测调整工件进行找正。该法也可以在粗糙度较差的基面校正时使用。

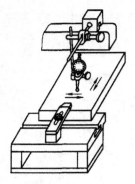
图 8.31　拉表法找正

图 8.32　划线法找正

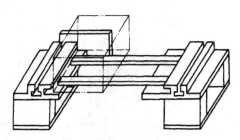
图 8.33　固定基面靠定法

（3）固定基面靠定法。利用通用或专用夹具纵、横方向的基准面，经过一次校正后，保证基准面与相应坐标方向一致。于是具有相同加工基准面的工件可以直接靠定，就保证了工件的正确加工位置，如图 8.33 所示。

4．电极丝坐标位置的确定

在数控线切割前，需要确定电极丝相对工件的基准面、基准线或基准孔的坐标位置，可按下列方法进行。

（1）目视法。对加工要求较低的工件，确定电极丝和工件有关基准线和基准面相互位置时，可直接目视或借助于 2～4 倍的放大镜来进行观测。

① 观测基面。工件装夹后，观测电极丝与工件基面初始接触位置，记下相应的纵或横坐标，如图 8.34 所示。但此时的坐标并不是电极丝中心和基面重合的位置，两者相差一个电极丝半径。

② 观测基准线。利用钳工或镗床等在工件的穿丝孔处划上纵、横方向的十字基准线，观测电极丝与十字基准线的相对位置，如图 8.35 所示。摇动纵或横向丝杠手柄，使电极丝中心分别与纵、横方向基准线重合，此时的坐标就是电极丝的中心位置。

（2）火花法。火花法是利用电极丝与工件在一定间隙下发生放电的火花来确定电极丝坐标位置的，如图 8.36。摇动拖板的丝杠手柄，使电极丝逼近工件的基准面，待开始出现火花时，记下拖板的相应坐标。该方法方便，易行，但电极丝逐步逼近工件基准面时，开始产生脉冲放电的距离往往并非正常加工条件下电极丝与工件间的放电距离。

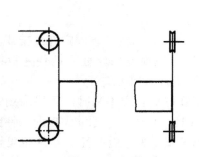
图 8.34　观测基准面确定电极丝位置

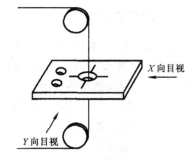
图 8.35　观测基准线确定电极丝位置

（3）自动找中心法。自动找中心是为了让线电极在工件的孔中心定位。具体方法为：

移动横向拖板，使电极丝与孔壁相接触，记下坐标值 X_1，反向移动拖板至另一导通点，记下相应坐标值 X_2，将拖板移至两者绝对值之和的一半处，即（$|X_1|+|X_2|$）/2 的坐标位置。同理也可得到 Y_1 和 Y_2。则基准孔中心与电极丝中心相重合的坐标值为[（$|X_1|+|X_2|$）/2，（$|Y_1|+|Y_2|$）/2，如图 8.37 所示。

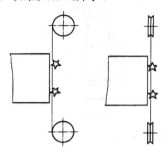
图 8.36 火花法确定电极丝位置

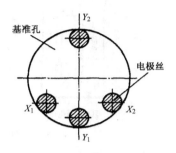
图 8.37 确定基准孔中心坐标

（4）接触感知法。接触感知法是利用电极丝与工件基准面由绝缘到短路的瞬间，两者间电阻值突然变化的特点来确定电极丝接触到了工件，并在接触点自动停下来，显示该点的坐标，即为电极丝中心的坐标值。如图 8.38 所示，首先启动 X（或 Y）方向接触感知，使电极丝朝工件基准面运动并感知到基准面，记下该点坐标，据此算出加工起点的 X（或 Y）坐标；再用同样的方法得到加工起点的 Y（或 X）坐标，最后将电极丝移动到加工起点。

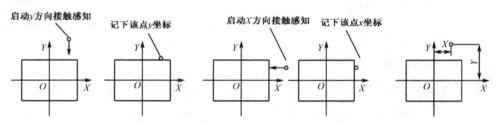
图 8.38 接触感知法

8.3.4 切割路线的选择

（1）合理确定切割起始点和切割路线。线切割加工工艺中，切割起始点和切割路线的确定合理与否，将影响工件变形的大小，从而影响加工精度。图 8.39 所示的由外向内顺序的切割路线，通常在加工凸模零件时采用。其中，图（a）所示的切割路线是错误的，因为当切割完第一边，继续加工时，由于原来主要连接的部位被割离，余下材料与夹持部分的连接较少，工件的刚度大为降低，容易产生变形而影响加工精度。如按图（b）所示的切割路线加工，可减少由于材料割离后残余应力重新分布而引起的变形。所以一般情况下，最好将工件与其夹持部分分割的线段安排在切割路线的末端。对于精度要求较高的零件，最好采用如图（c）所示的方案，电极丝不由坯件外部切入，而是将切割起始点取在坯件预制的穿丝孔中，这种方案可使工件的变形最小。

（2）正确选择电极丝切入的位置。为了避免材料内部组织及内应力对加工精度的影响，除了考虑工件在坯料中的取出位置之外，还必须合理选择切割的走向和起点。如图 8.40 所示，如切割引入点为 A，起点为 a，选择 $A \rightarrow a \rightarrow b \rightarrow c \rightarrow d \rightarrow e \rightarrow f \rightarrow a \rightarrow A$ 走向，则在加工过程中，工件和易变形的部分相连接，会带来较大的误差；如选择 $A \rightarrow a \rightarrow f \rightarrow e \rightarrow d \rightarrow c \rightarrow b \rightarrow a \rightarrow A$ 走向，就可以减少或避免这种影响。如切割引入点为 B，起点为 d，这时无论哪种走向，其切割精度都会受到材料变形的影响。

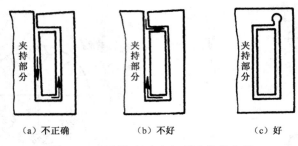

(a) 不正确　　　　　(b) 不好　　　　　(c) 好

图 8.39　切割起始点和切割路线的安排

另外切割的起点（一般也是终点）选择不当，会使工件切割表面上残留切痕，尤其是当（终）点选在圆滑表面上时，其残痕更为明显，所以应尽可能把起（终）点选在切割表面的拐角处或是选在精度要求不高的表面上，或选在容易修整的表面上，如图 8.41 所示。

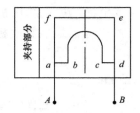

图 8.40　切割走向及起点对加工精度的影响

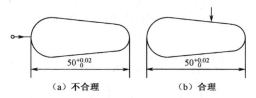

(a) 不合理　　　　　(b) 合理

图 8.41　进刀点易于钳修

（3）切割孔类零件时，为了减少变形，还可采用二次切割法。如图 8.42 所示，第一次粗加工型孔，各边留余量 $0.1 \sim 0.5\text{mm}$，以补偿材料被切割后由于内应力重新分布而产生的变形，第二次切割为精加工，这样可以得到比较满意的效果。

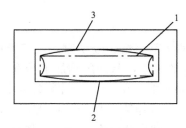

1—第一次切割的理论图形；2—第一次切割的实际图形；3—第二次切割的图形

图 8.42　二次切割孔类零件

（4）不能沿工件端面加工，因为电极丝单向受电火花冲击，使电极丝运行不稳定，难以保证尺寸和表面精度。

（5）加工路线距端面应大于 5mm，以保证工件结构强度。

（6）在一块毛坯上切割两个以上的零件时，应从不同的穿丝孔开始加工，而不应连续一次切割。

8.3.5 确定穿丝孔的位置

穿丝孔作为工件加工的工艺孔，是电极丝相对于工件运动的起点，同时也是程序执行的起始位置。穿丝孔一般应选在工件的基准点处，以及容易找正和便于编程计算的位置。穿丝孔可采用钻、镗或电火花穿孔等方法完成。

1. 切割凸模

穿丝孔位置可选在加工轨迹的拐角附近以简化编程。

2. 切割凹模、孔类等零件

可将穿丝孔位置选在待切割型腔（孔）内部。穿丝孔位置选在工件待切割型孔的中心时，编程操作加工较方便。选在靠近待切割型腔（孔）的边角处时，切割中无用轨迹最短。选在已知坐标尺寸的交点处时，有利于尺寸的推算。因此，要根据实际情况妥善选取穿丝孔位置。

3. 加工大型工件

穿丝孔应设置在靠近加工轨迹边角处或选在已知坐标点上，使计算简便，缩短切入行程。同时还应沿加工轨迹设置多个穿丝孔，以便发生断丝时能就近重新穿丝，切入断丝点。

4. 确定穿丝孔的大小

穿丝孔的大小要适宜。一般不宜太小，如果穿丝孔径太小，不但钻孔难度增加，而且也不便于穿丝。但是，若穿丝孔径太大，则会增加钳工工艺上的难度。一般穿丝孔常用直径为 $\phi 3 \sim 10$ mm。如果预制孔可用车削等方法加工，则在允许的范围内可加大穿丝直径。

8.3.6 接合突尖的去除方法

由于线电极的直径和放电间隙的关系，在工件切割面的交接处，会出现一个高出加工表面的高线条，称之为突尖，如图 8.43 所示。这个突尖的大小决定于线径和放电间隙。在快速走丝的加工中，用细的线电极加工，突尖一般很小；而在慢速走丝加工中突尖就比较大，必须将它去除。下面介绍几种去除突尖的方法。

1. 利用拐角的方法

凸模在拐角位置的突尖比较小，选用图 8.44 所示的切割路线，可减少精加工量。切下前要将凸模固定在外框上，并用导电金属将其与外框连通，否则在加工中不会产生放电。

2. 切缝中插金属板的方法

将切割要掉下来的部分用固定板固定起来，在切缝中插入金属板，金属板长度与工件厚度大致相同，金属板应尽量向切落侧靠近，如图 8.45 所示。切割时应往金属板方向多切入大约一个电极丝直径的距离。

3. 用多次切割的方法

工件切断后，对突尖进行多次切割精加工。一般分三次进行，第 1 次为粗切割，第 2 次为半精切割，第 3 次为精切割。也有采用粗、精二次切割法去除突尖，如图 8.46 所示。

切割次数的多少，主要看加工对象精度要求的高低和突尖的大小来确定。

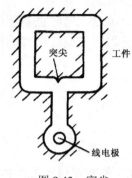

图 8.43　突尖

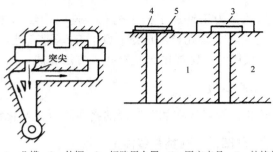

1—凸模；2—外框；3—短路用金属；4—固定夹具；5—粘接剂

图 8.44　利用拐角去除突尖

改变偏移量的大小，可使线电极靠近或离开工件。第 1 次比原加工路线增加大约 0.04mm 的偏移量，使线电极远离工件开始加工，第 2 次、第 3 次逐渐靠近工件进行加工，一直到突尖全部被除掉为止。一般为了避免过切，应留 0.01mm 左右的余量供手工精修。

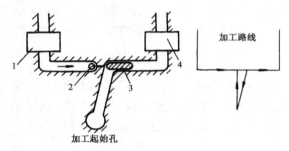

1—固定夹具；2—线电极；3—金属板；4—短路用金属

图 8.45　插入金属板去除突尖

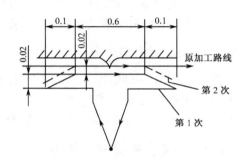

图 8.46　二次切割去除突尖的路线

8.4　典型零件的数控线切割加工工艺分析

8.4.1　数字冲裁模凸凹模的加工

图 8.47 所示为数字冲裁模凸凹模图形，材料为 CrWMn。凸凹模与相应凹模和凸模的双面间隙为 0.01～0.02mm。

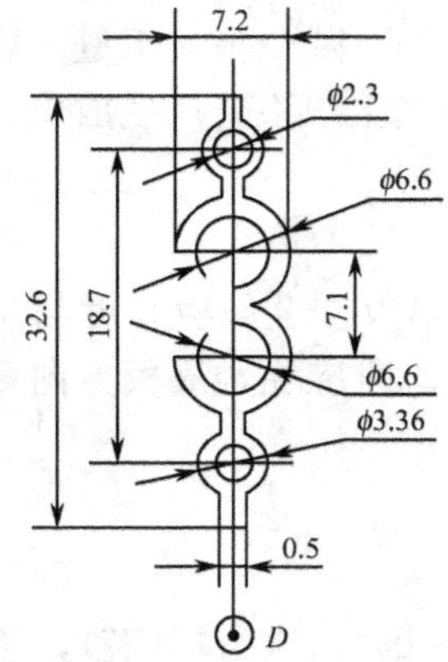

因凸模形状较复杂，为满足其技术要求，采用了以下主要措施：

（1）淬火前工件坯料上预制穿丝孔，如图 8.44 中孔 D。

（2）将所有非光滑过渡的交点用半径为 0.1 mm 的过渡圆弧连接。

（3）先切割两个 ϕ2.3mm 小孔，再由辅助穿丝孔位开始，进行凸凹模的成形加工。

（4）选择合理的电参数，以保证切割表面粗糙度和加工精度的要求。

图 8.47　数字冲裁模的凸凹模图形

加工时的电参数为：空载电压峰值 80V，脉冲宽度 8μs，脉冲间隔 30μs，平均电流 1.5A。采用快速走丝方式，走丝速度 9m/s；电极丝为 ϕ0.12mm 的钼丝，工作液为乳化液。

加工结果如下：切割速度（20～30）mm²/min，表面粗糙度及 R_a1.6μm。通过与相应的凸模、凹模试配，可直接使用。

8.4.2　零件的加工

按照技术要求，完成图 8.48 所示平面样板的加工。

（1）零件图工艺分析。经过分析图纸，该零件尺寸要求比较严格，但是由于原材料是 2mm 厚的不锈钢板，因此装夹比较方便。编程时要注意偏移补偿的给定，并留够装夹位置。

（2）确定装夹位置及走刀路线。工件左侧悬置装夹。为了减小材料内部组织及内应力对加工精度的影响，要选择合适的走刀路线，如图 8.49 所示。

（3）选择合适的电参数。此零件作为样板要求切割表面质量，而且板比较薄，属于粗糙度型加工，故选择切割参数为：最大电流 3A，脉宽 3μs，间隔比 4μs，进给速度 6m/s。

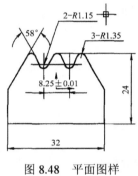

图 8.48　平面图样

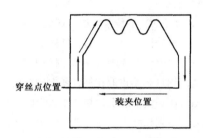

图 8.49　装夹位置与走刀路线

习　题　8

一、单选题

8.1　数控电火花线切割可以进行（　）加工。

　　A．一般切削加工方法难以加工或无法加工的细微异形孔、窄缝和形状复杂的模具零件

　　B．一般切削加工方法难以加工或无法加工的材料

　　C．加工低刚度工件及细小零件

　　D．ABC 三种方式

8.2　线切割进行粗、半精、精加工，采用（　）方法，自动化程度高。

　　A．改变工作液　　　B．调整电参数　　　C．改变电极丝材料　　　D．调整切割速度

8.3　线切割加工的切割速度是指（　）。

　　A．单位时间内电极丝中心在工件上切过的面积总和

　　B．单位时间内电极丝中心在工件上切过轨迹的进给速度

　　C．单位时间内工作台实现的 X 轴向、Y 轴向移动速度的矢量和

　　D．单位时间内电极丝中心在储丝筒上进行卷绕的走丝速度

8.4　高速走丝线切割机床与低速走丝线切割机床相比，无论是加工精度和加工表面粗糙度，还是加工

稳定性和加工效率，高速走丝（　　）低速走丝。

    A．优于   B．等同   C．劣于   D．不能确定

8.5   在实际生产中快速走丝线切割广泛采用（　　）作为电极丝。

    A．黄铜丝   B．钨丝   C．钼丝   D．各种合金丝

8.6   高速走丝线切割机床大都采用（　　）工作液。

    A．去离子水   B．煤油   C．专用乳化液   D．蒸馏水

8.7   线切割加工所能达到的精度等级和最好表面粗糙度一般为（　　）。

    A．IT5 和 $R_a0.32\mu m$ B．IT6 和 $R_a0.32\mu m$ C．IT7 和 $R_a0.8\mu m$ D．IT8 和 $R_a0.8\mu m$

8.8   要求获得较好的表面粗糙度，所选用的电参数正确的是（　　）。

    A．较小的脉冲宽度和电流峰值、窄的脉冲间隔、较低的开路电压

    B．较大的脉冲宽度和电流峰值、窄的脉冲间隔、较低的开路电压

    C．较小的脉冲宽度和电流峰值、宽的脉冲间隔、较高的开路电压

    D．较大的脉冲宽度和电流峰值、宽的脉冲间隔、较高的开路电压

8.9   若加工大厚工件或大电流切割时应选择直径（　　）的电极丝。

    A．较小   B．较大   C．无法确定

8.10 下列（　　）不是电极丝坐标位置确定的方法。

    A．拉表法   B．目视法   C．火花法   D．自动找中心法

8.11 下列关于切割起始点和切割路线叙述正确的是（　　）。

    A．切割起始点取在坯件预制的穿丝孔中可使工件变形最小

    B．在一块毛坯上切割两个以上的零件应连续一次切割提高效率

    C．切割起始点取在坯件圆滑表面上时不留残痕

    D．最好将工件与其夹持部分分割的线段安排在切割路线的开始

8.12 接合突尖的大小取决于（　　）。

    A．线电极直径和放电间隙   B．坯件厚度和线电极直径

    C．线切割机床和切割速度   D．切割次数和切割路线

8.13 数控线切割加工的主要工艺指标是（　　）。

    A．切割速度、表面粗糙度、切割精度   B．走丝速度、表面粗糙度、切割精度

    C．放电峰值电流、脉冲宽度、脉冲间隔   D．电极丝材料、电极丝直径、预置进给速度

二、判断题（正确的打√，错误的打×）

8.14 线切割加工是在电火花成形加工基础上发展起来的新工艺形式，因此制造专用电极就可加工形状复杂的模具零件。（　　）

8.15 钼丝与工作台面的调整是否合适，可使用钼丝垂直度量具（测量杯）采用透光法检查。（　　）

8.16 高速走丝线切割机床与低速走丝线切割机床的区别就在于前者的切割速度高于后者的切割速度。（　　）

8.17 线切割机床走丝速度就是其切割速度。（　　）

8.18 高速走丝线切割加工时的走丝速度一般以大于 10m/s 为宜。（　　）

8.19 无论是矩形、圆形还是其他异形工件，都应准备一个与工件的上、下平面保持垂直的校正基准。（　　）

8.20 线切割加工中，电极丝和工件分别与电源的正极和负极相连。（　　）

8.21 低速走丝线切割机床大都采用绝缘性能较好的煤油作为工作液。（　　）

8.22 工作液太脏会降低线切割加工的工艺指标，但纯净的工作液也并非加工效果最好。（ ）

8.23 工件切断后，利用多次切割加工可以去除突尖。（ ）

三、简答题

8.24 数控线切割加工有哪些特点？

8.25 为什么在模具制造中，数控线切割加工得到广泛应用？

8.26 影响数控线切割加工工艺指标的因素有哪些？这些因素是如何影响工艺指标的？

8.27 数控线切割加工的工艺准备和加工参数包括哪些内容？

8.28 确定切割路线时应注意哪些问题？

8.29 为什么慢速走丝比快速走丝加工精度高？

8.30 数控线切割加工如图 8.50 所示零件，材料为 GCrl5，试制订其数控线切割加工工艺。

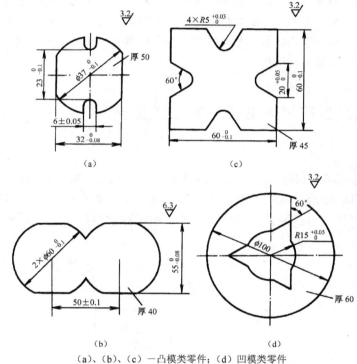

（a）、（b）、（c）—凸模类零件；（d）凹模类零件

图 8.50

8.31 分析如图 8.51 所示凸模零件的数控线切割加工工艺。

图 8.51

第9章 数控机床加工工艺实例分析

内容提要及学习要求

在数控机床上进行加工的工艺、刀具、夹具、工艺文件编制等，都已经在前面的章节中进行了充分的阐述。本章中再举出几个加工的实例，进一步说明数控机床加工工艺分析、数控程序编制流程、方法和数控机床的实际应用。

本章主要通过生产中的具体零件，重点分析数控机床加工工艺，并注重普通机床与数控机床在生产中结合，较完整地填写工艺文件，对整个工艺过程有一个比较全面的认识和理解。通过典型零件的加工实践，掌握数控机床的操作方法；能按零件图中的技术要求，完成中等复杂零件的数控机床加工工艺分析及加工。

9.1 大批量生产零件数控车削加工工艺

1. 零件介绍

图 9.1 所示为铜接头零件简图。该零件材料为 HPb59-1，毛坯为 30 铜六方冷拔型材，是国内某精密仪器厂接洽日本的订单零件，为大批量生产类型产品。该零件为外圆柱面、内外螺纹、内圆柱孔、内圆锥孔、内外环槽等表面组成的零件，加工表面较多，适合在数控车床上加工。

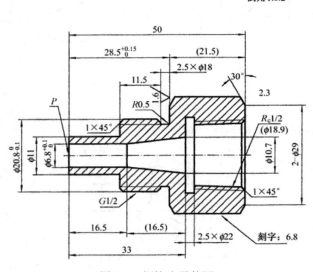

图 9.1 铜接头零件图

2．工艺分析

（1）加工技术要求分析。该零件有众多的精度要求：大端内螺纹 $R_c1/2$，大端内螺纹倒角 $1\times45°$，小端内孔直径 $\phi6.8_0^{+0.1}$，连接小端内孔与大端内螺纹的内锥孔长 16.5、大径 $\phi10.7$，小端外径 $\phi11$，外螺纹 $G1/2$，大端端面 2-$\phi29$，大端外表面刻字 6.8。以及其他各轴向尺寸、粗糙度要求等。

此外，零件上不得有毛刺伤痕及油污，未注公差±0.1。$\phi6.8$ 孔 P 处不得有毛刺，但倒角不得大于 0.3。零件上 $\phi11$ 外圆、$G1/2$ 螺纹、$\phi6.8$ 孔有同轴度要求，$G1/2$ 螺纹、$R_c1/2$ 内螺纹有同轴度要求，$\phi6.8$ 与 $G1/2$ 一次装夹加工，以保证同心。

上述技术要求决定了需加工的表面及相应加工方案（见表 9-1）。

（2）定位基准的选择。因该零件为大批量，采用普通机床和数控机床共同加工完成，见表 9-1 铜接头工艺过程卡。按工序分散原则、先粗后精原则划分工序，其整个工艺流程分两大部分：一部分是下料和粗加工部分，在普通机床上完成，粗加工的定位基准是用三爪卡盘以外六方、各端面配合定位；另一部分是精加工和螺纹加工部分，在数控车床上完成，按装夹方式划分为两个工序，外螺纹加工等以外六方和大端面定位是一个工序，内螺纹加工等使用专用夹具（如图 9.4 所示）以外螺纹面、大端左端面定位是另一个工序（见表 9-2～表 9-8）。

（3）工艺方案拟定。

① 下料：车端面、切断。

② 外表面各部分：粗车→精车。

③ 钻孔：小端钻盲孔 $\phi5.5$，大端钻孔 $\phi15$。

④ 钻锥孔：锥形钻头钻锥孔。

⑤ 切退刀槽、外螺纹：切槽 $2.5\times\phi18$，精车螺纹 $G1/2$。

⑥ 切内槽、内螺纹：切内槽 $2.5\times\phi22$、精车内螺纹 $R_c1/2$。

（4）加工设备选择。下料、外表面各部分粗车采用 CA6140 型卧式车床，钻圆柱孔、圆锥孔采用 CM6125 型卧式车床，外表面精加工、车倒角、精车外螺纹采用数控车床 CNC6132，车端面、靠倒角、车内孔、退刀槽、精车内螺纹、内锥孔采用数控车床 CNC6132。

有关加工顺序、工序尺寸及工序要求、夹具、刀具、量具及检具、切削用量、冷却润滑液等工艺问题详见铜接头工艺过程卡和工序卡。

3．铜接头加工工艺文件

（1）铜接头工艺过程卡。铜接头工艺过程卡见表 9-1。

表 9-1　铜接头工艺过程卡

零件名称		零件材料	毛坯种类	毛坯硬度	毛重（kg）	净重（kg）	车型	每车件数
铜接头		HPb59-1	冷拔型材				CA6140	
工序号	工序名称	设备名称	夹具	进给量（mm/r）	主轴转速（r/min）	切削速度（m/min）	冷却液	负荷（%）
1	下料	卧式车床	三爪平卡盘					
2	粗车小端外圆	卧式车床	三爪平卡盘	0.3	1000	100		
3	粗车小端面及钻孔	卧式车床	三爪平卡盘	0.25～0.6	1000～1500	150 12		

零件名称		零件材料	毛坯种类	毛坯硬度	毛重（kg）	净重（kg）	车型	每车件数
铜接头		HPb59-1	冷拔型材				CA6140	
工序号	工序名称	设备名称	夹具	进给量（mm/r）	主轴转速（r/min）	切削速度（m/min）	冷却液	负荷（%）
4	粗车大端面及钻孔	卧式车床	三爪平卡盘	0.25～0.6	1000～1500	150 12		
5	钻锥孔	卧式车床	三爪平卡盘	0.5	1500	10		
6	精车小端面各部	数控机床	三爪平卡盘	0.1～0.2	1200	75		
7	精车大端面各部	数控机床	专用夹具	0.1～0.2	1200	113		
编制		审核		批准			共 1 页	第 1 页

（2）工序卡。工序卡见表 9-2～表 9-8。

表 9-2　铜接头工序卡

机械加工工序卡		零件图号		零件名称	文件编号	第　页
		CF-AD316Z0		铜接头		
		工序号		工序名称	材料	
		1		下料	HPb59-1	
		加工车间		设备型号	夹具	
				CW6140A	三爪平卡盘	
工步号		工步内容		刀具	量具及检具	
1		车端面		切断刀 1		
2		切断		切断刀 1	游标卡尺	
编制		校对		审定	批准	

表 9-3　铜接头工序卡

机械加工工序卡		零件图号		零件名称	文件编号	第　页
		CF-AD316Z0		铜接头		
		工序号		工序名称	材料	
		2		车小端外圆	HPb59-1	
		加工车间		设备型号	夹具	
				C6140A1	三爪平卡盘	
工步号		工步内容		刀具	量具及检具	
1		粗车ϕ11 外圆至ϕ12.6		外圆车刀 1	游标卡尺	
2		粗车ϕ20.8 外圆至ϕ22.6		外圆车刀 2	游标卡尺	
编制		校对		审定	批准	

表 9-4　铜接头工序卡

机械加工工序卡	零件图号		零件名称	文件编号	第　页
	CF-AD316Z0		铜接头		
			工序号	工序名称	材料
			3	粗车小端面及钻孔	HPb59-1
			加工车间	设备型号	夹具
				CM6125	三爪平卡盘
工步号	工步内容		刀具	量具及检具	
1	车小端面		车刀	游标卡尺	
2	钻 $\phi6$ 孔至 $\phi5.5$，孔深 18		$\phi5.5$ 钻头		
编制	校对		审定	批准	

表 9-5　铜接头工序卡

机械加工工序卡	零件图号		零件名称	文件编号	第　页
	CF-AD316Z0		铜接头		
			工序号	工序名称	材料
			4	粗车大端面及钻孔	HPb59-1
			加工车间	设备型号	夹具
				CM6125	三爪平卡盘
工步号	工步内容		刀具	量具及检具	
1	车大端面		车刀	游标卡尺	
2	钻 $R_c1/2$ 螺纹底孔，孔深 17		$\phi15$ 钻头		
编制	校对		审定	批准	

表 9-6　铜接头工序卡

机械加工工序卡	零件图号		零件名称	文件编号	第　页
	CF-AD316Z0		铜接头		
			工序号	工序名称	材料
			5	钻锥孔	HPb59-1
			加工车间	设备型号	夹具
				CM6125	三爪平卡盘
工步号	工步内容		刀具	量具及检具	
1	成形钻头钻锥形孔		锥形钻头	成形刀具	
编制	校对		审定	批准	

表 9-7　铜接头工序卡

数控加工工序卡	零件图号		零件名称	文件编号	第　页
	CF-AD316Z0		铜接头		
			工序号	工序名称	材料
			6	精车小端面各部	HPb59-1
			加工车间	设备型号	夹具
				CNC6132	三爪平卡盘

工步号	工步内容	刀具	走刀次数	量具及检具
1	精车小端面、$\phi 11$ 外圆、$\phi 20.8_{-0.1}^{0}$ 端面、$G1/2$ 螺纹底径至 $\phi 20.9$ 和车大端左端面倒角及退刀槽	车刀 T01		游标卡尺
2	精车 $\phi 6.8_{0}^{+0.1}$ 到尺寸	车刀 T02	1	塞规
3	精车 $G1/2$ 螺纹到尺寸	外螺纹车刀 T03	6	螺纹环规
编制		校对	审定	批准

表 9-8　铜接头工序卡

数控加工工序卡	零件图号		零件名称	文件编号	第　页
	CF-AD316Z0		铜接头		
			工序号	工序名称	材料
			7	精车大端面各部	HPb59-1
			加工车间	设备型号	夹具
				CNC6132	专用夹具

工步号	工步内容	刀具	走刀次数	量具及检具
1	精车大端面至 21.5、靠倒角 2-$\phi 29$（30°）、精车内螺纹 $R_c1/2$ 大径、车内槽 2.5×$\phi 22$	专用车刀 T01		游标卡尺
2	精车内螺纹 $R_c1/2$ 到尺寸	内螺纹车刀 T02	7	螺纹塞规
3	精车内锥孔到尺寸	车刀 T03	1	塞规
编制		校对	审定	批准

（3）数控加工走刀路线图卡。数控加工走刀路线图卡见表 9-9。

表 9-9 数控加工走刀路线图卡

数控加工走刀路线图	零件图号	CF-AD316Z0	工序号	6	工步号	1	程序号	O0099
机床型号	CNC6132	程序段号		加工内容	精车小端外圆柱面、端面、倒角及退刀槽		共 1 页	第　页

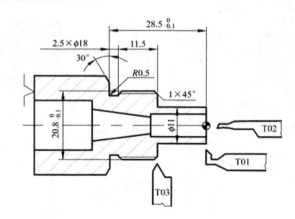

符号	⊙	⊗	◓	∘—	→	↓↲	∘- - -	∘⤢	⇶
含义	抬刀	下刀	编程原点	起刀点	走刀方向	走刀线相切	爬斜坡	铰孔	行切

（4）刀具调整图。

① 数控加工刀具调整图见图 9.2。

② 数控加工刀具调整图见图 9.3。

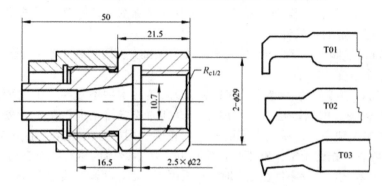

图 9.2　工序 6（小端内外轮廓精加工）刀具调整图

图 9.3　工序 7（大端内外轮廓精加工）刀具调整图

（5）专用夹具。此专用夹具是为工序 7 设计的。工序 6 已将零件小端各部分结构加工完毕，根据要求 G1/2 螺纹与 $R_c1/2$ 内螺纹有同轴度要求。为此根据确定的定位基准设计工序 7 专用夹具，如图 9.4 所示。

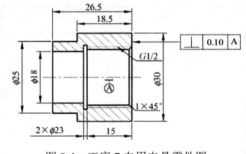

图 9.4　工序 7 专用夹具零件图

9.2　数控铣削加工工艺实例分析

1．零件介绍

典型零件如图 9.5 所示，该零件为铸造件（灰口铸铁），铣削上表面、最大外形轮廓、挖深度为 2.5mm 的凹槽、钻 8 个 ϕ5.5 和 5 个 ϕ6.5 的孔。公差按 IT10 级自由公差确定，加工表面粗糙度 $R_a \leqslant 6.3$。制订加工工序。

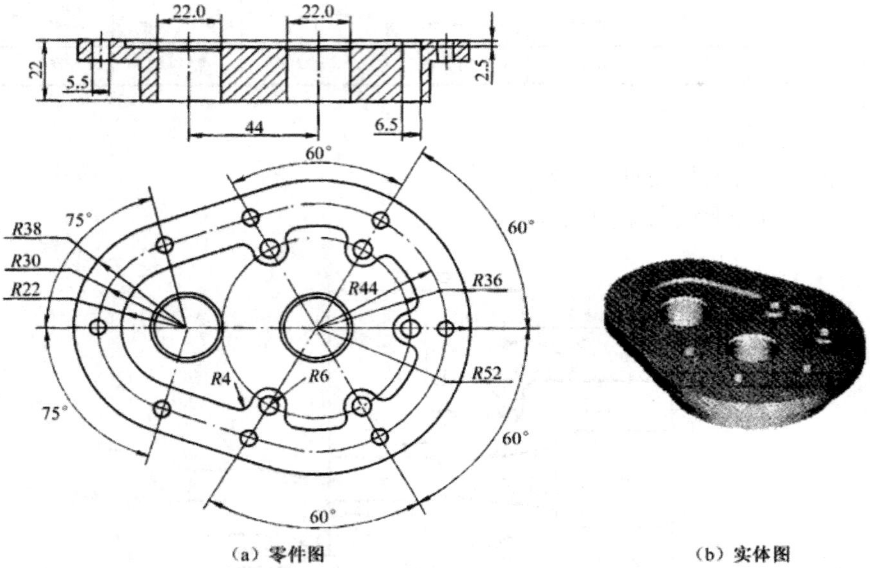

（a）零件图　　　　　　　　（b）实体图

图 9.5　盖板零件

2．工艺分析

（1）工艺分析。该零件形状较典型，并且为轴对称图形，也便于装夹和定位。该例在数控铣削加工中有一定的代表性。

① 图样分析。该零件以 ϕ22mm 孔的中心线为基准，尺寸标注齐全；且无封闭尺寸及其他标注错误；尺寸精度要求不高。

② 加工工艺。该零件为铸造件（灰口铸铁），其结构并不复杂，但对要求加工部分需要一次定位二次装夹。根据数控铣床工序划分原则，先安排平面铣削，后安排孔和槽的加工。对于该工件加工顺序为：铣削上平面→铣削轮廓→用中心钻点窝→钻 ϕ5.5mm 的孔→钻 ϕ6.5mm 的孔；然后，先用压板压紧工件，再松开定位销螺母，进行挖 2.5mm 深的中心槽。

（2）选择装夹和定位。该零件在生产时，可采用"一面、两销"的定位方式，以工件底面为第一定位基准，定位元件采用支撑面，限制工件在 X、Y 方向的旋转运动和 Z 方向的直线运动，

两个 $\phi22\text{mm}$ 的孔作为第二定位基准，定位元件采用带螺纹的两个圆柱定位销，进行定位和压紧。限制工件在 X、Y 方向的直线运动和 Z 方向的旋转运动。挖 2.5mm 深的中心槽时，先用压板压紧工件，再松开定位销螺母。在批量生产加工过程中，应保证定位销与工作台相对位置的稳定。

（3）选择铣刀和切削用量。铣削上表面选取 $\phi25\text{mm}$ 立铣刀（由于采用两个中心孔定位，不能使用端面铣刀），先进行粗铣，留 0.2～0.5mm 余量，再进行精铣；最大外形轮廓铣削可选用直径较大的刀，根据余量决定铣削次数，最后余量加工应≤0.5mm；挖深度为 2.5mm，选用直径≤$\phi8\text{mm}$ 的立铣刀；钻$\phi5.5$ 和$\phi6.5$ 的孔，先用$\phi3$ 的中心钻点窝，再分别用 5.5mm 和 $\phi6.5\text{mm}$ 的麻花钻钻削。

（4）确定走刀路线。盖板挖槽走刀线路如图 9.6 所示，采用由内向外"平行环切并清角"或采用由外向内"平行环切并清角"的切削方式。盖板钻孔走刀线路如图 9.7 所示。编程与工件坐标系大端$\phi22\text{mm}$ 孔的中心点为坐标系原点，对刀点根据实际情况而定，定位销与工作台固定以后，可以套装一标准块，然后再进行定位。

3．加工工艺卡片

盖板零件数控铣加工工序卡片、安装及原点设定卡片和刀具使用卡片见表 9-10～表 9-13。

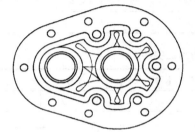

图 9.6　盖板挖槽走刀路线

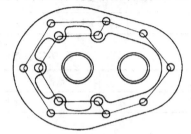

图 9.7　盖板钻孔走刀路线

表 9-10　盖板零件数控铣加工工序卡片

（单位名称）		数控加工工序卡		零件名称		零件图号		材　料	
		02		盖板				HT 32-52	
工艺序号	01	夹具名称			夹具编号		使用设备		XK5025
工步号	加工内容	程序号	刀具名称	刀具规格（mm）	补偿号	补偿值	主轴转速（r/min）	进给速度（mm/min）	进给倍率（%）	切削深度（mm）	加工余量（mm）
1	铣平面 粗		立铣刀	$\phi25$			202	200	30		
	精						402	200	20		0.5
2	铣外轮廓 粗		立铣刀	$\phi25$	H1		202	200	30		
	精		立铣刀	$\phi25$	H1		402	200	10		0.5
3	点窝		中心钻	$\phi3$			800	100	20		
4	钻孔		麻花钻	$\phi5.5$			602	200	20		
5	钻孔		麻花钻	$\phi6.5$			602	50	20		
6	挖槽		键槽铣刀	$\phi8$			402	200	10		
注意事项	① 启动机床回零后，检查机床零点。 ② 换刀后，应松开主轴锁定，并对 Z 轴进行对刀。 ③ 正确操作机床，注意安全，文明生产。										

表 9-11　盖板零件孔加工安装和原点设定卡

零件图号	××	数控加工工件安装和原点设定卡片		工序号	01
零件名称	盖板	盖板孔加工		装夹次数	第 1 次

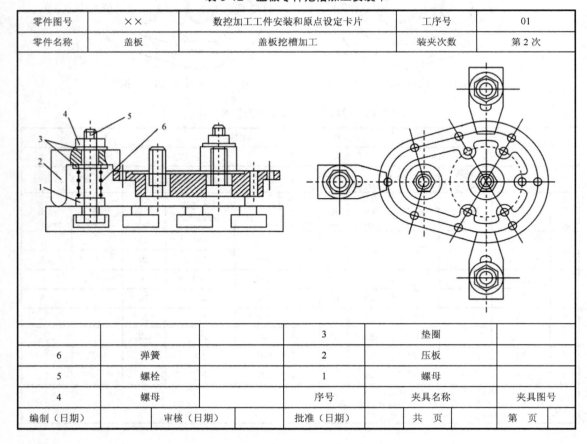

7	垫块		3	压紧螺母	
6	工件		2	带螺纹圆柱销	
5	垫圈		1	开口垫圈	
4	带螺纹削辩销		序号	夹具名称	夹具图号
编制（日期）		审核（日期）		批准（日期）	共　页　　第　页

表 9-12　盖板零件挖槽加工安装卡

零件图号	××	数控加工工件安装和原点设定卡片		工序号	01
零件名称	盖板	盖板挖槽加工		装夹次数	第 2 次

			3	垫圈	
6	弹簧		2	压板	
5	螺栓		1	螺母	
4	螺母		序号	夹具名称	夹具图号
编制（日期）		审核（日期）		批准（日期）	共　页　　第　页

表 9-13　盖板零件数控铣加工刀具使用卡片

编　号	刀具名称	刀具规格（mm）	数　量	用　途	刀具材料
1	立铣刀	$\phi25$	1	铣平面、轮廓	合金镶条
2	麻花钻	$\phi5.5$	1	钻孔	高速刀（HSS）
3	麻花钻	$\phi6.5$	1	钻孔	高速刀（HSS）
4	键槽铣刀	$\phi8$	1	挖孔	高速刀（HSS）

9.3　加工中心加工工艺实例分析

1. 零件介绍

在立式加工中心上加工如图 9.8 所示盖板零件，零件材料为 HT200，铸件毛坯尺寸（长×宽×高）为 160mm×160mm×23mm。

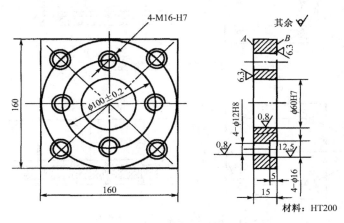

图 9.8　盖板零件图

2. 工艺分析

（1）零件图工艺分析。该零件毛坯为铸件，外轮廓（4 个侧面）为不加工面，主要加工 *A*、*B* 面及孔系，包括 4 个 M16 螺纹孔、4 个阶梯孔及 1 个 $\phi60H7$。尺寸精度要求一般，最高为 IT7 级。$4-\phi12H8$、$\phi60H7$ 孔的表面粗糙度要求较高，值达到 $R_a0.8$，其余加工表面粗糙度要求一般。

根据上述分析，*A*、*B* 面加工可采用粗铣→精铣方案；$\phi60H7$ 孔为已铸出毛坯孔，因而选择粗镗→半精镗→精镗方案；$4-\phi12H8$ 宜采用钻孔→铰孔方案，以满足表面粗糙度要求。

（2）确定装夹方案。该零件形状比较规则、简单，加工面与不加工面的位置精度要求不高，可采用平口虎钳夹紧。但应先加工 *A* 面，然后以 *A* 面（主要定位基面）和两个侧面定位，用虎钳从侧面夹紧。

（3）确定加工顺序及走刀路线。按照先面后孔、先粗后精的原则确定加工顺序。总体顺序为粗、精铣 *A*、*B* 面→粗镗、半精镗、精镗 $\phi60H7$ 孔→钻各中心孔→钻、锪、铰 $4-\phi12H8$ 和 $4-\phi16$ 孔→钻 4-M16 螺纹底孔→攻螺纹。

由零件图可知，孔的位置精度要求不高，因此所有孔加工的进给路线按最短路线确定。

图 9.9～图 9.13 为孔加工各工步的进给路线。

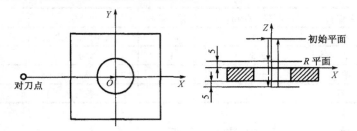

图 9.9　镗ϕ60H7 孔进给路线

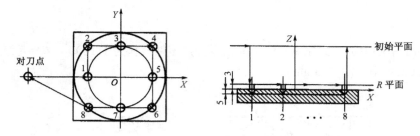

图 9.10　钻中心孔进给路线

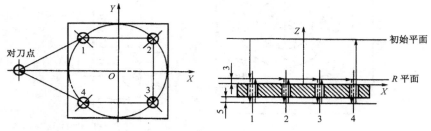

图 9.11　钻、铰 4-ϕ12H8 孔进给路线

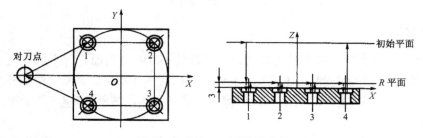

图 9.12　锪 4-ϕ16 孔进给路线

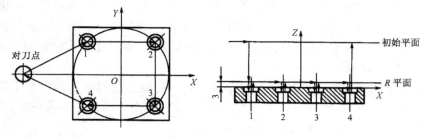

图 9.13　钻螺纹底孔、攻螺纹进给路线

（4）刀具的选择。铣 A、B 表面时，为缩短进给路线，提高加工效率，减少接刀痕迹，同时考虑切削力矩不要太大，选择 ϕ100 硬质合金可转位面铣刀。孔、螺纹孔加工刀具尺寸根据加工尺寸选择，所选刀具见表 9-14。

表 9-14 盖板零件数控加工刀具卡片

产品名称或代号		×××		零件名称	盖板	零件图号	×××
序号	刀具号	刀具			加工表面	备 注	
		规格名称	数量	刀长（mm）			
1	T01	ϕ100 可转位面铣刀	1		铣 A、B 表面		
2	T02	ϕ3 中心钻	1		钻中心孔		
3	T03	ϕ58 镗刀	1		粗镗 ϕ60H7 孔		
4	T04	ϕ59.9 镗刀	1		半精镗 ϕ60H7 孔		
5	T05	ϕ60H7 镗刀	1		精镗 ϕ60H7 孔		
6	T06	ϕ11.9 麻花钻	1		钻 4-ϕ12H8 底孔		
7	T07	ϕ16 阶梯铣刀	1		锪 4-ϕ16 阶梯孔		
8	T08	ϕ12H8 铰刀	1		铰 4-ϕ12H8 孔		
9	T09	ϕ14 麻花钻	1		钻 4-M16 螺纹底孔		
10	T10	90° ϕ16 铣刀	1		4-M16 螺纹孔倒角		
11	T11	机用丝锥 M16	1		攻 4-M16 螺纹孔		
编制	×××	审核	×××	批准	×××	年 月 日	共 页 第 页

（5）切削用量的选择。铣 A、B 表面时，留 0.2mm 精铣余量；精镗 ϕ60H7 孔留 0.1mm 余量；4-ϕ12H8 孔留 0.1mm 铰孔余量。

查表确定切削速度和进给量，然后根据式 $v_c=\pi dn/1000$、$v_f=nf$、$v_f=nzf_z$ 计算各工步的主轴转速和进给速度。

3. 填写数控加工工序卡片

将各工步的加工内容、所用刀具和切削用量填入表 9-15 盖板零件数控加工工序卡片。

表 9-15 盖板零件数控加工工序卡片

单位名称		×××	产品名称或代号	零件名称	零件图号	
			×××	盖板	×××	
工序号		程序编号	夹具名称	使用设备	车间	
×××		×××	平口虎钳	TH5660A	数控中心	
工步号	工步内容	刀具号	刀具规格（mm）	主轴转速（r/min）	进给速度（mm/min）	背/侧吃刀量（mm）	备注
1	粗铣 A 面	T01	ϕ100	250	80	3.8	自动
2	精铣 A 面	T01	ϕ100	320	40	0.2	自动
3	粗铣 B 面	T01	ϕ100	250	80	3.8	自动
4	精铣 B 面，保证尺寸 15	T01	ϕ100	320	40	0.2	自动
5	钻各光孔和螺纹孔的中心孔	T02	ϕ3	1000	40		自动
6	粗镗 ϕ60H7 孔至 ϕ58	T03	ϕ58	400	60		自动
7	半精镗 ϕ60H7 孔至 ϕ59.9	T04	ϕ59.9	460	50		自动

单位名称	×××		产品名称或代号	零件名称	零件图号
			×××	盖板	×××
工序号	程序编号		夹具名称	使用设备	车间
×××	×××		平口虎钳	TH5660A	数控中心
工步号	工步内容	刀具号	刀具规格 （mm）	主轴转速 （r/min）	进给速度 （mm/min）	背/侧吃刀量 （mm）	备注
8	精镗 ϕ60H7 孔	T05	ϕ60H7	520	30		自动
9	钻 4-ϕ12H8 底孔至ϕ11.9	T06	ϕ11.9	500	60		自动
10	锪 4-ϕ16 阶梯孔	T07	ϕ16	200	30		自动
11	铰 4-ϕ12H8 孔	T08	ϕ12H8	100	30		自动
12	钻 4-M16 螺纹底孔至ϕ14	T09	ϕ14	350	50		自动
13	4-M16 螺纹孔端倒角	T10	ϕ16	300	40		自动
14	攻 4-M16 螺纹孔	T11	M16	100	200		自动
编制	×××	审核	×××	批准	×××	年　月　日	共　页	第　页

9.4 数控线切割机床加工工艺实例分析

1．零件介绍

按照技术要求，完成图 9.14 所示内花键扳手零件的加工。此零件毛坯料为 100mm×32mm×6mm 板料。

2．工艺分析

（1）零件图工艺分析。此零件尺寸要求精度不高，但内外两个型面都要加工，有一定的位置要求。

（2）确定装夹位置及走刀路线。因为该零件毛坯料为 100mm×32mm×6mm 板料，为防止工件翘起或低头，装夹采用两端支承方式。走刀路线是先切割内花键然后再切割外形轮廓。如图 9.15 所示。

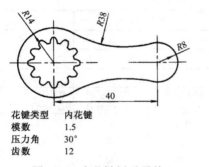

图 9.14 内花键扳手零件

花键类型　内花键
模数　　　1.5
压力角　　30°
齿数　　　12

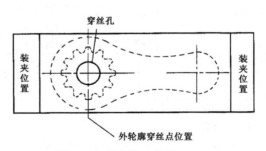

图 9.15 零件装夹位置

（3）穿丝点的位置。根据图纸所给参数，编制程序单生成切割轨迹时，注意穿丝点的位置（见图 9.15 所示）；可以用轨迹跳步。

习 题 9

一、综合分析题

9.1 对图 9.16 所示零件进行工艺分析，制作刀具卡片与工艺卡片，编写零件加工程序任务单，完成零件的加工，并对零件进行精度检验，拟写实训报告，主要说明具体的加工步骤，如工序安排、工件的装夹、刀具的选择、走刀路线、切削用量的选择等。

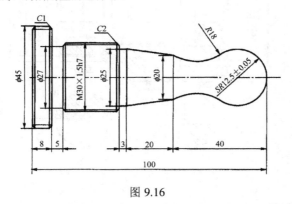

图 9.16

9.2 按照图 9.17 所示的技术要求，完成辊轮与心轴的数控加工工艺分析及加工，注意两件之间的配合尺寸，对零件进行精度检验（可利用线切割机床加工零件轮廓样板检验），拟写实训报告。

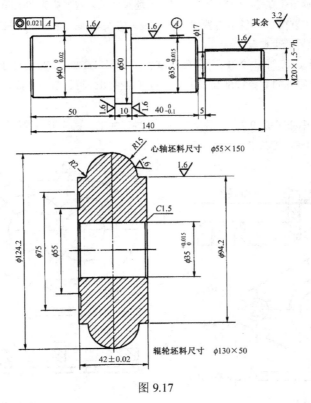

图 9.17

9.3 对图 9.18 所示零件进行工艺分析，制作刀具卡片与工艺卡片，编写零件加工程序任务单，完成零件的加工，并对零件进行精度检验，拟写实训报告。

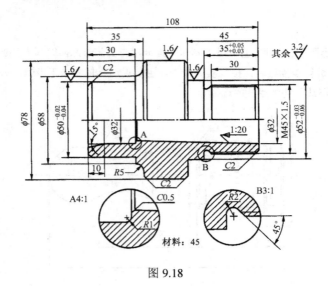

图 9.18

9.4 加工图 9.19 所示零件，材料 HT200，毛坯尺寸长×宽×高为 170mm×110mm×50mm，试分析该零件的数控铣削加工工艺，编写实训报告和整个工艺过程的工艺文件。

9.5 如图 9.20 所示箱盖零件，材料为 45 钢，毛坯尺寸长×宽×高为 80mm×55mm×15mm，要求完成：零件数控铣削加工工艺分析，包括零件图分析、装夹方案、加工顺序、刀具卡、切削用量和工序卡片。完成零件的加工并进行精度检验。

9.6 在数控铣床上加工如图 9.21 所示模具零件，材料 HT200，毛坯尺寸长×宽×高为 90mm×80mm×40mm，试分析该零件的数控铣削加工工艺，包括零件图分析、装夹方案、加工顺序、刀具卡、切削用量和工序卡片。

9.7 利用立式加工中心对图 9.22 所示齿轮泵泵体进行加工，试分析该零件的加工工艺，包括零件图分析、装夹方案、加工顺序、刀具卡、切削用量和工序卡片。

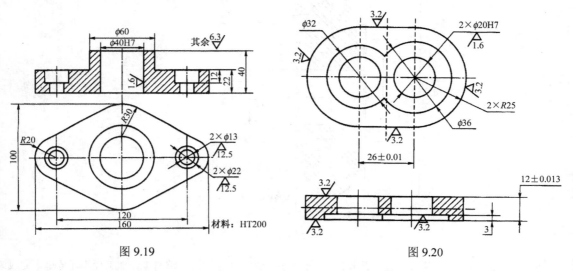

图 9.19   图 9.20

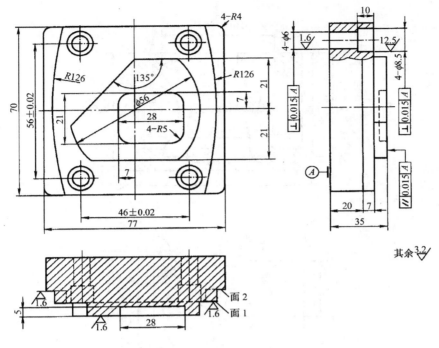

图 9.21

9.8 使用加工中心，对图 9.23、图 9.24 所示零件进行加工工艺分析，包括零件图分析、装夹方案、加工顺序、刀具卡、切削用量和工序卡片，并加工出零件。

9.9 要求用普通机床和数控机床共同加工图 4.23、图 4.24 所示零件（请见第 4 章图 4.24、图 4.25），编制整个加工工艺过程的技术文件。

9.10 要求用普通机床和数控机床共同加工图 9.25 所示零件，编制整个加工工艺过程的技术文件。

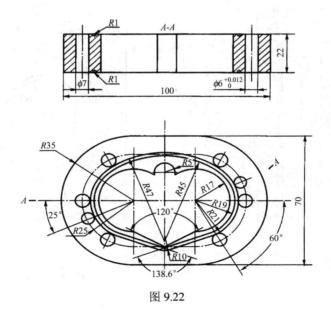

图 9.22

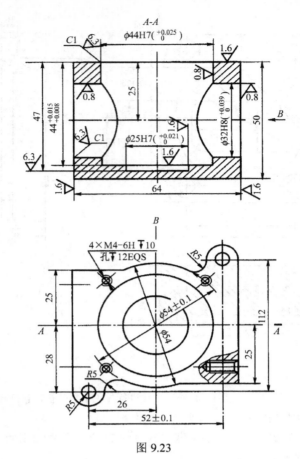

图 9.23

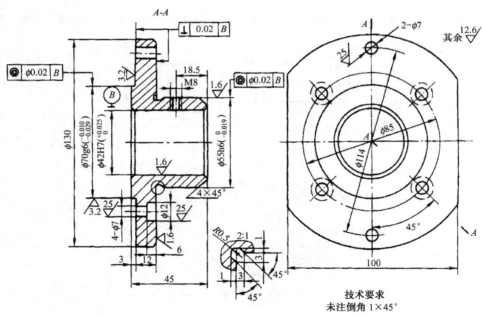

图 9.24

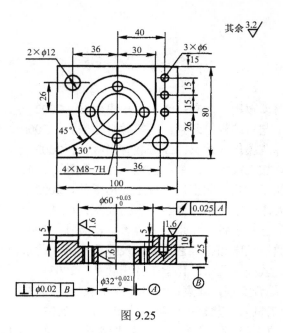

图 9.25

参 考 文 献

1　杨伟群．数控工艺培训教程．北京：清华大学出版社，2002

2　陈洪涛．数控加工工艺与编程．北京：高等教育出版社，2003

3　顾京．数控加工编程及操作．北京：高等教育出版社，2003

4　睦润舟．数控编程与加工技术．北京：机械工业出版社，1999

5　华茂发．数控机床加工工艺．北京：机械工业出版社，2002

6　全国数控培训网络天津分中心编．数控机床．北京：机械工业出版社，2000

7　赵长明．数控加工工艺及设备．北京：高等教育出版社，2003

8　张超英，罗学科．数控机床加工工艺、编程及操作实训．北京：高等教育出版社，2003

9　熊熙．数控加工实训教程．北京：化学工业出版社，2003

10　张超英．数控加工综合实训．北京：化学工业出版社，2003

11　罗学科．数控电加工机床．北京：化学工业出版社，2003

12　中国机械工业教育协会组编．数控加工工艺及编程．北京：机械工业出版社，2003

13　曾淑畅．机械制造工艺及计算机辅助工艺设计．北京：高等教育出版社，2003

14　黄卫．数控技术与数控编程．北京：机械工业出版社，2004

15　李善术．数控机床及其应用．北京：机械工业出版社，2001

16　刘守勇．机械制造工艺与机床夹具．北京：机械工业出版社，2000

17　肖智清．机械制造基础．北京：机械工业出版社，2002

18　苏建修．机械制造基础．北京：机械工业出版社，2000

19　李华．机械制造技术．北京：高等教育出版社，2002

20　双元制培训机械专业实习教材编委组编．机械切削工技能．北京：机械工业出版社，2000

21　张木青．机械技术基础实践．北京：机械工业出版社，2000

22　卢小平．数控机床加工与编程．北京：电子科技大学出版社，2000

23　张超英．数控车床．北京：化学工业出版社，2003

24　徐宏海，谢富春．数控机床刀具及其应用．北京：化学工业出版社，2005

25　周虹．数控机床操作工职业技能鉴定指导．北京：人民邮电出版社，2004

26　蔡厚道．数控机床构造．北京：北京理工大学出版社，2007